教育部第四批1+X证书制度试点
可食食品快速检验职业技能系列教材

KESHI SHIPIN KUAISU JIANYAN
ZHIYE JINENG JIAOCAI （GAOJI）

可食食品快速检验职业技能教材

（高级）

广州汇标检测技术中心
广州汇标职业技能培训有限公司　组织编写

栗瑞敏　杜淑霞　林长虹　主编
刘　冬　主审

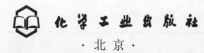

化学工业出版社
·北京·

内容简介

　　《可食食品快速检验职业技能教材》（高级）是教育部第四批1+X证书制度试点，是可食食品快速检验职业技能系列教材之一。教材通过食品快速检测基础理论、典型工作任务、项目实训三部分介绍，配套有3套试题以及26个活页工单。基础理论内容涵盖资源要求、过程要求、快检实验室管理要求等方面；典型工作任务包括项目成本测算及项目筹备工作、抽检工作方案的设计、培训计划的制订及培训实施案例、总结分析报告的撰写；检测项目实训包括面粉中吊白块的快速检测、白酒中甲醇的快速检测、食品中糖精钠的快速检测、动物源性食品中喹诺酮类物质的快速检测、水产品中硝基呋喃类代谢物的快速检测、鸡蛋中氟苯尼考的快速检测、粮食中重金属镉的快速检测、酶联免疫法（ELISA）快速检测猪肉中瘦肉精、拉曼光谱法快速检测保健食品中西地那非和他达拉非、便携质谱法快速检测多菌灵农药残留量共10个实训，不仅突出行业性和引领性，还能充分满足快速检测岗位工作需要。

　　本教材既可以作为教育部第四批1+X证书培训用书，也可以作为食品相关专业的师生用书，还可以作为企事业单位的参考用书。

图书在版编目（CIP）数据

可食食品快速检验职业技能教材：高级/广州汇标检测技术中心，广州汇标职业技能培训有限公司组织编写；栗瑞敏，杜淑霞，林长虹主编.—北京：化学工业出版社，2022.11
可食食品快速检验职业技能系列教材
ISBN 978-7-122-42055-8

Ⅰ.①可… Ⅱ.①广… ②广… ③栗… ④杜… ⑤林… Ⅲ.①食品检验-职业培训-教材 Ⅳ.①TS207.3

中国版本图书馆CIP数据核字（2022）第155016号

责任编辑：迟　蕾　李植峰　张雨璐　　　　　装帧设计：王晓宇
责任校对：李　爽

出版发行：化学工业出版社（北京市东城区青年湖南街13号　邮政编码100011）
印　　装：中煤（北京）印务有限公司
787mm×1092mm　1/16　印张18　字数457千字　2023年1月北京第1版第1次印刷

购书咨询：010-64518888　　　　　　　　　售后服务：010-64518899
网　　址：http://www.cip.com.cn
凡购买本书，如有缺损质量问题，本社销售中心负责调换。

定　　价：79.00元

李俊儒　四川工商职业技术学院

李　荣　广东轻工职业技术学院

李双石　北京电子科技职业学院

李书慧　广州汇标检测技术中心

李潇婷　深圳职业技术学院

李晓华　石河子职业技术学院

李勇超　河南科技学院

李园园　漳州科技职业学院

林长虹　深圳市计量质量检测研究院

刘　丹　内江职业技术学院

刘　冬　深圳职业技术学院

刘莉萍　深圳职业技术学院

刘琳琳　重庆工贸职业技术学院

刘璐萍　新疆理工学院

刘　伟　杨凌职业技术学院

刘　姚　广东生态工程职业学院

刘永慧　山东商业职业技术学院

刘志宏　新疆农业职业技术学院

逯家富　长春职业技术学院

吕　虹　哈尔滨轻工业学校

马春玉　济源职业技术学院

缪金伟　东营职业学院

聂　健　广东岭南职业技术学院

史沁红　重庆医药高等专科学校

孙　卉　桂林旅游学院

孙玉侠　成都农业科技职业学院

唐　洁　桂林师范高等专科学校

唐艳红　漯河食品职业学院

王大红　武汉职业技术学院

王　乐　海南健康管理职业技术学院

王树军　黑龙江农业职业技术学院

王祎男　山东科技职业学院

王正云	江苏农牧科技职业学院
吴小燕	泉州轻工职业学院
肖　慧	广州汇标检测技术中心
辛秀兰	北京电子科技职业学院
熊建文	柳州工学院
许　建	新疆农业职业技术学院
杨春燕	云南国防工业职业技术学院
杨群华	广州汇标检测技术中心
杨永学	阜阳职业技术学院
杨　颖	商丘医学高等专科学校
杨　震	山东商务职业学院
杨　志	中国科学院深圳先进技术研究院
姚立华	云南师范大学
叶　剑	温州科技职业学院
叶素丹	浙江经贸职业技术学院
余　蕾	厦门海洋职业技术学院
袁　仲	商丘职业技术学院
苑婷婷	深圳凯吉星农产品检测认证有限公司
云　娜	广东轻工职业技术学院
张海芳	内蒙古化工职业学院
张慧俐	河南应用职业技术学院
张丽红	漳州职业技术学院
张　爽	芜湖职业技术学院
张　婷	深圳市中鼎检测技术有限公司
张学娜	山东商业职业技术学院
张艳芳	内蒙古农业大学职业技术学院
支明玉	杭州职业技术学院
周　杰	曲靖职业技术学院
朱克永	四川工商职业技术学院
祝战斌	杨凌职业技术学院

—————————— 本 书 编 写 人 员 ——————————

主　　编　栗瑞敏　杜淑霞　林长虹
副 主 编　张学娜　刘　伟　李国威
参编人员（按姓名汉语拼音排序）

　　　　　车玉红（新疆农业职业技术学院）

　　　　　陈光炜（广州汇标检测技术中心）

　　　　　陈丽霞（广州汇标检测技术中心）

　　　　　陈倩仪（广州汇标检测技术中心）

　　　　　陈若璇（广州汇标检测技术中心）

　　　　　杜淑霞（广东轻工职业技术学院）

　　　　　古丽君（深圳市计量质量检测研究院）

　　　　　关秀杰（辽宁农业职业技术学院）

　　　　　贾彦杰（河南农业职业学院）

　　　　　江培淳（深圳市计量质量检测研究院）

　　　　　姜英杰（江苏食品药品职业技术学院）

　　　　　赖勇华（广州汇标检测技术中心）

　　　　　蓝勇波（深圳市计量质量检测研究院）

　　　　　李国威（广州汇标检测技术中心）

　　　　　李书慧（广州汇标检测技术中心）

　　　　　栗瑞敏（广东轻工职业技术学院）

　　　　　林长虹（深圳市计量质量检测研究院）

　　　　　刘　伟（杨凌职业技术学院）

　　　　　潘进珠（深圳市中鼎检测技术有限公司）

　　　　　彭韦翔（广州汇标检测技术中心）

　　　　　任小玲（深圳市计量质量检测研究院）

　　　　　冼超森（广州汇标检测技术中心）

　　　　　叶　剑（温州科技职业技术学院）

　　　　　张学娜（山东商业职业技术学院）

主　　审　刘　冬（深圳职业技术学院）

序 言

随着食品中安全卫生指标限量值的逐步降低，相应的检测技术要求逐步提高，检验检测应向检测与控制速测化、一体化、多技术融合以及信息共享迈进。食品安全快速检测技术逐渐发展成熟，在日常食品安全监督过程中起到了良好的监管作用。检验检测行业内的快速检验这一环节在社会上扮演着日益重要的角色，因此对于快检人才的需求也越来越大。

为了更好地促进我国职业教育高质量发展，2019年1月国务院出台了《国家职业教育改革实施方案》（简称"职教20条"），方案指出，在职业院校、应用型本科高校启动"学历证书＋若干职业技能等级证书"制度化试点，并在发挥好学历证书作用的同时，鼓励学生积极取得多类职业技能等级证书。2020年9月23日，教育部职业技术教育中心研究所公布了"关于参与1+X证书制度试点第四批职业教育培训评价组织和职业技能等级证书的公示"。广州汇标检测技术中心作为培训评价组织申报的《可食食品快速检验职业技能等级证书》成功入选第四批1+X证书，成为目前食品快速检验唯一的技术技能类考评1+X证书。

本套教材以此证书标准为依据，融合食品快速检测行业领域的实际工作应用及前沿技术进行编写，具有以下3个特点。

（1）基于《可食食品快速检验职业技能等级标准》，规范和明确了初级、中级、高级快检行业从业人员应该掌握的核心技能及典型工作任务，分层、分岗，具有职业性与针对性。

（2）本套教材采取了部分活页的形式，快检行业基础理论与典型工作任务部分采用传统的集中装订成册形式，项目实训准备与操作指引部分采用"活页工作单"形式，满足教学过程中生成性资源的灵活转化，具有新颖性与先进性。

（3）通过移动互联网技术，以嵌入二维码的活页教材为载体，嵌入实操教学视频，实现教材的立体化，利于线上线下互动教学，拓展了教材的使用场景，在满足教学需要的同时，也满足了学生个性化学习的需求，具有时代性与引领性。

值此《可食食品快速检验职业技能教材》付梓之际，向关心、支持、帮助我国食品快速检验事业、人才队伍建设和职业教育工作的有关机构和所有人士表示衷心感谢！向参与本套教材编写的主编、副主编和所有参编及审定专家表示感谢！向承担本套教材编辑、出版、发行工作的化学工业出版社表示谢忱！期望行业内外尤其是试点院校的专家、师生在使用教材后提出宝贵建议和修缮意见，以便教材进一步修订，至臻至善。

逯家富
2022年2月于长春

前　言

　　"学历证书＋若干职业技能等级证书"（简称"1+X"证书）制度的实行是适应国家现代职业教育发展、促进产教深度融合、推进校政行企协同育人、提高人才培养质量、拓展就业创业本领的需要。本书属于教育部第四批 1+X 证书制度试点培训系列教材，主要面向食品与食用农产品种植养殖、生产加工、储存运输、销售流通等环节的快速检测相关岗位群，涉及岗位工作包括检验检测、过程质量安全信息监测、实验室管理、食品安全与质量控制、培训咨询、仪器设备销售等。

　　本书包括食品快速检测基础理论、典型工作任务、项目实训三大部分。根据可食食品快速检验高等级职业技能要求，设计第一篇食品快速检测基础理论。该篇要求，学习者能依据标准规范设计合理的抽样与检测方案，能识别可食食品快速检验各环节中的风险点，制订合理有效的实验室质量控制方案并组织实施，确保结果的有效性，能胜任对低等级技能人员培训工作。对接高级快检员岗位职责与要求，设计第二篇典型工作任务。基于高级快检员（快检组长）真实岗位工作内容确定 4 大典型工作任务，包括项目成本测算及项目筹备工作、抽检工作方案的设计、培训计划的制定及培训实施案例、总结分析报告的撰写，第二篇典型工作任务是第一篇食品快速检测基础理论在实际岗位工作中的应用。对接高级项目实训要求，第三篇设计高级快检人员需重点掌握的 10 个项目实训内容，包含化学比色法、免疫胶体金层析法、电化学法、酶联免疫法、拉曼光谱法、便携质谱法 6 种快速检测技术。

　　本书由栗瑞敏、杜淑霞、林长虹担任主编，张学娜、刘伟、李国威担任副主编，具体编写分工如下：关秀杰、栗瑞敏编写第一篇第一章；车玉红编写第一篇第二章第一节、第二节；贾彦杰编写第一篇第二章第三节、第四节；潘进珠、叶剑编写第一篇第二章第五节、第六节；林长虹、蓝勇波、古丽君、江培淳、任小玲编写第一篇第三章第一至第六节；杜淑霞编写第一篇第三章第七节、第一篇第四章；栗瑞敏编写第二篇；张学娜编写第三篇项目一、项目二、项目三；刘伟编写第三篇项目四、项目五、项目六；姜英杰编写第三篇项目七；栗瑞敏编写第三篇项目八、项目九、项目十；李国威、李书慧、陈倩仪、陈光炜、陈丽霞、赖勇华、冼超森、陈若璇、彭韦翔编写配套活页工单、项目操作视频，并提供部分快速检测工作用表；李国威、陈倩仪负责活页工单项目操作视频审核。全书由栗瑞敏统稿。刘冬教授审阅了全稿。

本书编写过程中，厦门斯坦道科学仪器股份有限公司、普拉瑞思科学仪器（苏州）有限公司、深圳至秦仪器有限公司提供了大量快检产品资料，在此谨致以由衷的谢意！本书编写参考了大量书籍和文献，还得到了全国食品产业职业教育教学指导委员会、编者所在单位的大力支持和热情帮助，从而保证了编写工作的顺利进行，在此表示衷心的感谢！

由于食品快速检验的新技术、新方法、新标准不断出台和更新，加上编者水平有限，书中难免有疏漏之处，恳请广大读者批评指正。

主编 E-mail：664759287@qq.com。

编　者

2022 年 3 月

目　录

第二篇　食品快速检测典型工作任务

第三篇　食品快速检测项目实训

第一篇

食品快速检测基础理论

第一章

食品快速检测概述

　　党的十九大报告指出，人民健康是民族昌盛和国家富强的重要标志，明确提出"实施食品安全战略，让人民吃得放心"。要满足全面保障百姓舌尖上安全的需求，发展和实施食品快速检测至关重要。近年来，随着民众食品安全意识增强，在国家政策支持下，超市、网络消费平台等潜在检测需求逐步释放，食品快速检测行业得到了快速发展，已成为食品检测市场最活跃并且发展最快的细分行业。

第一节　食品快速检测定义与发展

一、食品快速检测的定义

　　快速检测没有经典的定义，而是一种约定俗成的概念，即：包括样品制备在内，能够在短时间内出具检测结果的行为称之为快速检测。通常认为，理化检验方法一般在 2h 内能够出具结果的即可视为快速检测方法；与微生物常规检测方法相比，能够缩短 1/3 时间以上且出具具有判断性意义结果的方法即可视为微生物快速检测方法；酶联免疫法一般能在 3~4h 内出具结果的，也算快速检测方法。现场快速检测方法一般在 30min 内能够出具结果；如果能够在十几分钟内甚至几分钟内出具结果的即是较好的快速检测方法。总之，食品快速检测没有严格的定义，普遍认为，在相对较短的时间内、采用相对简单方便且价格低廉的操作方式式、使用便携式设备等即可获得食品中某种或几种特性量的信息，这种方法就可以被称为食品快速检测方法。

二、食品快速检测的发展

　　2015 年前，国内食品快速检测行业尚处萌芽期，不太受业界关注。2015 年《中华人民共和国食品安全法》出台，规定"采用快速检测方法对食品进行抽查检测，被抽查人对检测结果没有异议的，可以作为行政处罚的依据"。法规不仅为食品快速检测行业的快速发展制造了契机，同时也引起了检测行业、食品安全监管单位、食品生产企业、流通、零售终端及消费者的广泛关注。目前，政府监管部门、食品生产加工企业、食品检测机构是我国食品快速检测市场的主要客户群体，在国家政策鼓励引导、民众食品安全意识强化的背景下，上述三大客户群体的食品安全快速检测需求具有极大的扩张空间。同时，随着个人消费者食品安全意识和自我保护意识的增强，食品快速检测产品走进家庭指日可待，消费者市场的扩张将成为食品快速检测的下一个增长爆发点。

目前，食品快速检测技术的发展主要体现在三个方面。

（1）食品生产加工过程的无损快速检测技术　主要是基于光谱技术和模式识别分析对加工流水线上的原料品质、加工过程品质、终端产品品质及流通环节的质量变化等进行自动监测。这些检测不仅起到保证食品质量与安全的监督作用，还在节约能源和原材料资源、降低生产成本、提高成品率和劳动生产率方面起到积极的促进作用。作为一种新兴的检测技术，无损快速检测技术具有以下特征：无须大量试剂；不需前处理工作，试样制作简单；即时检测，在线检测；不损伤样品，无污染等。

（2）高通量、高灵敏度和高特异性技术的开发　农药、兽药残留检测一般需要对复杂的食品基质中纳克（ng）级甚至皮克（pg）级的残留目标物进行定性定量，往往需要进行复杂的样品前处理和净化步骤，耗时极长，而农药和兽药的种类又特别多，采用常规的检测方法一次只能分析几种，因此需要开发出高通量、高灵敏度和高特异性的食品快速检测技术。现在更为先进的实时直接分析质谱技术和高分辨质谱技术在食品快速检测中应用越来越多。

（3）生物传感器、便携式质谱仪等便携式小型化仪器设备的研发　生物传感器是将生物识别元件和信号转换元件紧密结合，从而检测目标化合物的分析装置，不仅可以高灵敏、高特异性地检测痕量的农药和兽药残留、真菌毒素、违禁食品添加剂等化学性有害物，还可以检测致病性微生物，甚至可以用于检测食品的新鲜度和味道。相关设备也被称为电子鼻、电子舌。便携式质谱检测方面，目前已经研发出质量只有2kg的手持式质谱仪。便携式质谱仪目前主要用于环境监测，但随着实时直接分析等原位电离技术的进一步成熟，不久的将来，便携式质谱仪在食品快速检测领域肯定会得到广泛的应用。

第二节　食品快速检测分类与测定原理

一、食品快速检测分类

1. 按照检测场地分类

食品快速检测分为现场快速检测和实验室快速检测。现场快速检测着重于利用一切可以利用的手段对检测样品进行快速定性与半定量分析；实验室快速检测着重于利用一切可以利用的仪器设备对检测样品进行快速定性与定量分析。前者侧重于将一切可以利用的手段从实验室应用于现场检测，而后者则是着重于挖掘现有的设备潜力、更新仪器设备以及改变样品的前处理方式。现场的食品快速检测方法要求：①实验准备简化，使用的试剂较少，配制好的试剂保存期长；②样品前处理简单，对操作人员要求低；③分析方法简单、准确和快速。

2. 按照检测技术手段分类

目前国内外食品中常用的快速检测技术有化学比色技术、免疫学技术、分子生物学技术、生物传感器技术和纳米技术等。

（1）化学比色技术　化学比色技术是利用迅速产生明显颜色变化的化学反应检测待

测物质的方法，颜色的深浅与待测物质的浓度呈线性关系。可以通过肉眼观察、比色技术、试剂盒等手段作出定性或半定量分析。该方法节约成本，操作过程简单，结果可直观作出判断，但不适用于分析痕量物质。目前常用的主要有检测试剂盒、速测卡、试纸条等，以及与之相配套的便携式快速检测仪及微型光电比色计等仪器。化学比色技术可用于快速检测食品中有机农药残留、二氧化硫、亚硝酸盐、甲醛、吊白块，以及微生物和铅、汞、镉元素等。

（2）免疫学技术 免疫学技术通过抗原与抗体的特异性识别得出结论。操作过程简单、快捷、成本低廉，具有比较高的特异性、灵敏度。常用于食品安全快速检测的技术主要有免疫磁珠分离法、酶联免疫吸附技术、免疫荧光技术、免疫检测试剂条、免疫胶体金色谱（层析）技术、免疫乳胶试剂、免疫磁珠分离技术、免疫沉淀法等。目前，免疫学技术已应用于食品中有害微生物、真菌毒素、农药残留、兽药残留、转基因食品等方面的快速检测。

（3）分子生物学技术 用于快速检测的分子生物学技术主要包括聚合酶链式反应（PCR）技术、基因探针技术与基因芯片技术。分子生物学技术具有识别性强、灵敏、精确、快速等特点。PCR技术在食品安全快速检测领域被广泛地应用，主要用于对微生物进行检测，包括金黄色葡萄球菌、沙门菌、志贺菌、李斯特菌、铜绿假单胞菌等多种致菌的快速检测。伴随着实时定量PCR、免疫捕获PCR、标记PCR等技术的出现，在保证检测灵敏度的前提下，进一步缩短了检测周期。基因探针技术具有灵敏性强、快速、特异性强的特点，也主要应用于食品的微生物检测。基因芯片技术简单、准确、快速、易于掌握，可同时对大量样品进行检测。目前已经有相应的基因芯片检测试剂盒，可以对食品中沙门菌、金黄色葡萄球菌、李斯特菌、大肠杆菌等多种致病菌进行快速检测。此外，分子生物学技术还可以用于转基因食品及其中致敏原成分的快速检测。

（4）生物传感器技术 生物传感器是由固定化的生物敏感材料作识别元件（包括酶、抗体、抗原、核酸等生物活性物质及微生物、细胞、组织）与适当的理化换能结构器（如氧电极、光敏管、场效应管、压电晶体等）及信号放大装置构成的分析工具或系统，对生物物质敏感并将其浓度转换为电信号进行检测。生物传感器技术在食品农药残留快速检测中得到广泛应用，如利用农药对目标酶活性的抑制作用研发的胆碱酯酶传感器，以及利用农药与特异性抗体结合反应研发的免疫传感器等。生物传感器还能够完成对大多数食物基本成分或添加物进行快速分析，包括蛋白质、氨基酸、糖类、有机酸、酚类、维生素、矿质元素、胆固醇、亚硫酸盐等的分析。

（5）纳米技术 纳米技术是指在1~100nm内研究物质的结构及性质的一种多学科交叉前沿技术。纳米技术检测周期短，可以非常快速地检测出目标化合物的性能和特质，操作简单，反应灵敏，如可以简化菌种的培养与分离过程，快速提取得到有害微生物的遗传物质和蛋白质。纳米技术与生物传感器交叉融合形成纳米生物传感器，纳米生物传感器具有体积小、分辨率高、需要样品量少、对细胞损伤小、响应时间短暂等特点。该技术可在短时间内测定出食物中抗生素的残留量。新型纳米传感器还可用于检测牛乳、干酪（奶酪）、水产品、肉类等的抗生素残留量。纳米传感器还可以对食品中的病原菌、化学试剂进行检测。此外，纳米技术还可以应用于纳米标签，用于快速判断食物的新鲜程度，更好地对食品安全进行把关。

3. 按照检测项目分类

目前分为农药残留、兽药残留、重金属、食品添加剂、非法添加物、微生物等的快速检测。

（1）农药残留快速检测　农药残留是农药使用后一个时期内没有分解的残留于生物体、收获物、土壤、水体、大气中的微量农药原体、有毒代谢物、降解物和杂质的总称。残留农药直接通过植物果实或水、大气到达人、畜体内，或通过环境、食物链传递给人、畜。按化学结构分类，常用农药有有机氯类、有机磷类、氨基甲酸酯类、拟除虫菊酯类等。常见的农药残留快速检测技术有酶抑制率法化学比色快速检测技术、免疫胶体金快速检测技术、酶联免疫吸附快速检测技术、生物传感器快速检测技术等。

（2）兽药残留快速检测　兽药残留是指给动物使用药物后积蓄或储存在动物细胞、组织或器官内的药物原形、代谢产物和药物杂质。兽药残留分为七类，如抗生素类、驱肠虫药类、生长促进剂类、抗原虫药类、灭锥虫药类、镇静剂类和β-肾上腺素类。常见的兽药残留快速检测技术有免疫胶体金快速检测技术、酶联免疫吸附快速检测技术、生物传感器快速检测技术等。

（3）重金属快速检测　重金属指原子量较大的金属元素，如汞、铅、镉、砷等。重金属对人都有毒害作用。由于水域污染、土壤污染、大气污染等环境污染造成种植、养殖业的农副产品污染。常见的重金属残留快速检测技术有化学比色快速检测技术、免疫胶体金快速检测技术、酶联免疫吸附快速检测技术、生物传感器快速检测技术等。

（4）食品添加剂快速检测　食品添加剂是指为改善食品品质、延长食品保存期，以及满足食品加工工艺需要而加入食品中的化学合成或天然物质，允许添加，不允许滥用，含量标准执行 GB 2760—2014《食品安全国家标准 食品添加剂使用标准》。食品添加剂的安全使用是非常重要的，理想的食品添加剂最好是有益无害的物质，但是大多数化学合成的食品添加剂都有一定的毒性，所以使用时要严格控制使用量。常见的食品添加剂快速检测技术有化学比色快速检测技术、免疫胶体金快速检测技术、酶联免疫吸附快速检测技术、生物传感器快速检测技术等。

（5）非法添加物快速检测　非法添加物一般指不属于各国食品添加剂标准规定范畴内的食品添加物。国务院食品安全委员会为严厉打击食品生产经营中违法添加非食用物质、滥用食品添加剂以及饲料、水产养殖中使用违禁药物，卫健委、农业农村部等部门根据风险监测和监督检查中发现的问题，不断更新非法使用物质名单，包括可能在食品中"违法添加的非食用物质""易滥用食品添加剂"和"禁止在饲料、动物饮用水和畜禽水产养殖过程中使用的药物和物质"等。常见的非法添加物快速检测技术有化学比色快速检测技术、免疫胶体金快速检测技术、酶联免疫吸附快速检测技术、生物传感器快速检测技术、薄层色谱快速检测技术等。

（6）微生物快速检测　食品在加工前、加工过程中以及加工后，都可能受到外源性和内源性微生物的污染。污染食品的微生物有细菌、酵母菌和霉菌等以及由它们产生的毒素。污染途径也比较多，可以通过原料生长地土壤、加工用水、环境空气、工作人员、加工用具、杂物、包装、运输设备、贮藏环境、动物等，直接或间接地污染食品加工的原料、半成品或成品。常见的微生物快速检测技术有 ATP 生物发光快速检测技术、免疫胶体金快速检测技术、酶联免疫吸附快速检测技术、生物传感器快速检测技术、PCR 快速检测技术、基因探针快速检测技术与基因芯片快速检测技术等。

二、食品快速检测原理

1. 化学比色技术

常见的基于化学比色技术的食品快速检测方法有酶抑制率分光光度法、酶抑制率速测卡法、速测管比色法、试纸比色法等。

（1）酶抑制率分光光度法　酶抑制率分光光度法主要用于快速检测蔬菜中有机磷类和/或氨基甲酸酯类农药残留量。该法的测定原理是在一定条件下，样品中有机磷类和/或氨基甲酸酯类农药对胆碱酯酶有抑制作用，抑制率在一定范围内与农药的浓度呈正比。利用胆碱酯酶催化胆碱水解，水解产物与显色剂反应生成黄色物质，该物质在一定波长处有较强吸收，测定一定波长处吸光度随时间的变化值，计算抑制率，通过抑制率可以判断蔬菜中含有机磷类和/或氨基甲酸酯类农药残留量的情况。图1-1-1和图1-1-2分别是酶抑制率分光光度法快速检测蔬菜中有机磷和氨基甲酸酯类农药残留量常用的快检试剂及快检仪器。

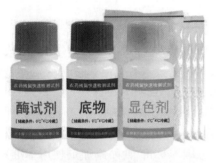

图1-1-1　酶抑制率分光光度法农药残留快速检测试剂

图1-1-2　酶抑制率分光光度法农药残留快速检测仪

（2）酶抑制率速测卡法　酶抑制率速测卡法主要用于快速检测蔬菜中有机磷类和/或氨基甲酸酯类农药残留量。方法的测定原理是速测卡（如图1-1-3所示）中的胆碱酯酶（白色药片）可催化靛酚乙酸酯（红色药片）水解为乙酸和靛酚，由于有机磷类和/或氨基甲酸酯类农药对胆碱酯酶的活性有强烈的抑制作用，因此，根据显色的不同，即可判断样品中有机磷类和/或氨基甲酸酯类农药的残留情况（如图1-1-4所示）。

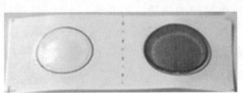

图1-1-3　酶抑制率速测卡法农药残留快速检测卡

白色药片不变色或略有浅蓝色均为阳性结果（不合格）

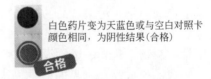
白色药片变为天蓝色或与空白对照卡颜色相同，为阴性结果（合格）

注意事项：请与空白对照卡比较（以上药片红色圆圈区域为检测结果区域）

图1-1-4　酶抑制率速测卡法农药残留快速检测结果判断

（3）**速测管比色法**　速测管比色法是根据检测管与标准管（卡）所显的颜色比较，对待测成分进行定性或半定量分析。如二氧化硫快速检测试剂盒（如图1-1-5所示），测定原理是样液中的二氧化硫与试剂A和试剂B在速测管中发生显色反应，二氧化硫浓度越高，显色越明显。速测管比色法还常用于亚硝酸盐、吊白块、甲醛等物质的快速检测。

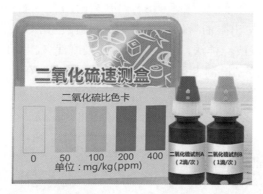

图1-1-5　速测管比色法二氧化硫快速检测试剂盒

（4）**试纸比色法**　试纸比色法是根据待测成分与经过特殊制备的试纸作用所显的颜色与标准比色卡对照，对待测成分进行定性或半定量分析。如过氧化氢快速检测试纸（如图1-1-6所示），测定原理是样液中的过氧化氢与试纸上的显色剂在过氧化物酶催化作用下，显色剂显色，过氧化氢浓度越高，显色越明显。试纸比色法还常用于亚硝酸盐、亚硫酸盐、甲醛等物质的快速检测。

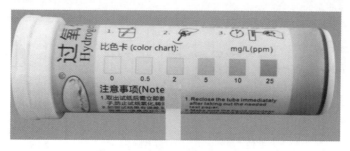

图1-1-6　过氧化氢快速检测试纸

2.免疫学快速检测技术

常见的基于免疫学技术的食品快速检测方法有免疫胶体金层析（色谱）法、酶联免疫吸附法等。

（1）**免疫胶体金层析（色谱）法**　免疫胶体金层析法是采用胶体金标记抗体，以硝酸纤维素膜为载体，随层析作用，抗原抗体反应和洗涤在同一渗滤膜上进行，反应后根据膜上的颜色判断结果。如毒死蜱农药残留胶体金快速检测卡（如图1-1-7所示），根据竞争抑制免疫层析原理研制，主要试剂包括金标微孔和检测卡。金标微孔中主要成分是胶体金标记的毒死蜱单克隆抗体。检测卡组成包含样品孔、检测线T线和控制线C线，检测线T线主要成分是毒死蜱-BSA偶联物（又称毒死蜱合成抗原），控制线C线主要成分是可以捕获胶体金标记的毒死蜱单克隆抗体的抗体（又称二抗）。加待测样品溶液于金标微孔中，轻柔吹打完全溶解孔内红色物质，静置反应一段时间。这部分实验原理是金标微孔底部的红色物质（胶体金标记的毒死蜱单克隆抗体）溶解在样液中，可以与样液中的毒死蜱发生特异性抗原 - 抗体免疫反应。吸取微孔中所有反应溶液垂直滴加到检测卡的加样孔（S），加样后开始计时，在规定时间段读取结果。这部分实验原理是样本中的毒死蜱与胶体金标记的毒死蜱单克隆抗体结合预先反应，抑制了胶体金标记的毒死蜱单克隆抗体与检测线 T 线上毒死蜱 -BSA 偶联物的结合。如图 1-1-8 所示，如果样本中毒死蜱含量大于方法检出限的量，检测线（T）线显色比 C 线浅，结果为阳性；检测线（T）线显色比 C 线深或一样深，结果为阴性。控制线（C 线）不显色，结果为无效，表明不正确操作或试纸条 / 检测卡无效。免疫胶体金层析法在食品快速检测中使用最为广泛，常被用于农药、兽药、非法添加物等的快速检测。

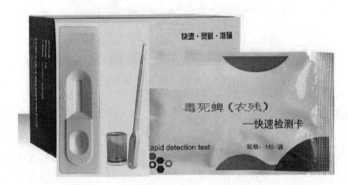

图1-1-7　毒死蜱农药残留胶体金快速检测卡

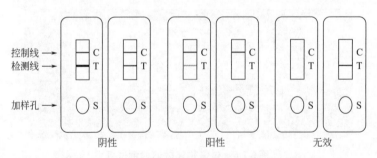

图1-1-8　毒死蜱农药残留胶体金快速检测结果判断

（2）酶联免疫吸附法　酶联免疫吸附法（ELISA）基本原理是酶分子与抗体分子共价结合形成酶标记抗体，此种结合不会改变抗体的免疫学特性，也不影响酶的生物学活性。酶标记抗体可与吸附在固相载体上的抗原或抗体发生特异性结合。滴加底物溶液后，底物可在酶作用下使其所含的供氢体由无色的还原型变成有色的氧化型，呈现颜色变化。因此，可通过底物的颜色变化来判定有无相应的免疫反应，颜色的深浅与标本中相应抗体或抗原的量呈正比。此种显色反应可通过酶标仪进行定量测定，这样就将酶化学反应的敏感性和抗原抗体反应的特异性结合起来，使 ELISA 法成为一种既特异又敏感的快速检测方法（图 1-1-9）。ELISA 快速检测方法常用于农药残留、兽药残留、生物毒素、非法添加物等的快速检测。

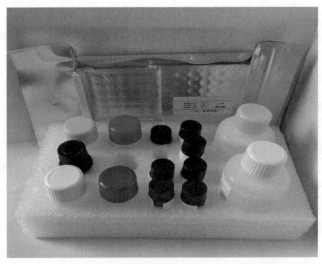

图1-1-9 酶联免疫吸附法（ELISA）试剂盒

3. 分子生物学检测技术

常见的基于分子生物学技术的食品快速检测方法有 PCR 法、基因探针法、基因芯片法等。

（1）PCR 法 PCR 法的测定原理是 DNA 在温度变化时产生变性与复性，在引物与四种脱氧核糖核苷酸的参与下，依靠 DNA 聚合酶进行复制扩增，在短时间内可以增加至百倍甚至一百万倍以上。PCR 法广泛应用在食品中致病菌、病毒等的快速检测。

（2）基因探针法 基因探针法是对病原菌中 DNA 双链中的一条进行标记，作为 DNA 探针，通过检测样品能否与其产生特异性结合，来进行食品病原菌快速检测。

（3）基因芯片法 基因芯片法是通过光导原位合成或显微打印等手段，将特定序列的探针固定于经过处理的载体上，加入待测样品，通过产生的杂交信号对样品快速检测。常应用在食品微生物、转基因食品等的快速检测。

4. 生物传感器技术

生物传感器技术的测定原理是通过被测定分子与固定在生物接收器上的敏感材料发生特异性结合，并发生生物化学反应，产生热熵变化、离子强度变化、pH 变化、颜色变化或质量变化等信号，且反应产生的信号的强弱在一定条件下与特异性结合的被测定分子的量存在一定的数学关系，这些信号经换能器转变成电信号后被放大并测定，从而间接测定被测定分子的量。根据生物识别元件和生物功能膜的不同，生物传感器可分为酶传感器、免疫传感器、微生物传感器、组织传感器、细胞传感器、类脂质膜传感器、DNA 杂交传感器等。生物传感器的特点是高特异性和高灵敏度，其高特异性是由生物分子特异性识别所决定的。

5. 纳米技术

普通的 ELISA 技术采用的酶标板是一个固相载体，具有固/液相反应接触面积小、连接的抗体易脱落、反应速度慢且不彻底等缺点。目前研究成功的磁分离-ELISA 技术（MS-ELISA）是一种以磁性纳米材料代替传统 ELISA 中的酶标板，将 ELISA 的显色系统与磁分离技术相结合而形成的一种新型食品快速检测技术。这种检测技术主要利用纳米材料的高比表面积、易于形成胶体溶液等特性，使抗原抗体分子接触面积变大，反应较为彻底，此外，磁分离使缓冲液的交换操作更为简便快速，灵敏度也得到了提高。

6. 其他技术

（1）ATP 生物发光法　即三磷酸腺苷生物发光法，是一种经过简化的生物化学方法，利用 ATP 与荧光素 - 荧光素酶复合物的反应来测定是否存在三磷酸腺苷（ATP）。反应期间荧光素被氧化并发出荧光，光子的数量可采用 ATP 荧光仪进行测量，光子的数量与 ATP 含量成正比。因为每种微生物细胞中的 ATP 含量是恒定的，所以样品中 ATP 含量与样品中微生物的数量有关。ATP 生物发光法的应用范围十分广泛，现已应用于食品工业众多领域的微生物快速检测。

（2）薄层色谱法　又叫薄板层析法，属固 - 液吸附色谱，可以快速分离和定性分析少量物质，是一种微量、快速而简单的色谱法。薄层色谱法的测定原理是利用各种化合物的极性不同，吸附能力不同，在展开剂展开过程中，进行不同程度的解析，根据原点至主斑点中心及展开剂前沿的距离，计算比移值 (R_f)。化合物的吸附能力与它们的极性成正比，具有较大极性的化合物吸附较强，因此 R_f 值较小。在给定的条件下 (吸附剂、展开剂、板层厚度等)，化合物移动的距离和展开剂移动的距离之比是一定的，即 R_f 值是化合物的物理常数，其大小只与化合物本身的结构有关，因此，可以根据 R_f 值快速检测目标物。薄层色谱法常用于快速检测食品中人工色素。如图 1-1-10 所示，利用薄层色谱法快速检测食品中苏丹红。

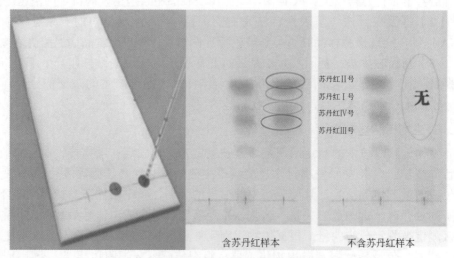

图1-1-10　薄层色谱法层析纸划线点样示意图与结果对照图

参考文献

[1] 段丽丽等.食品安全快速检测.北京：北京师范大学出版社，2014.
[2] 姚玉静，翟培等.食品安全快速检测.北京：中国轻工业出版社，2019.
[3] 师邱毅，程春梅.食品安全快速检测技术.2版.北京：化学工业出版社，2020.
[4] 石松，石磊.快速检测技术在食品安全管理中的应用.北京：中国医药科技出版社，2016.

第二章

食品快速检测资源要求

第一节 人员

人员是实验室的第一要素，其能力水平直接影响到检测结果的准确性和客观性，我国对食品检测实验室的要求很严格，人员快检能持续符合要求是食品快速检测运行和管理的重要内容，因此食品的快速检测应特别关注快检实验室人员的选择与能力要求、培训与授权、监督与能力监控等。

人员工作表单

一、食品快速检测人员基本要求

食品快速检测是一项专业工作，对检测人员有一定要求。

（1）人员资质　食品快速检测实验室应使用正式人员或合同制人员，具备食品快速检测相应知识和操作技能，需通过考核才能上岗；快检工程师和快检组长必须具有工程师以上（含工程师）技术职称，熟悉业务，经考核合格。

（2）管理要求　所有人员胜任工作且受到监督，并按照食品快速检测实验室管理体系要求进行工作，同时做好人员人事资料的收集和存档。

（3）上岗能力要求　对所有从事抽样、检测和/或校准、签发检测/校准报告以及操作设备等工作的人员，应按要求根据相应的教育、培训、经验和/或可证明的技能进行资格确认并持证上岗。

二、食品快速检测人员配置和岗位职责

食品快速检测实验室应有足够的人员以满足检测工作及执行质量管理体系的需求，而且应确保人员是胜任的且受到监督，能依据质量体系的要求工作。食品快速检测人员通常由快检技术员、快检工程师和快检组长组成，各岗位人员的岗位职责和任职资格如表1-2-1所示。

表1-2-1　食品快检岗位人员岗位职责和任职资格

岗位名称	岗位职责	任职资格
快检技术员	1. 能独立完成市场快检工作，确保所负责市场快检工作的质量。 2. 服从上级其他的工作安排	1. 教育水平：高中以上学历。 2. 专业：计算机、化学相关专业。 3. 经验：能用电脑上传数据，能使用常见的实验室仪器，1年以上工作经验。 4. 个性特质：善于与人沟通，待人温和，有耐心，责任心强。 5. 培训经历：快检知识培训，快检实操培训考核，市场快检工作内容培训。 6. 其他要求：身体健康，无红绿色盲；较强的服务意识和责任心

岗位名称	岗位职责	任职资格
快检工程师	1.培训和指导快检技术员，使之能独立完成市场快检工作。 2.监督和协助市场快检工作。 3.服从上级其他的工作安排，反馈问题和建议	1.教育水平：大专以上学历。 2.专业：计算机、化学相关专业。 3.经验：能熟练使用电脑，能使用 PPT、Word 和 Excel 文档；能使用常见的实验室仪器，1 年以上实验室工作经验。 4.个性特质：善于与人沟通，待人温和，有耐心，责任心强。 5.培训经历：快检知识培训，快检实操培训考核，市场快检工作内容培训，公司规章制度培训。 6.其他要求：身体健康，无红绿色盲；较强的服务意识和责任心；有一定的协调能力和管理经验
快检组长	1.主导快检项目协调安排工作，完成各合作单位的年度快检工作任务并保证质量。 2.协助销售部对接食品及农产品快检项目技术支持工作，管理直接所属组别工作。 3.负责快检团队的建设。 4.负责组织快检人员的培训学习	1.教育水平：大学专科以上。 2.专业：化学、食品等相关专业。 3.经验：2 年以上化学、食品等专业技术项目工作经验；1 年以上管理工作经验。 4.个性特质：责任心强、善于沟通，思维敏捷、把握大局。 5.培训经历：检测技术培训，快检工作培训，食品、农产品、化学相关方面培训。 6.其他要求：责任心强，有较强的工作服务意识；做事严谨细心，善于发现存在的问题；熟悉政府项目的运转流程

三、食品快速检测人员培训与授权上岗

快检实验室应建立有效的人员管理和培训制度，并对人员培训进行效果评价，用于提高实验室检测人员的专业技术和管理水平，使检测人员能及时准确掌握法规、标准、方法的变化要求，进而提升实验室的管理水平和检测效率。对于食品快检人员，培训内容应包括但不限于相关认可文件、质量管理体系、检测标准及方法原理、实验室安全与防护、检测操作技能、质量控制方法等。

1. 常见培训类型

（1）**岗前培训** 即对新分配、新调入及转岗人员组织的上岗培训。培训内容为质量管理体系文件、质量技术监督局要求的法律法规及各项规章制度、相应的技术规范、拟上岗所需的专业知识和实际操作技能等。培训方式为组织专门人员授课和考核。

（2）**方法应用能力培训** 快检实验室应组织检测标准的培训，对检测人员进行理论和实操培训，并进行相应的考核，通过考核结果评价检测人员是否能够正确理解和应用标准方法。当标准方法发生变化时应重新进行培训和确认。

（3）**设备操作培训** 对于精密、有暴露伤害、操作要求较高的仪器设备，实验室应对技术人员进行设备操作培训，确认操作考核合格后颁发《设备操作授权书》，未经授权的人员不得操作此类设备。

（4）**法律法规培训** 快检人员均须接受《检验检测机构资质认定评审准则》等有关的法律法规培训，应遵守国家有关法律、法规及政策，严格执行国家有关技术标准及规

范；检测工作不受来自上级行政的干预、不受不良经济利益的影响；遵守保密和保护所有权规定，为客户保守技术秘密，确保顾客利益不受任何损失和侵犯；检测工作以法律法规为准绳、以检测标准为依据，对所做的各项检测及出具的各项检测报告，能确保其真实性和公正。

（5）**安全防护培训** 实验室正常运行过程中应该时刻注意防范安全隐患，争取把"事后处理"转移到"事前预防"和"事中监督"上来，做到防患于未然。安全防护培训对于加强实验室安全管理、强化实验室责任人及操作人员安全意识、普及实验室安全知识具有积极作用。

2. 常见培训方式

（1）**外部培训** 参加上级质检部门和其他有关部门组织的学习培训。

（2）**内部培训** 通过内部培训方式学习相关业务知识，如《质量手册》《程序文件》《作业指导书》《仪器操作使用说明书》《资质认定管理办法》等。

（3）**宣贯培训** 通过宣贯方式学习《检验检测机构资质认定评审准则》和本公司的体系文件。

（4）**讨论交流** 通过讨论、经验交流的方式解决一些实验室管理体系运行中实际遇到的问题与争议。

3. 培训需求的识别与计划

（1）**培训需求识别** 快检实验室应结合本行业、本领域的长期发展规划，确立本实验室的发展目标和前景，确定质量目标，结合市场需求和客户需要，制定长期和短期培训方案，针对不同人员制订不同的培训计划。如快检实验室应结合机构设置和人员组成，既要有对新录用、转岗人员的上岗培训，又要有对在岗人员的持续培训，以满足不同人员的培训需求。快检实验室还应对发现的问题进行分析总结，例如发生的不符合项、纠正和预防措施等相关内容也应列入培训计划。

（2）**培训计划制订** 按照经济、有效、可执行的原则，对培训需求的必要性和可行性进行分析，按评估的优先顺序对培训项目作取舍，制订有效的培训计划，如表1-2-2《员工学习培训计划表》，培训计划主要包括培训内容、培训方式、培训师资、参加人员、时间安排、培训地点等内容。培训计划应经过批准后予以实施。

表1-2-2 员工学习培训计划表

序号	培训日期	课时	培训内容	培训方式	授课人	参加人员	培训地点	备注

4. 培训实施与有效性评价

（1）**培训实施** 培训活动中，应指定人员进行记录，培训活动结束后，要对《学习培训记录表》（表1-2-3）、《员工培训历史记录表》（表1-2-4）等培训文件进行归档，还要对培训机构和授课讲师进行评价，要建全培训机构和讲师档案。

表1-2-3　学习培训记录表

学习培训内容			学习培训对象	
学习培训地点			学习培训时间	
主讲人			记录人	
姓名	岗位	学习培训内容		

记录人：　　　　　　　　存档人：　　　　　　　　　　　存档日期：　　年　　月　　日

表1-2-4　员工培训历史记录表

姓名		部门		职务	
培训时间	培训地点	授课人	培训内容	培训结果	记录人

记录人：　　　　　　　　存档人：　　　　　　　　　　　存档日期：　　年　　月　　日

（2）培训有效性评价　实验室需建立有效的培训效果评价制度，每次培训完毕后均应通过笔试、面试、实操考核、检验检测机构间比对和能力验证、内部质量控制、人员监督、内部或外部审核等方式对参培人员进行考核或考试。具体的评价方式有：受培训者的自我评价、培训者的训后评价、管理者对受培训者的跟踪评价。培训有效性评价要有完整的监督活动和效果评价记录，评价结果要记入个人的档案。常见培训有效性评价方法有以下四种。

① 直接观察实际操作。管理层应在能力评估前制定《项目操作能力评估表》，表中至少包括样品的准备、样品的处理和检测、报告单的审核和结果解释、质控判断、仪器维护和保养等内容。该评估表不仅可以被员工用来作为日常工作中自我能力评估的依据，而且各组长也可以以此作为考核员工的依据。在评估时，组长可以在员工日常工作情况的基础上，综合差错、投诉、日常监督、咨询、内审、不符合项报告等方面内容，对员工进行考评。

② 盲样测试。该方法是一个比较直接有效的确定员工能否有能力完成岗位任务的方法。该方法是通过对已知结果的样品或盲样样品进行检测来进行考核，考核合格标准为盲样测试结果正确率大于90%，或偏倚小于实验室允许总误差范围。在检测过程中，快检组长应客观地观察被考评者的操作是否符合标准操作规程要求，存在哪方面的问题，是否需要进行额外培训，并将观察到的情况记录下来，可以在能力评估总结中真实反馈

给本人及管理层。

③ 检查记录。检查的记录包括实验原始记录、质控记录、标准液配制记录、试剂使用记录、仪器保养及维护记录、仪器维修记录等。该方法可以查出快检人员是否按要求及时进行各种记录的填写，对不按要求填写的记录，每发现一处，均要求查找原因并进行分析，必要时要进行相关培训，举一反三，防止类似情况的再次发生。

④ 疑难问答。疑难问答是评估员工是否具备解决问题能力的有效手段，可以通过笔试或口试方式进行。通过模拟日常工作中可能出现的困难及应急情况（包括标准方法、样品、仪器、试剂、质控、定标等异常的分析与处理，应急预案等）、检验结果解释等考核检验员解决问题的能力和应变能力。

5. 考核和授权上岗

快检人员和管理人员均需经考核合格后，取得上岗证，并经授权后方允许上岗工作。上岗考核和授权记录（表1-2-5）均应记入个人档案，作为上岗、晋职、晋级和奖励的依据。考核不合格者，应重新培训和补考，此期间不得参加检测和管理工作，直至考核合格。当人员或业务发生变动时，需要及时对相关人员开展考核和换证工作。

表1-2-5　快检人员上岗考核和授权表

测试项目			
标准			
内容	要求	考核方式	评价
标准理解	熟悉标准 掌握原理	现场询问	
取样方式	理解取样方式	现场观察	
样品处理	掌握样品提取方式及注意事项	现场观察	
仪器的使用和维护	掌握仪器的基本操作 理解仪器使用注意事项 掌握质量控制的方法 掌握仪器的维护方法	现场观察，询问和操作	
操作规范性	操作规范、有序 准确读数 准确计算 准确判定数据 正确填写相关记录表格	查看原始记录	
实验室安全性	了解各种实验中所用到的化学试剂的危害及处理方法	现场询问	
总体评价	□ 通过考核可以上岗	□ 不能独立上岗，需再培训	

被考核人/日期：　　　　　　　　　　　　　　　　　　　　考核人/日期：

注：G表示"优秀"，S表示"满意"，P表示"通过"，NS表示"待观察"，NFT表示"仍需进一步培训"。

6. 建立人员技术档案

实验室应将所有与检测相关人员的授权、教育、专业、培训、技能和经验进行能力和资格确认，建立人员档案，档案同时还包括人员基本情况介绍、学历证明或复印件、承担业务技术范围描述和技能经验有关记录与描述、培训过程中产生的所有记录等其他资料，统一交由体系工程师归档、保管。

部门负责人不定期开展对部门管理工作的监督，监督员定期或不定期对从事检测活动的人员，包括在培人员的工作进行监督，确保其按照管理体系的要求进行工作。对监督工作中发现的不符合，应及时上报技术负责人，根据不符合情况的严重性，采取相应的措施。

四、食品快速检测人员监督与能力监控

人员监督是检测实验室人员管理的一个关键要素，要确保始终满足规定要求，实验室就需要对员工进行足够的监督。《检验检测机构资质认定评审准则》中明确阐述检验检测机构应由熟悉检验检测目的、程序、方法和结果评价的人员，对检验检测人员包括实习员工进行监督，确保快速检测人员能力持续满足岗位要求。

1. 人员监督与能力监控的目的

人员监督，即是对人员能力的监督。这里的能力，是指经证实的应用知识和技能的本领。监督的目的是为了确保检测实验室人员具备所从事的与检测相关工作的初始能力和持续承担该项工作的能力。

2. 人员监督与能力监控的程序

（1）编制人员监督程序文件　检测实验室的质量管理体系文件中应包含人员监督程序文件，明确规定职责分工、工作流程和结果评价，以及监督中出现不符合工作的处理方法。

（2）设定监督员　监督员应由熟悉各项检测方法、程序、目的和结果评价，具备善于观察和良好沟通能力的资深人员担当。其职责是发现偏离、记录分析、适时汇报和监督改进。监督人员和专业技术岗位人员的数量之比一般在1：10~1：5，但此比例不是绝对的，监督的对象应该覆盖到所有对检测结果有影响的人员，监督员的数量以能够覆盖检测实验室所涉及的各工作环节、各专业领域和各关键场所为宜。实验室管理层、质量管理体系运行管理部门、技术部门和后勤保障部门，都要有监督员。

同时，实验室要对监督员予以授权并赋予相应的权力，确保其发现不符合工作时可即时处理。如可以当场提出问题，责令立即改正；当不符合工作处置发生困难时，可以直接向质量主管或技术负责人报告，以便及时采取补救措施；必要时可以扣发检测报告；对纠正措施效果不满意时，可以通过和相关人员沟通，提出整改意见。

（3）制订人员监督计划　人员监督计划由监督员制订，经技术负责人审批。人员监督计划应至少包含以下内容：监督时间、监督对象、监督内容、监督方式，一般以表格的形式体现，参见表1-2-6和表1-2-7。监督员可根据自身监督领域的特点对实验室年度的质量监督工作计划进行细化，确保监督计划具有可操作性。

检测实验室的监督计划应保证在一个认可周期内实验室所有人员至少被监督一次。实验室人员，不管是内部的还是外部的，都会影响实验室活动，所以均要受到监督。

表1-2-6 人员监督/能力监控计划样表

计划编号：   共　页　第　页

序号	监督类别	监督对象	监督项目/参数	监督日期	监督员	备注
1						
2						
3						
4						
5						
6						
7						
8						
9						
10						
备注	监督项目可有以下类别：1. 人员资格及资格保持；2. 熟悉检测标准或仪器说明书及执行情况；3. 检验规程/校准规范的符合性；4. 设备操作情况；5. 样品标识情况；6. 样品制备及试剂和消耗性材料的配置情况；7. 抽样计划及执行情况；8. 原始记录及数据的核查情况；9. 数据处理及判定；10. 不可确定度评审情况；11. 结果报告的出具情况					

部门：　　　　　　　编制：　　　　　　　批准：　　　　　　　日期：

表1-2-7 食品快速检测实验室人员监督计划样表

1. 实验室新到人员在接受培训并按规定获得认可资格后，实验室负责人（监督员）对其操作过程、关键环节、主要步骤、数据结果进行监督 第一个月度监督频次　　　每次均监督 第一个季度实验监督频次　每月不少于一次监督 每半年实验监督频次　　　每月不少于一次监督
2. 实验室新开展项目的参加人员由技术负责人与实验室共同组织监督 第一个月监督频次　　　每次均监督 第二个月监督频次　　　每周监督一次 第三个月后监督频次　　每月不少于一次
3. 合同制人员、技术人员、关键支持人员由监督员监督 监督频次　　　　　　　每季度不少于一次 当有存疑或其他可能影响监测结果的因素存在时，应增加监督频次
4. 监督执行内容： ① 人员的持证上岗情况； ② 执行标准方法时效性； ③ 仪器设备的检定/校准和工作状态； ④ 检测工作环境受控情况； ⑤ 标准、技术规范、程序文件和作业指导书的执行情况； ⑥ 原始记录的原始性和检测报告、原始记录的完整性、正确性； ⑦ 监督员认定影响工作质量的其他事项

制作人：　　　　　　　批准人：　　　　　　　日期：

（4）按计划实施人员监督　实验室按照人员监督计划进行监督。在实施过程中，要做好监督记录和监督评价。年度监督计划是常规监督，监督员不必拘泥于计划，可结合实验室质量管理运行的具体情况，有侧重点地追加人员监督任务。如遇以下情况有必要追加专项监督：客户有特殊要求时、首次分包时、在实验室场所以外的地点进行检测工作时、检测结果在临界状态时、发生质量仲裁或质量鉴定时、发生客户投诉（抱怨）时、发生偏离时。

3. 人员监督与能力监控的内容

（1）人员监督的方式　人员监督的方式比较多样化，常用的有以下几种：现场观察、书面核查、提问面谈、考试、模拟检测或现场演示、使用标准物质或标准样品、留样再检、实验室内部比对、盲样测试、参加能力验证或外部实验室间比对。开展监督时，可采用单一方式，也可采用多种方式结合。

针对不同的岗位、不同情况可以选择不同方式或多方式结合。例如，对合同评审人员采用提问面谈、模拟或现场演示的方式；对新进检测人员采用与老员工比对、盲样测试的方式；对多年检测人员采用盲样测试、能力验证或外部实验室间比对的方式等。每一种监督方式的具体操作要点与人员培训中对应监督方式的操作要点一致。

留样再检，就是对一些可以留存的样品，在检测之后保留一定的时间，再进行重复检测。前提是样品是稳定的，再现性好。

实验室间比对，是根据 GB/T 27043—2012（ISO/IEC17043：2010，IDT）要求，按照预先规定的条件，由两个或多个实验室对相同或类似的物品进行测量或检测的组织、实施和评价。

能力验证，是根据 GB/T 27043—2012 要求，利用实验室间比对，按照预先制定的准则评价参加者的能力。

实验室内比对，是按照预先规定的条件，在统一实验室内部对相同或相似的物品进行测量或检测的组织、实施和评价。

（2）记录人员监督情况　监督员应认真填写监督记录（表 1-2-8），及时发现存在的问题。记录的内容应包括监督时间、监督对象、监督内容、监督方式、监督结果等。记录要涉及监督的全过程，对监督方式的合理性、内容和过程的完整性、工作完成的效果进行客观描述，并对监督结果进行评价。

（3）评价被监督人员的能力　在监督结果部分，监督人员要对被监督人员的相关能力予以客观、真实的评价，明确被监督人员是否具备所需的能力。如对法律、法规、实验室质量管理体系文件和规章制度的掌握能力，对合格供应商的评价能力，对检测和方法（包括校准方法和非标准方法）的使用能力，数据处理及结果判定能力，安全性要求识别及执行能力等（参见表 1-2-9）。当人员监督结果达不到预期目标甚至不符合时，则要进行不符合工作的说明，并指出需要改进或纠正的方面。

（4）处理监督结果　在监督过程中发现的不符合，应按照质量管理体系文件的要求及时处理和反馈。对需要采取现场纠正的，应要求被监督人员实施现场纠正，并对纠正有效性进行评价，同时做好记录。对需要采取纠正措施的，必须出具不符合报告；监督员督促相关人员制订纠正措施计划、分析原因、采取纠正措施，后期再实施跟踪，评价纠正措施的有效性。若纠正措施有效，则可关闭不符合。

监督员定期编写人员监督报告，作为年度管理评审输入内容，也可作为人员培训需求的依据。监督报告要包括监督岗位及人员数量、监督过程、监督结果、发现的问题和整改措施等。

表1-2-8　人员监督及能力监控记录表

序号：

监督计划名称			
监督员		监督时间	
被监督对象及其所在部门		监督方式	核查原始记录和报告□；现场观察□；面谈□；质量控制□；培训效果评价□；能力验证□；盲样测试□；其他方法：＿＿＿＿＿＿＿□
监督内容	设备操作能力□；样品制备能力□；方法选择能力□；环境监控能力□；检验检测操作能力□；出具的报告正确性□；其他内容：＿＿＿＿＿＿□		
监督重点	实习人员□；在培人员□；新上岗人员□；转岗人员□；机构间比对不满意□；能力验证不满意□；发生投诉□；操作新标准□；使用新方法□；数据偏离□；环境条件要求严格□；日常监督□；其他内容：＿＿＿＿＿＿□		
监督活动记录重点	"机"：会不会使用仪器设备，熟练与否，操作正确与否？ "料"：样品选择正确与否，标识正确吗？制备是否符合要求？ "法"：方法选择正确与否，熟练与否，操作正确与否？ "环"：环境条件设置正确与否，监控与否，记录与否？ "测"：自己检测校准得到的数据和结果是否进行了自查？ 		
存在问题	存在□；不存在□ 描述（如存在）： 		
被监督人确认	是□；否□ 　　　　　　　　　　　签字：　　　　　　　年　　月　　日		
整改意见及措施	有，计划纠正时限：一周内□；两周□；三周□；约定时间＿＿＿＿＿＿＿ 无□		
效果评价记录	满足要求□　　　　需进一步观察□　　　重新制定纠正措施□		
备注			

在"□"处根据相关内容打"√"，"√"可不止一个。

表1-2-9　人员持续能力监控评价样表

姓名		部门		岗位	
职务		工作年限		本岗位年限	
对检验检测机构管理体系文件相关内容的理解和掌握情况					
岗位职责履行情况					
人员监督情况					
参加质量控制活动情况					
岗位业务能力抽查情况					
综合意见：□ 具备能力　　□ 具备能力但不熟练　　□ 不具备能力					
评价人员：　　　　　　　　　　　评价日期：					
注：当结论为具备能力但不熟练时，需做相应培训后方可上岗；当结论为不具备能力时，需要转岗或再培训					

第二节　设施和环境条件

一、食品快速检测实验室基本要求

1. 功能分区

设施、环境工作表单

（1）功能分区的基本要求　应根据食品质量安全日常性检测工作量，确定食品快速检测实验室建设规模，应满足各功能分区的基本要求，详见表 1-2-10 所示。实验区应能满足安放相关检测仪器设备及人员操作的条件要求，对互有影响、可能干扰检测结果的相邻区域应有效隔离。食品快检室实验区布局图与实景图见图 1-2-1 和图 1-2-2。

表1-2-10　食品快速检测实验室的功能分区及基本要求

功能分区	用途及基本条件
实验区	用于实验样品前处理、保存及检测
办公区	用于样品的接收、核对、登记、出具检测结果、存档及通信等

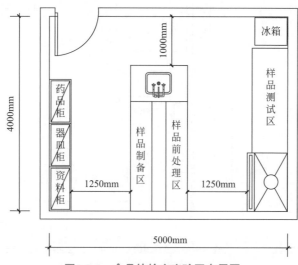

图1-2-1　食品快检室实验区布局图

图1-2-2　食品快检室实景图

（2）功能区域配置要求

①门窗要求：快检室的门锁应便于内部快速打开，门锁及门的开启方向应不妨碍室内人员逃生；快检室的窗户应安装可防蚊虫的纱窗。

②服装存放要求：快检室应设存衣或挂衣装置，应将个人服装与常规工作服分开存放。

【案例分析】 现有长15m、宽10m、高5m的场地，需改造为食品快速检测室，请根据实际检测需要规划快速检测室功能区域。请简要绘制快速检测室布局图，并阐述各区域功能。

分析要点：快检室应包括实验区、科普宣传区、检测试剂区、样品区、洗涤区、办公区等关键功能区域；各区应有明确的划分和标识。

示例图：参见图 1-2-3。

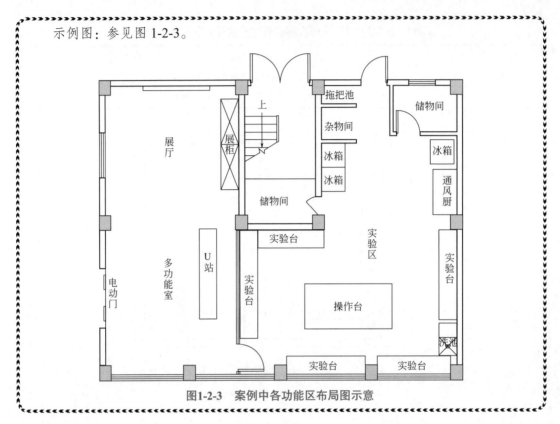

图1-2-3　案例中各功能区布局图示意

2. 通风要求

食品快速检测实验室供排风系统完善与否，直接对食品快速检测实验室环境、实验人员的身体健康、实验设备的运行维护等方面产生重要影响。实验室通风应符合 GB 50019—2015 及国家其他相关规定的要求。食品快速检测实验室应安装排风装置，风向应符合定向气流的原则。排风装置应具有单独调节风速和流量的功能，材料具有耐酸碱及防止化学试剂腐蚀的特性。若前处理实验涉及有机溶剂和挥发性气体，则应配备通风柜。

通风设施一般有 2 种（图 1-2-4）。①局部排气罩：一般安装在仪器发生有害气体部位的上方。局部排风系统有两种类型：第一种是上排风，即在实验台上设置局部排风罩；第二种是下排风，即排风管从下一层吊顶穿过楼板，接实验台上的"万向"排风罩。②通风柜：这是食品快速检测实验室设计常用的一种局部排风设备，内有加热源、水源、照明等装置。

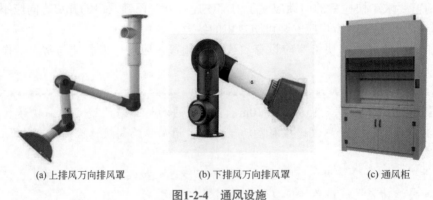

(a) 上排风万向排风罩　　　　(b) 下排风万向排风罩　　　　(c) 通风柜

图1-2-4　通风设施

3. 给排水设计

食品快速检测实验室应提供可满足需求的供水装置，必要时可配备储水装置，并安装超纯水发生装置。进出快检室的液体和气体管道系统应牢固、不渗透、防锈、耐压、耐温（冷或热）、耐腐蚀。供水要保证必需的水压、水质和水量，应满足仪器设备正常运行的需要，室内总阀门应设在易操作的显著位置；给排水管道管径应能满足实验需求，管路易于清洗，下水应有防回流设计。室外排水应遵守 GB 50014—2021《室外排水设计标准》的规定。

4. 照明要求

食品快速检测实验室照度应符合 GB 19489—2008 的规定，要求实验室核心工作间的照度应不低于 350lx，其他区域的照度应不低于 200lx；食品快速检测实验室宜采用吸顶式防水洁净照明灯，应避免过强的光线和光反射；应设应急照明装置且可维持 30min 以上，并粘贴有紧急发光疏散指示标志；应有足够的固定电源插座，避免多台设备使用共同的电源插座；应有可靠的接地系统，应在关键节点安装漏电保护装置或检测报警装置。

一般用电和实验用电必须分开，电源的质量、安全可靠性及连续性必须保证。对一些精密、贵重仪器设备，要求提供稳压、恒流、稳频、抗干扰的电源；必要时须建立不中断供电系统，还要配备专用电源，如不间断电源（UPS）等。

5. 安全与环保要求

食品快速检测实验室安全环保工作是关系到从业人员生命安全和财产免遭损失的重大问题，全体实验室工作人员都要树立"预防为主，安全第一"的思想。

（1）常规化学品及危化品存放要求　根据《中华人民共和国环境保护法》《中华人民共和国固体废弃物污染环境防护法》《危险化学品安全管理条例》等法律法规，对危化品管理要设专人、专室（危险化学品室）、专柜（危险化学品柜）、双人双锁，严格控制易燃易爆、有毒有害试剂的存放量。各种易燃化学试剂应与氧化物试剂分别储存，危化品也需按其类别和性质分别存放；过氧化氢应放置冰箱内或阴暗干燥处保存；强酸类试剂应与氨水分开保管。检测室不应存放过量易燃易爆危险品，易燃化学试剂检测室内最多不得存放超过 7 天的存储量。易制毒和易制爆试剂和药品应有专柜存放并标明，有机物和无机物要分开存放。

使用有毒有害或腐蚀性试剂和标准品时，检验员应戴防护手套和防护面具。每个实验室应配有烧、烫伤等的应急药品，配备急救箱。实验室常用安全装置和防护工具见图 1-2-5。

（2）应急设施和消防设施要求　快速检测实验室若操作刺激或腐蚀性物质，要求应在 30m 内设置应急洗眼装置，必要时应设紧急喷淋装置；在特定情况下，如仅仅使用刺激性较小的物质，洗眼瓶也是可接受的替代装置。通常每周要测试喷淋装置和与水供应连接的装置，并冲掉死腔内积水，以确保运行正常和水质达标。

消防器材要放在明显的便于取用的地方，周围不得堆放杂物，严禁把消防器材移作他用。快检室人员要熟知各类应急装置及消防器材存放位置及使用方法，以便在紧急情况下能正确使用，同时应定期检查安全装置和消防器材的有效性。

实验室常用安全装置和消防器材见图 1-2-6。

(a) 安全防爆柜

(b) 强酸强碱柜

(c) 无粉丁腈手套

(d) 防护面罩

图1-2-5 常用安全装置和防护工具

(a) 冲淋装置

(b) 洗眼器

(c) 灭火器

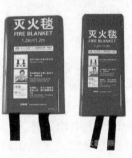
(d) 灭火毯

图1-2-6 常用安全装置和消防器材

二、食品快速检测环境条件要求

1. 基本要求

实验区域应有与检测工作相适应的基本设施，并保证其功能正常使用，如足够容量的电力、照明系统、排风、防震、冷藏等设施。

试剂、标准物质、快速检测产品、样品存放区域应符合其规定的保存条件，确保一定的温度，冷冻、冷藏区域应进行温度监控并做好记录。

进行样品制备和前处理场所、检测结果判读场所，应具备良好光线、有效通风，应采取措施防止因溅出物、挥发物引起的交叉污染。

实验室内温度、湿度、噪声和洁净度等室内环境参数应符合工作要求和卫生等相关要求，实验室内应避免不必要的反光和强光，一般情况下实验室的温度控制在 15~28℃ 左右，湿度控制在 70% 以下。

2. 环境条件监控

仪器分析区域的环境条件应满足仪器正常工作的需要，在环境有温湿度要求的区域应进行温湿度记录，实验室必须安排相关人员负责本实验室内温湿度情况记录，室内温湿度情况记录由各计量室、实验室保存，保存期 2 年，如表 1-2-11 所示。

表1-2-11　环境记录表

时间：_____ 年 ___ 月　　　　　　　　　　地点：_____

日期	时间	温度 /℃	湿度 /%	环境状态	环境控制措施	记录人
1				□ 良好□ 需要调控后再记录	□ 空调降温□ 抽湿机除湿	
2				□ 良好□ 需要调控后再记录	□ 空调降温□ 抽湿机除湿	
3				□ 良好□ 需要调控后再记录	□ 空调降温□ 抽湿机除湿	
……						
30				□ 良好□ 需要调控后再记录	□ 空调降温□ 抽湿机除湿	
31				□ 良好□ 需要调控后再记录	□ 空调降温□ 抽湿机除湿	

注：1.实验室环境要求，温度≤28℃，湿度≤80%；

2.如发现储存条件发生异常，调控后无法控制，应立即上报项目负责人并做好处理工作。

3. 日常内务管理

应建立和实施《内务管理程序》，确保化学危险品、毒品、有害生物、高温、高电压、撞击以及水、气、火、电等危及安全的因素和环境得以有效控制，并建立相应的应急处理措施。应建立并保持环境保护程序，具备相应的设施设备，确保检测/校准产生的废气、废液、固废物、噪声等处理符合环境和健康要求，并建立相应的应急处理措施。

（1）常规化学品及危化品使用管理　各种易燃易爆及危化品应有专人管理，制定并实施《剧毒与危险物品的管理程序》。应建立易制毒、易制爆化学危险品、试剂、药品购置、入库、领用、使用和过期处置制度和监督机制，每一过程均应有批准、领用等登记手续，详细记录领用人、领用量、消耗量和剩余量，定期清理核对，严防化学危险品流出实验室，同时加强实验室危险化学品防护设施建设。记录表参见表 1-2-12~ 表 1-2-14。

表1-2-12 危险化学品出入库登记表

部门：　　　　　　　　　　　　　　　　　　　　　　　编号：

序号	品名	规格/型号	生产厂家	入库数量	包装标识	入库时间	经办人	保管人	出库数量	出库时间	审批单号	经办人	保管人

表1-2-13 样品使用登记表

序号	药品名称	规格/型号	数量	借用日期	借用人	用途	使用地点	监督人	备注
1									
2									
3									
……									

表1-2-14 化学危险品管理情况检查表

部门：　　　　　　　　　　　　　　　　　　　　　　　检查日期：　　年　月　日

是否建立领导小组	位置是否合理	是否干燥；朝北	是否有防盗措施	是否有通风设施并合理安装	是否"五双"管理	是否配置消防器材	管理制度是否上墙
照明是否合理	是否专用柜分类存放	是否定期检查	危险品领取及使用记录	门是否朝外开	是否有应急预案	包装；封口；标签；数量情况

整改意见	
整改截止时间	领导签字
检查人签字	

注：1."五双"：双人收发、双人记账、双人双锁、双人运输、双人使用。

　　2.防盗：防盗门、防盗窗、安全监控设备。

　　3.照明设备应采用隔离、封闭、防爆型。

　　4.危险品贮藏室内应配置干粉灭火器、沙箱等消防器材。

样品前处理实验如涉及有机溶剂和挥发性气体时，则应在负压排风装置中操作。应保持整齐清洁，做完实验后及时清除实验废弃物，及时清洗用过的物品、器具、仪器设备。实验室应设安全卫生责任人，负责责任区内的安全与卫生。

（2）水、电、火、气等内务管理及应急处理　食品快速检测实验室人员应熟悉室内的水、电、气的总开关所在位置及使用方法。遇有事故或遇停水、停电、停气时，或用完水、电、气时，使用者必须及时关好相应的开关。电闸箱、水阀及气阀严禁遮挡。对水、电、火等日常管理要建立切实可行的管理制度和检查制度，记录表参见表1-2-15。比如：电气设备或线路必须按规定装设，禁止超负荷用电，不准乱拉乱接电线，因实验需要拉接的临时线必须保障安全，用毕应立即撤除。

应建立在紧急情况下的应急处理措施，如果出现险情和意外事故时，实验室能在第一时间内作出快速反应，防止事态的扩大，尽量减少损失，并立即向主管部门和安全管理部门报告。

表1-2-15　实验室内务管理记录表

部门：　　　　　　　　　　　　　　　　　　　　　　　　　　　　年　　月

项目	1	2	3	4	5	6	7
用火用电有无违章现象							
安全出口疏散通道是否畅通							
安全疏散指示标志是否完好							
应急照明灯具是否完好							
消防栓是否处于正常状态							
消防安全标志是否完好							
消防设施、器材是否完好							
巡查人签字							
巡查情况							

说明：1. 没有发现问题打"√"，发现问题打"×"，问题要准确详细记载；
　　　2. 本表填写一律用文字表述，要求字迹清楚，书写端正，并妥善保管，存档备查。

（3）废弃物处理　食品快速检测实验室工作人员应具备良好的实验习惯，检测过程中的废弃物应进行妥善处理，减少或消除检测废弃物的危害。实验过程中产生的废弃物应倒入分类的废物桶或废液瓶，危害性废弃物不能随意带出实验区域或丢弃。根据《中华人民共和国环境保护法》《危险废物经营许可证管理办法》及相关环境保护法律、法规规定，所有废弃物（废水、废气、废渣）的排放都应符合国家排放标准，防止污染环境。无法在实验室妥善处理的剧毒品、废液、固体废弃物，不得随意排放、弃置或者转移，应当依法委托有资质专业单位集中收集处理，并做好处置记录，如表1-2-16所示。

表1-2-16　废液处理汇总表

序号	物料组/分类	物料编号	物料名称	单位	需求数量	回收日期	提报部门	仓管签字确认
1	废液处理		××废液	吨	××		实验室	
2	废液处理		××废液	车	××		实验室	
……								

总之，实验室安全管理是重中之重，加强日常设施和环境的检查监督，能够有力保证检测工作中的噪声及有毒有害气体、液体、固体物等符合环境保护和职业健康要求。为确保实验室人员的人身安全及各项实验的顺利进行，一般都应进行综合性的检查。检查项目及记录参见表1-2-17。

表1-2-17 实验室安全检查项目表

序号	检查工作项目	检查情况				
		符合	基本符合	不符合	不适用	备注
1	**规章制度**					
	安全管理制度					
	有符合学科实际的安全管理制度					
	有安全检查与值班值日制度					
	有实验操作规程(含安全注意事项,特别是对于危险性实验与操作)					
	有仪器操作规程(含安全注意事项)					
	有可操作的应急预案					
2	**规章制度的执行**					
	建立安全检查和值日台账且记录规范					
	将有操作指导性的制度、规程上墙(特别是有危险性的操作)					
	对于检查发现存在问题的,以适当方式及时通知被查实验室,如进行网上公示、发送整改通知书等					
	检查出的问题得到及时整改且有记录					
3	**安全和应急设施**					
	配置消防器材(烟感报警器、灭火器、消防栓、手动报警器、沙桶等)					
	实验大楼有逃生线路指示图,并安装应急指示灯					
	灭火器配备数量合理,无过期现象,摆放位置方便及时取用					
	重点部位有防盗和监控设施,包括剧毒品、病原微生物和放射源存放点等					
	化学和生物类实验室有应急喷淋装置和洗眼装置					
	应急喷淋装置水管总阀处常开状,喷头下方无障碍物					
	有应急喷淋和洗眼装置的巡检记录					
	楼层或实验室应配备未上锁的急救药箱					
4	**通风系统**					
	配备符合要求的通风系统;对于排放有毒有味废气的实验室,有吸收过滤装置					
	通风系统运行正常					
	对通风设备进行风速测定等维护、检修并做好记录					
	换气扇使用正常					
	风机固定无松动、无异常噪声					
5	**用电基础安全**					
	无插头插座不匹配或私自改装现象					
	无乱拉乱接电线现象					
	无电线老化、使用花线和木质配电板的现象					
	无多个大功率仪器使用同一个接线板的现象					
	无多个接线板串联及接线板直接放在地面的现象					
	无电源插座未固定、插座插头破损现象					
	大功率仪器(包括空调等)使用专用插座,长期不用时应拔出电源插头					
	无人状态下,充电器(宝)不能充电过夜					
	水槽边不安装电源插座;如确实需要,应装有防护挡板或防护罩					

续表

序号	检查工作项目	检查情况				
		符合	基本符合	不符合	不适用	备注
6	**用水安全**					
	下水道畅通,不存在水龙头、水管破损现象					
	各类连接管无老化破损现象(特别是冷却冷凝系统的橡胶管接口处)					
	无自来水龙头开着而人离开的现象					
7	**化学试剂存放**					
	房间内有化学品的动态台账					
	强酸与强碱、氧化剂与还原剂等分开存放					
	固体与液体分开存放(如在同一试剂柜中,液体需放置在下层)					
	化学品不存在叠放现象					
	化学试剂标签无脱落、模糊现象					
	存放点通风、隔热、安全					
	无试剂、药品过期现象					
	无试剂瓶、烧瓶等开口放置的现象					
	易泄漏、易挥发的试剂应存放在具有通风、吸附功能的试剂柜内					
8	**危化品管理**					
	配备并固定专门的保险柜,实行双人双锁保管,即有 2 名分别掌管钥匙和密码的保管人同时到场方可开启保险柜,有条件或专用库房需配备报警及监控设备					
	执行双人收发、双人运输并有记录					
	使用时有两人同时在场,且计量取用后立即放回保险柜并做好记录(双人签字)					
	按有关规定对残余、废弃的危化品或空瓶进行处置					
	不得私自从外单位获取危化品					
9	**化学废弃物处置**					
	使用单位统一的化学实验废弃物标签					
	配备化学实验废弃物分类容器					
	对化学废弃物进行分类存放、包装(应避免与易产生剧烈反应的物品混放),并贴好信息齐全的标签,及时送单位中转站或收集点					
	无大量存放化学废弃物的现象,定时清运化学实验废弃物					
	无实验废弃物和生活垃圾混放现象					
	无向下水道倾倒废旧化学试剂等现象					
	无实验室外堆放实验废弃物现象					
	对于产生有毒和异味废气的,有气体吸收装置					
	锐器废物盛放在纸板箱等不易被刺穿的容器中					

4. 常见的不符合点

对于食品及其原辅料生产企业实验室,实验室应相对独立,应与生产区域有效隔离。设施和环境条件应适合于检验实验室活动,不应对结果有效性产生不利影响,常见中国合格评定国家认可委员会(CNAS)不符合案例如表 1-2-18 所示。

表1-2-18　设施与环境条件CNAS不符合案例

序号	不符合描述	不符合点
1	测定使用电子天平不能满足标准规定的温度、湿度控制条件	环境条件不满足实验要求
2	电子分析天平安装在化学分析检测室门口的工作台上，环境条件满足不了电子分析天平使用条件	
3	某实验区域控制温度报警范围为40℃，与编号A《环境设施日常监控内容表》要求不符	
4	检测室未安装通风设施，实验中产生的有害废气无法及时排出	
5	检测场所缺少排风设施，照明亮度不够	
6	实验室温、湿度与标准要求不一致	
7	微生物室不能提供无菌（净化）实验室洁净度监测记录	
8	实验室未提供定期检查洗眼器及紧急喷淋装置的功能有效性的记录	定期检查设施
9	对剧毒物质××的贮存设施不能达到安保的有关规定	有毒有害物质的储存
10	查编号为A的检测报告时发现，对Pb等痕量元素检测时，未对样品粉碎的制备过程（该过程使用了剪刀等）是否会导致样品污染进行验证	交叉污染
11	未能提供资料证明实验室接地措施满足规范要求	接地电阻
12	实验室不能提供接地措施的维护和验证记录	
13	实验室未能提供实验电源的稳定性核查记录	供电电源
14	实验室未能提供电源特性试验报告	
15	实验室对可能影响检测结果的设施和环境条件的技术要求缺少文件化要求	环境条件缺少文件化要求
16	用于称量标准物质的十万分之一电子天平所放置的平台没能充分考虑其震动对结果正确性的影响	缺少减震措施
17	设备编号为A的天平的使用记录中未对温度、湿度等环境条件进行记录	环境条件监控不到位

第三节　设备

　　目前食品快速检测技术已越来越广泛地运用到日常卫生监督执法、突发公共卫生事件现场处置和重大活动卫生保障中。原卫生部对省、市、县级卫生监督机构的现场食品快速检测设备的配置提出了明确和具体的要求，它已成为卫生执法的重要手段。针对不同目的，有一系列方法与仪器，从基于不同原理的试纸条、卡、测试盒到基于色/质联用仪的多残留分析技术与仪器。食品快速检测检测设备主要包括以下几方面。

设备工作表单

　　① 食品快速检测箱：掺杂掺假检测箱、快速检测采样箱、急性食物中毒快速检测箱、农残快速检测箱等。

　　② 食品快速检测仪：多功能食品快速检测仪、农药残留快速检测仪、微生物快速检测仪、其他食品快速检测仪等。

　　③ 食品快速检测试剂、试剂盒：生物毒素快速检测试剂盒、微生物快速检测试剂盒、有毒有害物质快速检测试剂盒、掺假快速检测试剂盒、农兽药残留快速检测试剂盒等。

　　④ 食品快速检测辅助设备：微型天平、微型离心机、电导率仪、食品中心温度计、微型电吹风等。

一、设备的配置

1. 配置原则

食品快速检测实验室应配置正确进行检测（包括抽样、样品制备、样品检测、数据处理与分析）所要求的抽样、测量和检测设备，参见表1-2-19和图1-2-7、图1-2-8。

表1-2-19　食品快速检测实验室仪器设备基本配置表

序号	设备名称	图例	规格及技术参数要求
1	温度计		
2	室内外电子温湿度计		
3	低温冷冻冷藏冰箱		容量不小于100 L
4	恒温水浴锅		

序号	设备名称	图例	规格及技术参数要求
5	离心机		
6	旋涡混合器		
7	样品粉碎机		
8	样品浓缩仪		

序号	设备名称	图例	规格及技术参数要求
9	电子天平		精度 0.01g 以上
10	多量程移液枪		量程 20~200μL，100~1000μL，1~5mL 等
11	农药残留快速检测仪（酶抑制法）		
12	肉类水分速测仪		

(a) 样品浓缩仪（空气吹干机）

(b) 样品均质器

(c) 掌上离心机

(d) 掌上电子天平

(e) 超声波仪

(f) 旋涡振荡器

图1-2-7　食品快检实验室常用食品样品前处理设备

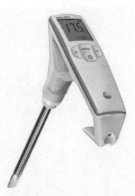

(a) 食品油极性成分检测仪

(b) 水分测定仪

(c) ATP荧光检测仪

(d) 农药残留快速检测仪

(e) 重金属检测仪

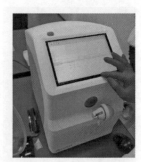

(f) 便携质谱仪

 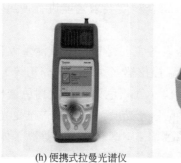 

(g) 智慧食品安全快速检测一体机	(h) 便携式拉曼光谱仪	(i) 酶标仪

图1-2-8　食品快检实验室常用食品快速检测设备

2. 配置要求

① 用于检测、抽样的设备及其软件应达到要求的准确度，并符合检测相应的规范要求。对结果有重要影响的仪器的关键量或值，应制订校准计划。设备在投入服务前应进行校准或核查，以证实其能够满足实验室的规范要求和相应的标准规范。

② 设备应由经过授权的人员操作。

③ 用于检测并对结果有影响的每一设备及其软件，均应加以唯一性标识。

④ 实验室应保存对检测具有重要影响的每一设备及其软件的档案，内容应包括：

a. 设备及其软件的识别；

b. 制造商名称、型式标识、系列号或其他唯一性标识；

c. 对设备是否符合规范的核查；

d. 当前的位置（如果适用）；

e. 制造商的说明书（如果有），或指明其地点；

f. 所有校准报告和证书的日期、结果及复印件，设备调整、验收准则和下次校准的预定日期；

g. 设备维护计划，以及已进行的维护（适当时）；

h. 设备的任何损坏、故障、改装或修理。

⑤ 实验室应具有安全处置、运输、存放、使用和有计划维护测量设备的程序，以确保其功能正常并防止污染或性能退化。

⑥ 曾经过载或处置不当、给出可疑结果，或已显示出缺陷、超出规定限度的设备，均应停止使用。这些设备应予隔离以防误用，或加贴标签、标记以清晰表明该设备已停用，直至修复并通过校准或检测表明能正常工作为止。

⑦ 实验室控制下的需校准的所有设备，只要可行，应使用标签、编码或其他标识表明其校准状态，包括上次校准的日期、再校准或失效日期。

⑧ 检测设备包括硬件和软件应得到保护，以避免发生致使检测结果失效的调整。

二、设备的检定和校准

1. 设备检定 / 校准需求分析

食品快检实验室对于检测结果的准确性或有效性有重要影响的所有设备，在投入使用前都应进行检定或校准，符合精度要求才能进行使用，以保证实验室检验检测测量结果的溯源性和可靠性。

用于检定／校准的仪器设备主要是定性定量测量仪器，主要包括称重仪器（电子天平、分析天平、台秤等）、温控仪器（烘箱、培养箱等）、电化学分析仪（酸度计、自动电位滴定仪等）、色谱分析仪（气相色谱仪、液相色谱仪、离子色谱仪、氨基酸测定仪等）、光谱分析仪（紫外可见分光光度计、便携式拉曼光谱仪、酶标仪等）、联用仪（气相色谱 - 质谱联用仪、液相色谱 - 质谱联用仪、等离子体质谱仪、便携质谱仪等）、品质分析专用仪器（食用油品质检测仪、糖度计等）等。

检测设备需要进行检定／校准的情况有两种：检测精准度或检测不确定度对报告结果的有效性产生影响；需要为报告结果构建计量溯源性。检定是一种法制管理行为，是对检验检测设备进行强制性全面评定，是自上而下的量值传递过程，是对检验检测设备是否符合规定进行评定，评定检验检测设备的误差范围是否在规定的误差范围之内，从而判定检验检测设备是否合格。校准是按计量标准所复现的量值确定被校准检验检测设备的示值误差，属于自下而上量值溯源的一组操作。检定和校准的主要区别见表 1-2-20。

表1-2-20　仪器设备校准和检定的区别

观测点	检定	校准
目的	对测量装置进行强制性和全面的评估。这种综合评价属于统一量的范畴，是一个自上而下的量值传递过程	评估测量装置的示值误差，确保测量的准确性。它属于一组自下而上的可追溯性操作
对象	我国计量方法中规定的强制检定仪器设备	强制性检定之外的仪器设备。我国非强制检定的计量器具主要是指生产和服务提供过程中使用的计量器具，包括采购检验、过程检验、最终产品检验等所使用的计量器具
性质	检定属于强制执法，属于法定计量管理范畴。其中，核查监管协议周期等均按照法律要求进行	校准不是强制性的，属于自愿可追溯性的技术活动，可根据实际需要对测量仪器的示值误差进行评估，可根据实际需要规定校准规范或方法
依据	主要依据是计量检定规程，是计量设备检定必须遵守的法律技术文件	主要依据是根据实际需要制定的"校准规范"，或参照"检定规程"的要求
方式	必须由有资质的计量部门或法定授权单位进行	可通过自校准、外部校准或自校准与外部校准相结合来组织

检定／校准的方式主要有以下几种。

① 列入国家强制检定目录的计量器具，应由法定计量检定机构或者授权的计量检定部门检定，签发检定证书。

② 非强制检定的计量器具，可由法定计量机构、国家认可机构或亚太实验室认可合作组织（APLAC）、国际实验室认可合作组织（ILAC）多边承认协议成员认可的校准实验室进行检定（校准），签发检定（校准）证书；也可由实验室按自检规程校准，报告校准结果，校准人员应具备从事该仪器设备操作和校准的能力。

③ 当溯源至国家计量基准不可能或不适用时，应采用实验室间比对、同类设备相互

比较、实验室能力验证的方式为测试可靠性提供证据。

2. 设备检定 / 校准计划制订

食品快速检测实验室应制订《仪器设备检定 / 校准计划表》，如表1-2-21所示。仪器设备检定 / 校准计划内容至少包括：①设备编号、名称、型号、准确度等级或允许误差、测量范围；②原检定或校准证书编号、有效期；③使用部门；④检定 / 校准机构名称；⑤计划检定 / 校准时间。

检定仪器及其检定周期一般要求：紫外分光光度计、酸度计和天平的检定周期为1年；滴定管、移液管、容量瓶和温湿度计的检定周期为3年；烘箱的检定周期为2年。

表1-2-21　仪器设备检定/校准计划表

仪器编号	仪器设备名称	型号	校准参数	校准范围	不确定度（精密度、允许误差）	校准周期	计划检定/校准日期	检定 / 校准单位

编制：　　　　　　日期：　　　　　　　　　审批：　　　　　　日期：

3. 设备检定 / 校准计划实施

实验室负责按检定 / 校准计划实施检定或校准工作。固定检验检测设备应要求检定或校准机构到实验室实施检定或外部校准；便携检验检测设备一般采用集中送取形式。设备的内部校准优先采用标准方法；当没有标准方法时，可使用实验室自制的或设备制造商推荐的非标准方法，该校准方法需经技术论证或测量结果相互比较等方式进行证实，确认其测量结果及可信度符合要求，并形成作业指导书经技术负责人批准。由授权人员按作业指导书实施内部校准，校准记录或证书（图1-2-9、图1-2-10）随设备档案保存。进行内部校准的检验检测设备应当是非强制检定的，并满足计量溯源要求。

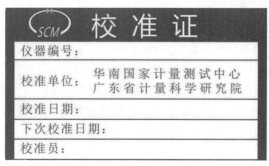

图1-2-9　仪器校准证示例

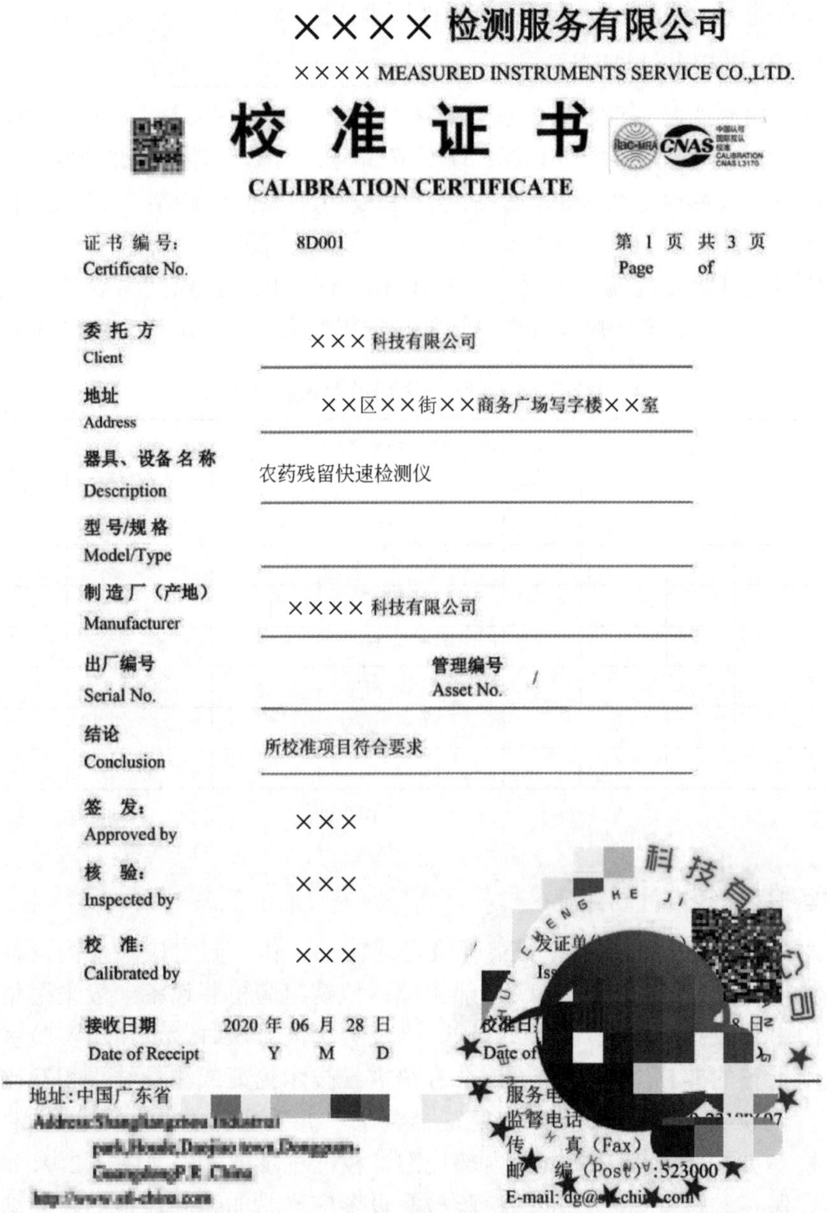

××××检测服务有限公司

×××× MEASURED INSTRUMENTS SERVICE CO.,LTD.

校 准 证 书

CALIBRATION CERTIFICATE

证 书 编 号： Certificate No.	8D001	第 1 页 共 3 页 Page of	

委 托 方 Client	×××科技有限公司
地 址 Address	××区××街××商务广场写字楼××室
器具、设备名称 Description	农药残留快速检测仪
型 号/规 格 Model/Type	
制造厂（产地） Manufacturer	××××科技有限公司
出 厂 编 号 Serial No.	管理编号 Asset No. /
结 论 Conclusion	所校准项目符合要求
签 发： Approved by	×××
核 验： Inspected by	×××
校 准： Calibrated by	×××
接 收 日 期 Date of Receipt	2020 年 06 月 28 日 Y M D

地址：中国广东省
Address:Shangjiangzhou Industrial
park,Houde,Daojiao town,Dongguan,
Guangdong,P.R.China
http://www.sdf-china.com

服务电话
监督电话
传 真（Fax）
邮 编（Post）：523000
E-mail: dg@sdfchina.com

图1-2-10 仪器校准证书示例

4. 设备检定/校准结果的确认

实验室应组织人员对设备检定/校准结果的符合性进行确认，并填写《检验检测设备检定/校准结果确认表》，如表1-2-22所示。

确认信息应包括以下内容：①检定结果是否合格；②校准结果给出的准确度信息（如准确度等级、误差等）是否符合设备使用说明书规定及检验检测依据的标准（对检验检测项目或参数要求）规定；③设备是否满足检验检测方法的要求；④是否有校准因子/参数更新信息，如有应记录。

经检定/校准的检验检测设备，由设备管理员依据检定/校准确认结果进行状态标识，并标明有效期。设备管理员还要负责将检定/校准的证书或报告、《检验检测设备检定/校准结果确认表》等相关资料存档，并备份相应复印件随设备一起供检验检测人员使用，证书原件一般保存3个周期。

表1-2-22　检验检测设备检定/校准结果确认表

基本信息	仪器名称		设备编号		型号	
	证书编号			检定/校准日期		
	检定/校准单位			检定/校准依据		
	检定/校准证书有效期			年　月　日至　年　月　日		
检定/校准参数确认						
检测方法要求						
上述检定/校准参数是否在该检定/校准单位资质认可范围之内：□ 是　　　□ 否						
确认结论：□ 合格/满足使用要求　　□ 不合格或不满足使用要求 理由说明：						
校准因子/参数更新	□　校准因子/参数已更新（更新人签名：_____更新日期：_____） □　校准因子/参数无须更新					
确认人/日期：			审核人/日期：			

注：如不合格或不满足使用要求，请说明具体情况和处理建议意见如降级使用等。

三、设备的使用和维护

① 设备应建立设备档案和台账（表1-2-23），及时更新，保持账物相符。

表1-2-23　食品快速检测实验室仪器设备汇总表

第　　页，共　　页

序号	管理编号	仪器设备名称	型号	出厂编号	生产厂家	主要技术指标	责任人	备注

② 仪器设备的使用情况需填写记录表（表1-2-24）。

表1-2-24 食品快速检测实验室仪器设备使用记录表

仪器设备名称：　　　　　　　　　　型号：　　　　　　　　　　管理编号：

使用日期	温度/℃	相对湿度/%	使用前状态	使用后状态	样品编号	检测项目	使用人
			□ 正常 □ 异常	□ 正常 □ 异常			
			□ 正常 □ 异常	□ 正常 □ 异常			
			□ 正常 □ 异常	□ 正常 □ 异常			
			□ 正常 □ 异常	□ 正常 □ 异常			
			□ 正常 □ 异常	□ 正常 □ 异常			
			□ 正常 □ 异常	□ 正常 □ 异常			
			□ 正常 □ 异常	□ 正常 □ 异常			
			□ 正常 □ 异常	□ 正常 □ 异常			

③ 快检所需的关键设备应根据使用频次及特点制订维护计划，并记录维护保养情况（表1-2-25）。

表1-2-25 食品快速检测实验室仪器设备维护保养记录表

仪器设备名称		型号	
管理编号		维护保养周期	□6个月　　□3个月 □1个月　　□每周
维护保养日期	维护保养记录		维护保养人

④ 设备发生故障或出现异常情况时，使用人员应立即停止使用，分析原因，采取排除故障的措施或进行维修，做好标记以免误用，做好记录。追溯该仪器近期的测试结果，确定这些结果的准确性，如有疑问，应立即通知使用者，准备重新检测。设备未修复期间，应在明显位置加贴停用标识或移出实验区域单独放置。

⑤ 仪器设备未经批准不得外借，未获得上岗操作资格的人员不得擅自使用。仪器设备外借返回，应检查设备的性能、状态，如出现故障修复，应重新验收后方可投入使用。

四、设备的期间核查

实验室一般对仪器进行定期检定或校准，以保证其量值的溯源性，并加以必要的维护和保养，以保证设备的有效性和可靠性。因此，大多数实验室认为，只要对仪器进行了定期检定或校准，仪器就是可靠的，出具的数据就是有效的，使得仪器的期间核查成为实验室最易忽视也最不重视的环节。

1. 定义

期间核查是指为保持对设备校准状态的可信度，在两次检定之间进行的核查，包括设备的期间核查和参考标准器的期间核查。这种核查应按规定的程序进行。通过期间核查可以增强实验室的信心，保证检测数据的准确可靠。

2. 目的

使用频率高、易损坏、性能不稳定的仪器在使用一段时间后，由于操作方法、环境条件（电磁干扰、辐射、灰尘、温度、湿度、供电、声级），以及移动、震动、样品和试剂溶液污染等因素的影响，并不能保证检定或校准状态的持续可信度。因此，实验室应对这些仪器进行期间核查。例如，分析天平是实验室称取物质质量的常用仪器，使用频率最高，容易受到被称量物质的污染，过载、使用不当还会造成刀口损坏，影响天平的灵敏度和准确度，故需对分析天平进行期间核查。

3. 核查原因

期间核查通常在下述情况下进行：
① 按照年核查次数进行；
② 仪器设备导出数据异常；
③ 仪器设备故障维修或改装后；
④ 长期脱离实验室控制的仪器设备在恢复使用前（如外借）；
⑤ 仪器设备经过运输和搬迁；
⑥ 使用在中心控制范围以外的仪器设备。

4. 核查内容

① 仪器设备的基本漂移、本底水平、信噪比、零点稳定度检测；
② 光学仪器设备的波长重现性和灵敏度检测；
③ 采用有证标准物质，对仪器设备进行准确度和精密度的检测；也可将以前做过的工作再做一次（留样再测）、使用标准样再测（作质控图）。
④ 制作测量工作校准曲线，根据线性回归方程，获得修正因子，确认仪器设备的检测范围和检出限量。

5. 核查方法

开展期间核查的方法是多样的，基本上以等精度核查的方式进行，如仪器间的比对、方法比对、标准物质验证、加标回收、单点自校等都是可以采用的。更多的期间核查是通过核查标准来实现的。所谓核查标准是指用来代表被测对象的一种相对稳定的仪器、产品或其他物体。它的量限、准确度等级都应接近于被测对象，而它的稳定性要比实际的被测对象好。核查标准本身也应进行校准和确认。

① 使用标准物质核查。标准物质包括各种标准样品、实物标准。使用标准物质核查时应注意所用的标准物质的量值能够溯源，并且有效。如 pH 计、离子计、电导率仪等采用定值溶液进行核查，气体检测仪采用标准气体进行核查，气体采样器采用标准流量

计等。

②使用仪器附带设备核查。有些仪器自带校准设备，有的还带有自动校准系统，可以用来核查。如电子天平往往自带一个校准砝码。

③参加实验室间比对。

④与相同准确度等级的另一设备或几个设备的量值进行比较。

⑤对保留样品量值重新测量。保留的样品性能（测试的量值）稳定，也可以用来作为期间核查的核查标准。

⑥在资源允许的情况下，采用高等级的仪器设备进行核查。

6. 核查结果基本要求

期间检查情况应记录并归档。期间检查中发现设备运行有问题时，应停用报修。对运行有问题的设备所涉及检测结果有效性有影响时，应对检测项目进行重新检测。

①使用标准物质和标准样品进行测定，误差应不超过允许差值的 2/3。

②对适宜保留的样品进行再检验，比较检验结果，偏差应不超过相关检测方法标准规定的平行允许误差的 1.5 倍。

③与其他实验室进行比对实验。偏差应不超过检测方法标准规定的平行允许误差的 2 倍。

7. 期间核查重点关注的十类仪器设备

仪器设备的期间核查并不是每一个都要做，有些仪器并不需要做期间核查，下面这十类设备需要在做期间核查时重点关注。

①对测量结果有重要影响的（如用液相色谱测醛类物质含量，液相色谱需要期间核查）；

②检定或校准周期较长（如校准和检定周期超过 2 年的设备）；

③频繁使用的（如一把卡尺每天使用的次数非常多）；

④容易损坏的仪器设备；

⑤性能不稳定的仪器设备；

⑥检测数据有争议、易漂移的仪器设备；

⑦易老化的仪器设备；

⑧经常带到现场使用的仪器设备；

⑨贵重的仪器设备；

⑩仪器设备的使用环境较为恶劣，导致了仪器设备的性能可能发生改变的。

实验室应针对具体的仪器进行分析研究，掌握仪器分析原理、性能特性以及可能影响检验结果准确性和稳定性的因素，确定需要进行期间核查的仪器名称，编制相应的期间核查方法。仪器的期间核查并不等于检定周期内的再次检定，而是核查仪器的稳定性、分辨率、灵敏度等指标是否持续符合仪器本身的检测／校准工作的技术要求。针对不同仪器的特性，可使用不同的核查方法，如仪器间比对、方法间比对、标准物质验证、添加回收标准物质等。条件允许时，也可以按检定规程进行自校。期间核查的时间间隔一般以在仪器的检定或校准周期内进行一两次为宜。对于使用频率比较高的仪器，应增加核查的次数。

示例：电热鼓风干燥箱期间核查方法

（1）引用标准 GB/T 30435—2013 电热干燥箱及电热鼓风干燥箱

（2）技术要求

① 应有铭牌，包括制造厂、规格、出厂编号与日期。

② 外表应平整光洁，门闭合无明显缝隙，音响正常。

③ 绝缘性能良好。

④ 调温范围为 50~200℃，控制温度允许误差为 ±5℃。

⑤ 恒温时，温度应在 30min 左右稳定。

（3）核查用标准器具

① 温度计：量程 0~300℃，精度 1℃。

② 电子秒表：精度 0.1s。

（4）核查方法

① 用目测和启动电源及电笔来检查外观与绝缘性能，箱门闭合用透光度来检查。

② 在电热鼓风干燥箱顶端插入标准温度计，接上电源，将箱体温度指示刻度盘分别置于 60℃、105℃、175℃，观察温度计上的数值与控制温度是否一致。控制温度允许偏差为 ±3℃。

③ 当温度升到所需恒定温度时，用秒表计时，30min 左右稳定至所需温度。

④ 对于控制器无温度刻度表示的干燥箱，温度控制器所控制的试验温度由箱顶温度计标定，控制允许误差为 ±3℃。

（5）核查结果处理　期间核查结果符合技术要求为合格，合格者方可继续使用。期间核查情况填入记录表（表 1-2-26）。

表1-2-26　电热鼓风干燥箱期间核查记录

设备名称			设备编号	
规格型号/量程			仪器准确度	
核查日期			核查环境	
核查器具及编号				
外观检查				
核查项目	技术要求	实测值		核查结果
		标准温度计读数/℃	显示器温度值/℃	
显示器示值准确性	±3℃		30	
			40	
			50	
			60	
			70	
			80	
			90	
			100	
			110	
			120	
			...	

续表

温度控制 稳定性	设定值 ±3℃	设定温度 /℃	读数 1 /℃	读数 2 /℃	读数 3 /℃	
结论						

核验：   审核：

第四节　标准物质

标准物质工作表单

一、标准物质的管理

在实验室活动中，标准物质／标准样品主要用于仪器设备校准、测量过程的质量控制和质量评价，以及为材料赋值、方法确认等，从而保证测量结果的可比性和一致性，实现测量量值统一和有效传递。它们还用于以方法确认和评价实验室能力为目的的实验室间比对。

证明标准物质／标准样品生产者的科学技术能力是确保标准物质／标准样品质量的一项基本要求。同时，随着测量设备精密度的不断提高和科学技术领域对更准确可靠数据的要求，对具有更高质量的新标准物质／标准样品的需求也在日益增长。标准物质／标准样品生产者不仅要以标准物质／标准样品文件的形式提供产品的信息，还需证明其具有能力生产质量合格的标准物质／标准样品。

1. 定义

（1）标准物质／标准样品（reference material，RM）　具有一种或多种规定特性的足够均匀且稳定的材料，已被确定其符合测量过程的预期用途（图1-2-11）。

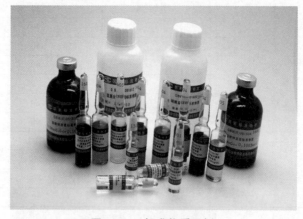

图1-2-11　标准物质示例

注：①标准物质 / 标准样品是一个通用术语；②特性可以是定量的或定性的（例如：物质或物种的特征属性）；③用途可包括测量系统的校准、测量程序的评估、给其他材料赋值和质量控制。

（2）有证标准物质 / 标准样品（certified reference material，CRM） 采用计量学上有效程序测定的一种或多种规定特性的标准物质 / 标准样品，并附有证书提供规定特性值及其不确定度和计量溯源性的陈述（图 1-2-12）。

注：①值的概念包括定性，如特征属性或序列，该特性的不确定度可用概率或置信水平表示；②标准物质 / 标准样品生产和定值所采用的计量学上有效程序已在 CNAS-CL04（ISO 指南 34）和 CNAS-GL29（ISO 指南 35）中给出；③ ISO 指南 31 给出了证书内容的编写要求；④ ISO/IEC 指南 99：2007【5.14】有类似的定义。

图1-2-12 有证标准物质证书示例

2. 标准物质 / 标准样品在测量中的作用

① 设备或测量程序的校准；

② 建立计量溯源性；

③ 方法确认；

④ 给其他材料赋值；

⑤ 测量或程序的质量控制和质量评价；

⑥ 维持约定标尺。

3. 食品快速检测中常用标准品

截至 2021 年 8 月，食品安全抽检监测司食品快速检测方法数据库中收录了 30 种食品快速检测项目标准，其中部分典型项目涉及的标准物质如表 1-2-27 所示。

表1-2-27　部分食品快速检测项目涉及的标准物质

序号	检测项目	标准物质	CAS 登录号	分子式	纯度
1	玉米及其碾磨加工品中的伏马毒素	伏马毒素 B_1	116355-83-0	$C_{34}H_{59}NO_{15}$	≥ 95%
		伏马毒素 B_2	116355-84-1	$C_{34}H_{59}NO_{14}$	
		伏马毒素 B_3	136379-59-4	$C_{34}H_{59}NO_{14}$	
2	水产品中的地西泮残留	地西泮	439-14-5	$C_{16}H_{13}ClN_2O$	≥ 99%
3	面制品中的铝残留量	十二水硫酸铝钾	7784-24-9	$KAl(SO_4)_2 \cdot 12H_2O$	≥ 99%
4	食用植物油中的天然辣椒素	天然辣椒素	404-86-4	$C_{18}H_{27}NO_3$	≥ 98%
5	水产品中的组胺	组胺	51-45-6	$C_5H_9N_3$	≥ 97%
6	食品中赭曲霉毒素 A	赭曲霉毒素 A	303-47-9	$C_{20}H_{18}ClNO_6$	≥ 99%
7	食品中玉米赤霉烯酮	玉米赤霉烯酮	17924-92-4	$C_{18}H_{22}O_5$	≥ 95%
8	白酒中的甲醇	甲醇	67-56-1	CH_3OH	≥ 99%
9	食用油中苯并 (a) 芘	苯并 (a) 芘	50-32-8	$C_{20}H_{12}$	≥ 95%
10	食品中的硼酸	硼酸	10043-35-3	H_3BO_3	
11	液体乳中三聚氰胺	三聚氰胺	108-78-1	$C_3H_6N_6$	≥ 99%
12	动物源性食品中喹诺酮类物质	洛美沙星	98079-51-7	$C_{17}H_{19}F_2N_3O_3$	≥ 99%
		培氟沙星	70458-92-3	$C_{17}H_{20}FN_3O_3$	
		氧氟沙星	82419-36-1	$C_{18}H_{20}FN_3O_4$	
		诺氟沙星	70458-96-7	$C_{16}H_{18}FN_3O_3$	
		达氟沙星	112398-08-0	$C_{19}H_{20}FN_3O_3$	
		二氟沙星	98106-17-3	$C_{21}H_{19}F_2N_3O_3$	
		恩诺沙星	93106-60-6	$C_{19}H_{22}FN_3O_3$	
		环丙沙星	85721-33-1	$C_{17}H_{18}FN_3O_3$	
		氟甲喹	42835-25-6	$C_{14}H_{12}FNO_3$	
		噁喹酸	14698-29-4	$C_{13}H_{11}NO_5$	
13	水产品中氯霉素	氯霉素	56-75-7	$C_{11}H_{12}Cl_2N_2O_5$	≥ 98.6%

续表

序号	检测项目	标准物质	CAS 登录号	分子式	纯度
14	水发产品中的甲醛	甲醛	8013-13-6	HCHO	
15	保健食品中巴比妥类化学成分	巴比妥	57-44-3	$C_8H_{12}N_2O_3$	≥95%
		苯巴比妥	50-06-6	$C_{12}H_{12}N_2O_3$	
		异戊巴比妥	57-43-2	$C_{11}H_{18}N_2O_3$	
		司可巴比妥钠	309-43-3	$C_{12}H_{17}N_2NaO_3$	
16	保健食品中罗格列酮和格列苯脲	马来酸罗格列酮	155141-29-0	$C_{22}H_{23}N_3O_7S$	≥99%
		格列苯脲	10238-21-8	$C_{23}H_{28}ClN_3O_5S$	
17	保健食品中西地那非和他达拉非	西地那非	139755-83-2	$C_{22}H_{30}N_6O_4S$	≥99%
		他达拉非	171596-29-5	$C_{22}H_{19}N_3O_4$	≥99%
18	辣椒制品中苏丹红 I	苏丹红 I	842-07-9	$C_{16}H_{12}N_2O$	≥95%
19	蔬菜中的敌百虫、丙溴磷、灭多威、克百威、敌敌畏残留	克百威	1563-66-2	$C_{12}H_{15}NO_3$	≥98%
		灭多威	16752-77-5	$C_5H_{10}N_2O_2S$	
		丙溴磷	41198-08-7	$C_{11}H_{15}BrClO_3PS$	
		敌敌畏	62-73-7	$C_4H_7Cl_2O_4P$	
		敌百虫	52-68-6	$C_4H_8Cl_3O_4P$	
20	液体乳中黄曲霉毒素 M_1	黄曲霉毒素 M_1	6795-23-9	$C_{17}H_{12}O_7$	≥90%
21	食用油中黄曲霉毒素 B_1	黄曲霉毒素 B_1	1162-65-8	$C_{17}H_{12}O_6$	≥90%
22	食品中吗啡、可待因	吗啡	57-27-2	$C_{17}H_{19}NO_3$	≥99%
		磷酸可待因	41444-62-6	$C_{18}H_{26}NO_8P$	
23	食品中罗丹明 B	罗丹明 B	81-88-9	$C_{28}H_{31}ClN_2O_3$	≥98.6%
24	食品中呕吐毒素	脱氧雪腐镰刀菌烯醇	51481-10-8	$C_{15}H_{20}O_6$	≥99%
25	水产品中孔雀石绿	孔雀石绿	569-64-2	$C_{23}H_{25}ClN_2$	≥90%
		隐色孔雀石绿	129-73-7	$C_{23}H_{26}N_2$	
26	动物源性食品中克伦特罗、莱克多巴胺及沙丁胺醇	克伦特罗	37148-27-9	$C_{12}H_{18}Cl_2N_2O$	≥97%
		莱克多巴胺	97825-25-7	$C_{18}H_{23}NO_3$	
		沙丁胺醇	18559-94-9	$C_{13}H_{21}NO_3$	
27	水产品中硝基呋喃类代谢物	3- 氨基 -2- 噁唑烷酮	80-65-9	$C_3H_6N_2O_2$	≥99%
		5- 甲基吗啉 -3- 氨基 -2- 唑烷基酮	43056-63-9	$C_8H_{15}N_3O_3$	
		1- 氨基 -2- 乙内酰脲盐酸盐	2827-56-7	$C_3H_5N_3O_2 \cdot HCl$	
		氨基脲盐酸盐	563-41-7	$NH_2CONHNH_2 \cdot HCl$	
28	食品中亚硝酸盐	亚硝酸钠	7632-00-0	$NaNO_2$	≥99%

4. 有证标准物质（CRM）的选择与购买

① 实验室选择和购买 CRM，应符合 GB/T 27025—2008 中 4.6 的要求。实验室应优先选择《中华人民共和国标准物质目录》中所列出的 CRM，如果目录中没有实验室需要

的 CRM，也可选择国内有关行业部门或国外生产组织提供的 CRM。

②实验室应确保所选购的 CRM 满足下列要求：

a. 有明确的溯源性和不确定度声明；

b. CRM 的制备、定值及认定符合 JJF 1342—2012、JJF 1343—2012 和 GB/T 15000 给出的有效程序。

③ CRM 特性值的不确定度水平应与测量中的限度要求相匹配。

④ 对出售 CRM 的供应商进行定期评价和资质核查。

⑤ 属于危险化学品或易制毒化学品的 CRM，其购买应符合国家相关规定。

5. 标准物质的验收

实验室需要建立 RM 的采购、验收、保管、使用台账，实行领用登记的制度。

（1）验收内容　实验室有采购 RM 的需求时，需要制订"标准物质/标准样品采购计划"并经审批。"标准物质/标准样品采购计划"至少需包括：RM 名称、编号、规格、数量等内容。

实验室对购入的 RM 进行验收时，除需要对照"标准物质/标准样品采购计划"核对相关信息，确认符合计划的要求外，还需检查包装及标识的完好性（或密封度）、证书与实物的对应性。适用时，还应检查证书中标明的特性量值、不确定度、基体组成、有效日期、保存条件、安全防护、特殊运输要求等内容。

对于有低温等特殊运输要求的 RM，可行时要检查运输状态。

如有必要且可行，可以采用合适的实验手段确认 RM 的特性量值、不确定度、基体组成等特性。

当对同一种 RM 更换了生产商或批次，需要时，实验室可对新旧 RM 进行比较，既可验证旧 RM 特性量值的稳定性，也可确认新 RM 满足使用要求。

当 RM 用于校准、方法确认、量值传递与溯源时，应尽可能使用 CRM。

（2）验收人员　一般情况下，RM 管理员或使用者应参与验收工作。

（3）验收记录　实验室应对验收中必要的验收内容形成记录。适用时，RM 验收记录一般包括：RM 名称、编号、批号、包装、标识、证书、特性量值、不确定度、有效日期、购入日期、购入数量、生产商、验收人、验收结论等。如果采用检测手段进行实验验收，还应有验收时检测方法、检测结果、测量不确定度等的相关信息与记录。标准物质/标准样品验收记录参见表 1-2-28。

表1-2-28　标准物质/标准样品验收记录

序号	RM的名称及编号	样品编号批次及规格	包装完好	标识完好	证书对应性	证书信息 特性量值	证书信息 不确定度	检测方法	检测结果 特性量值	检测结果 不确定度	基体组成	购入日期	购入数量	生产商	保存条件	安全防护	特殊运输要求	验收人	验收结论
1																			
2																			
3																			
4																			
5																			
6																			
7																			

（4）验收结论

① 验收合格的 RM 方可投入使用。使用人领用后，实验室要按证书中规定的保存条件、保存期限妥善管理。

② 验收不合格的 RM，不能使用。

③ 验收完成后，入库时做好汇总记录（表 1-2-29）。

表1-2-29　标准物质汇总表

序号	名称	管理编号	证书编号	质量浓度	不确定度	基体/介质	定值日期	有效期	研制单位	规格	库存数量	入库日期	盘点日期	盘点数量

6.标准物质的期间核查

在大多数情况下，对标准物质特性量值的准确性进行核查非常困难。因此，实验室应以文件形式确定期间核查方式、周期、核查结果的判定等相关内容，并保存记录。

（1）定义　标准物质期间核查是指标准物质在有效期内，按照标准物质证书上所规定环境条件、储存方法、检测分析方法，进行使用期中间稳定性的检查，以确保标准物质量值的准确性。

（2）核查对象　核查对象为实验室有证标准物质、标准样品或质控样品，以及已开封正在使用的标准物质储备液、标准气体、固体标准物质等，规范标准物质及由标准物质配制而成的标准储备液的期间核查。

（3）标准物质的期间核查计划　首先应制订标准物质的期间核查计划，包括标准物质的基本信息登记、核查内容及计划完成日期，可参照表 1-2-30。

表1-2-30　标准物质期间核查计划表

年度：

名称	编号	有效期	核查内容	计划完成日期

（4）有证标准物质的期间核查

① 未开封的有证标准物质：对未开封的有证标准物质，管理员或使用者要核查该有证标准物质是否在有效期内，以及是否按照该有证标准物质证书上所规定储存条件和环境要求等正确保存。若满足要求，该有证标准物质不需要再采用其他方式进行期间核查。

② 已开封的有证标准物质：对已开封的有证标准物质，实验室要确保其在有效期内使用。若该有证标准物质在有效期内允许多次使用，要确保其使用及储存情况满足证书上规定的要求。必要时，根据其稳定特性、使用频率、储存条件变化、测量结果可信度等情况，按期间核查方式对其特性量值的稳定性进行核查。

（5）非有证标准物质的期间核查　非有证标准物质/标准样品包括：从外部购入的某些纯物质、质控样品、实验室内部自行配制的标准溶液等，需要定期选择期间核查方式对其特性量值的稳定性进行核查，并按判定核查结果采用的判定方法，判断核查结果是否合格。

（6）期间核查参数　核查参数包括种类、级别、介质、浓度（含量）、有效期、批号、账物相符、环境条件、储存方法、检测分析方法等。根据核查种类、核查方法的不同而有选择地进行核查。

① 种类　实验室各检测项目所对应的标准物质。对新增检测项目所对应的标准物质或标准样品应及时纳入核查管理范围。

② 级别　化学分析实验室常用的标准物质一般有国家一级标准物质、国家二级标准物质、工作标准物质、色谱纯、优级纯、分析纯等，根据测定方法或有关规定对标准参考物质准确度的要求，核查实验室是否选用了合适的标准物质级别。

③ 介质　核查所用标准物质的介质是否满足检测方法对标准物质介质的要求。

④ 浓度（含量）　根据检测方法要求，核查是否购买或使用了合适的储备液浓度（含量）及工作用标准溶液，它的选择将直接影响标准物质有效性的判定和核查频度的选定。

⑤ 有效期、存放条件　依据检测方法或标准物质证书检查标准物质是否过期、存放条件是否满足要求。

⑥ 检测分析方法　当有证标准参考物质证书上有检测分析方法要求时，要对照其证书核查实际使用的检测方法是否与证书提供的相一致。

⑦ 有效性　排除了标准物质证书上所规定环境条件、储存方法、检测分析方法等影响因素后，再进行有效性核查。

（7）期间核查方式　期间核查可以采取以下方式中的一种：

① 检测足够稳定的、不确定度与被核查对象相近的实验室质控样品；

② 与上一级或不确定度相近的同级有证标准物质进行量值比对；

③ 送有资质的检测/校准机构确认；

④ 进行实验室间的量值比对；

⑤ 测试近期参加能力验证且结果满意的样品；

⑥ 采用质量控制图进行趋势检查等。

在实际工作中，实验室通过质量控制结果或质控图来判断标准物质的稳定性是最常用的方式。质控结果稳定也就证明了标准物质的稳定性，此时就不需要进行额外的期间核查，按照期间核查的要求做好相关记录并予以保存，可参照表1-2-31，标准储备液则参照表1-2-32。

（8）期间核查频次　应具体分析实验室内每一种标准物质的每一个参数，根据其对检测结果影响的程度确定核查的频度。

① 经常使用的：有效期较短的（如6个月）、对检测结果影响较大的一些标准物质应缩短核查间隔，严格核查标准，一旦出现分析结果可疑的情况，只需追溯至上次核查后的数据，以降低实验室的风险。

② 不常使用的：标准物质可以在每次使用前进行核查。

③ 有证标准物质：稳定性较好的，如未开封的有证标准物质，原则上只执行未开封标准物质的核查方法。技术和经济条件允许，也可用有效的标准溶液与该标准溶液做比较，看两种溶液有无显著性差异。

④ 只用于加标的：回收试验的标准物质，核查其不确定度可能比其溯源性更有意义。

表1-2-31　标准物质管理监督记录

标准物质名称		编号	
依据标准或文件			

监督内容：
□ 1.标准物质的采购是否经审批并保存记录；
□ 2.标准物质是否根据程序进行验收；
□ 3.标准物质的证书是否妥善保管；
□ 4.用于检测工作的标准物质是否都在有效期内；
□ 5.标准物质一览表是否定期更新；
□ 6.其他＿＿＿＿＿＿＿＿＿＿＿＿＿＿＿＿＿＿＿＿＿＿＿＿＿＿＿
注：实施监督内容前打"√"，可多项选择。

监督结果：□ 符合　□ 不符合
监督员：　　　　　　　　　　　　　　日期：

对不符合工作的情况描述、原因分析及需要采取的行动：
□ 现场纠正。
□ 后续采取纠正措施，完成时间：＿＿＿＿＿＿＿＿＿

监督人员签名：　　　　　　　　　　　日期：

表1-2-32　标准储备液期间核查记录表

标准储备液名称/编号	
标准储备液存放位置	
核 查 日 期	
检 查 内 容	1.标准储备液的储存环境检查： 2.标准储备液的外观检查： □ 是 □ 否　标准储备液是否在有效期内 □ 是 □ 否　标准储备液澄清，无浑浊、沉淀或其他变化和污染 □ 其他：＿＿＿＿＿＿＿＿＿＿＿＿＿＿＿＿＿＿＿＿ 标准储备液外观核查结果：＿＿＿＿＿＿＿＿＿ 3.标准储备液浓度核查方式： 　配制时和核查时曲线点峰面积比较：配制时曲线点峰面积＿＿＿＿，核查时曲线点峰面积＿＿＿＿，偏差＿＿＿＿，峰面积偏差≤10%。（根据 QW06—PV-007《标准物质期间核查规程》要求。） 　新配制标准储备液标定核查标准储备液的浓度：核查标准储备液稀释后的浓度 C_1＿＿＿＿，新标准储备液标定浓度 C_2＿＿＿＿，偏差＿＿＿＿，浓度 C_1 和 C_2 的偏差≤5%。（根据 QW06—PV-007《标准物质期间核查规程》要求。） 标准储备液浓度核查结果：＿＿＿＿＿＿ 标准储备液总体评价（是否满足检验项目的使用要求）： 标准储备液使用/管理人（签名）：
核 查 意 见	标准储备液负责人： 技术负责人：

（9）核查结果的判定 标准物质期间核查结果的判定可分为传递比较法、实验室比对法和控制图法。

（10）发现不合格的措施 标准物质在期间核查中发现不合格，须立即停止使用，并追溯对之前检测结果的影响。

示例：氢氧化钠标准溶液期间核查

实验室编号为 GBW(E)060333，标称值为 0.5mol/L，有效期为半年。由于使用其作为原材料检验容量滴定分析的常用标准溶液，使用频次高，一般 2 个月安排 1 次定期核查。

（1）状态核查 于 2022 年 1 月 12 日对批次为 211112，即定值日期为 2021 年 11 月 12 日的氢氧化钠标准溶液进行了状态核查，核查内容及结果见表 1-2-33。状态核查结果显示，氢氧化钠标准溶液满足各项要求。

表1-2-33 氢氧化钠标准溶液期间核查（状态核查）内容

标准物质编号及批号	核查时间	核查内容	核查结果
GBW(E) 060333 211112	2022.1.12	标准物质标签是否清晰	是
		储存条件是否满足规定的要求	是
		是否在有效期内	是
		外观如颜色、状态等是否发生变化	否

（2）量值核查 虽然氢氧化钠标准溶液状态核查的结果显示符合要求，但由于实验室需频繁使用该标准溶液，会使标准溶液与大气频繁接触，存在一定的不稳定性，因此实验室在状态核查的基础上进一步做量值核查，以确保标准物质的量值准确。

①量值核查及评判方法 氢氧化钠标准溶液量值核查方法为送有资质的检测/校准机构确认。氢氧化钠标准溶液是由本实验室独立研制、定值并由国家市场监督管理总局批准下发制造计量器具许可证的国家二级标准物质，充分说明了本实验室对该种标准溶液的研制及定值的能力，因此量值核查也由本实验室自行组织实施。

根据 GB/T 601—2016《化学试剂 标准滴定溶液的制备》中对氢氧化钠标准滴定溶液的要求，结合实验室的实际情况，制定如下核查方法。

称取 1.2g 于 105~110℃ 烘箱中干燥至恒量的邻苯二甲酸氢钾 [国家二级纯度标准物质，GBW(E)060316]，加入 50mL 无二氧化碳的水溶解，加入 2 滴酚酞指示液 (10g/L)，用待核查的氢氧化钠标准溶液滴定至溶液呈粉红色，并保持 30s。同时做空白试验。氢氧化钠标准滴定溶液的浓度按式下式计算：

$$C = \frac{mp \times 1000}{(V_1 - V_2) \times M}$$

式中 C——氢氧化钠标准滴定溶液的浓度，mol/L；

　　　m——邻苯二甲酸氢钾质量，g；

　　　p——邻苯二甲酸氢钾的纯度，%；

　　　V_1——氢氧化钠溶液体积，mL；

　　　V_2——空白试验消耗氢氧化钠溶液体积，mL；

　　　M——邻苯二甲酸氢钾的摩尔质量，g/mol，$[M(KHC_8H_4O_4)=204.22]$。

核查氢氧化钠标准滴定溶液的量值时，需 2 人进行实验，分别做 4 次平行实验，每人 4 次平行标定结果的相对极差不得大于相对重复性的临界极差 $[CR_{0.95}(4)_r=0.15\%]$，2 人共 8 次平行标定结果相对极差不得大于相对重复性临界极差 $[CR_{0.95}(8)_r=0.18\%]$。在运算过程中保留 5 位有效数字，取 2 人 8 平行标定结果的平均值为标定结果，取 4 位有效数字报出核查结果。

核查结果评判按下式计算 E_n 值：

$$E_n = \frac{x-\mu}{\sqrt{U_1^2 + U_2^2}}$$

式中　x——标准物质核查量值结果；

　　　μ——标准物质标称值；

　　　U_1——标准物质核查测量的扩展不确定度；

　　　U_2——标准物质证书给定的扩展不确定度。

U_1 和 U_2 的置信水平为 95%。

其中 μ 和 U_2 的值标准物质证书上均已给出；x 为本次的核查结果，经计算获得；由于核查方法采用和标准物质定值一致的方法和条件，故核查结果和标准物质的扩展不确定度相同，即 $U_1=U_2$。若 $E_n \leq 1$，说明标准物质量值稳定，可继续使用。若 $E_n > 1$，说明标准物质量值发生变化，应立即停止使用。

② 量值核查结果　本实验室在 2022 年 1 月 12 日对批次为 211112，即定值日期为 2021 年 11 月 12 日的氢氧化钠标准溶液进行了量值核查，操作者 A 和 B 分别按照核查方法标定氢氧化钠标准溶液，核查原始记录见表 1-2-34，量值核查结果见表 1-2-35。核查结果显示，E_n 值为 0.14，说明该批次氢氧化钠标准溶液量值稳定，可继续使用。

表1-2-34　氢氧化钠标准溶液核查原始记录

操作者	标准物质质量 /g	滴定体积 /mL	空白值 /mL	计算结果 $C/(mol \cdot L^{-1})$	4 次平行测量结果的相对极差 /%	8 次平行测量结果的相对极差 /%	核查结果 $C/(mol \cdot L^{-1})$
A	1.27157	12.2671	0.0085	0.50788	0.03%	0.08%	0.5078
	1.32767	12.8122	0.0085	0.50771			
	1.32970	12.8290	0.0085	0.50782			
	1.27740	12.3254	0.0085	0.50779			
B	1.25330	12.0968	0.0085	0.50763	0.08%		
	1.25431	12.1002	0.0085	0.50790			
	1.17167	11.3029	0.0085	0.50793			
	1.20616	11.6323	0.0085	0.50806			

注：二级标准物质纯度 p 为 99.99%；4 次平行测量结果极差的相对值应不大于 0.15%；8 次平行测量结果极差的相对值应不大于 0.18%。

表1-2-35　氢氧化钠标准溶液期间核查（量值核查）结果

标准物质编号及批次	核查时间	标准物质量值	核查结果	E_n	结论
GBW(E) 060333 211112	2022.1.12	μ=0.5076mol/L U_2=0.1%	x=0.5078mol/L U_1=0.1%	0.14	合格 标准物质量值稳定

7. 有证标准物质的使用和储存

① 应严格按 CRM 证书中规定的使用和保存条件进行使用和保存（图 1-2-13）。

图1-2-13　标准物质储存示例

② 实验室应按照 CRM 证书中给出的"标准物质的用途"使用 CRM，避免误用。

③ 一般情况下，二级 CRM 用于结果赋值。核查仪器、方法、产品评价与仲裁等可以选用一级 CRM。

④ 如果 CRM 证书中规定了"一次性使用"，打开包装后量值易发生超出不确定度范围的变化，应尽快使用，不能留存后反复使用。如技术上可行，可一次性制备成中间标准储备溶液保存、使用。

⑤ 对于可多次使用的 CRM，取样时应严格防止污染，采用"只出不进"的原则，并对开封后的包装单元给予恰当保存和包装。某些情况下，有必要根据证书要求，对剩余的物质进行重新密封包装。

⑥ 应对 CRM 进行定期的维护、核查，以确保其量值的可靠性。定期检查包装、标签及证书的完好性、有效期、保存条件等；如果是开封后可多次使用的 CRM，除检查外，实验室应制定相应的文件，用以规范其后续使用和管理，定期核查其使用情况，检查其外观有无明显变化，如颜色有无变化、是否浑浊、是否有沉淀等。

⑦ 当需要将 CRM 稀释成规定浓度的储备液或使用液时，应选用适当的保存容器和稀释剂，原则上应按照检测标准方法中规定的稀释剂品种及浓度进行配制。稀释过程中使用的计量器具如天平、移液器、容量瓶等，应经适当的校准或检定并确认其是否符合准确度要求，特别是有机分析中使用的微量注射器和移液枪的误差较大，应进行日常校准。

⑧ 应按照 CRM 中规定的最小取样量进行取样。

⑨ 实验室不能使用过期 CRM 进行赋值、核查仪器设备、核查方法等。如果实验室能证明其稳定性、均匀性尚能满足其他用途（如作为质控物质使用）的要求，可转为其

他用途，此时实验室应做好详细的记录。

⑩ 对于内部标准物质或实验室用 CRM 制备的校准溶液等，由于没有充分的均匀性和稳定性数据，应严格进行量值核查。如利用质量控制图进行趋势检查、通过前后批次标准物质量值比对或实验室间比对，以此验证量值的准确性等。

标准物质领用需填写登记表（表 1-2-36）。

表1-2-36　标准物质领用登记表

序号	名称	编号	入库数量 / 支	领用日期	领取数量 / 支	领用人	实验项目
1							
2							
3							
...							

8. 废弃标准物质的处置

实验室应将废弃标准物质的管理纳入安全管理的职责范围内，负责安全管理的部门应承担以下废弃标准物质的处置工作，并做好记录（表 1-2-37）。

① 建立和实施废弃标准物质的管理制度，特别是有毒有害标准物质的处理程序；

② 进行废弃标准物质的安全评估，有毒有害的标准物质应按相关规定进行无害化处理，确保符合相关环保法规的要求；

③ 检查废弃标准物质的处理情况，无法由实验室妥善处理的，应定期由具有资质的专业机构统一处理；

④ 属于危险化学品或易制毒化学品的废弃物，其处理应符合国家相关规定。

表1-2-37　固体废弃物分类、收集、处置标准

序号	危险废物类别	分类	收集、堆存要求	定置管理要求	处置要求	备注
1						
2						
3						
4						
5						
...						

二、标准溶液的管理

1. 定义及分类

（1）标准溶液　由用于制备该溶液的物质而准确知道某种元素、离子、化合物或基团浓度的溶液。

注：本书中的"标准溶液"指 CRM 经溶解或稀释后配制而成的溶液。

（2）标准溶液分类　化学分析中使用的标准溶液分为以下三类。

① 标准滴定溶液：已知准确浓度的用于滴定分析的溶液。

② 杂质测定用标准溶液。

③ 溶解稀释类标准溶液。使用 CRM 或其他有参考值的物质，经溶解、稀释后的标准溶液。此类标准溶液又可分为标准储备液和标准使用液。

2. 标准溶液的配制

① 实验室配制的标准溶液和工作溶液标签应规范统一，标准溶液的标签要注明名称、浓度、介质、配制日期、有效期限及配制人。

② 实验室配制完毕后的标准溶液应进行量值验证，必要时还应进行对照实验以排除溶剂对标准溶液浓度的影响。

③ 实验室应评定配制标准溶液的测量不确定度，一般情况下，标准溶液的测量不确定度应至少考虑以下分量：

a. 测量重复性误差；

b. 天平的测量不确定度，包括示值误差、偏载误差、重复性误差等；

c. 玻璃量器的误差，包括容量偏差、示值允许误差限、温度波动引起的体积变化等；

d. CRM 引入的测量不确定度。

④ 标准溶液配制要点。

a. 准确称（量）取溶质：对于固体试剂，要按照规定，先进行充分干燥，并冷却至室温后立即称重以供配制，称量时，准确称量至 0.1mg。对于液体试剂，应根据需要计算出所需体积后直接量取。标准溶液配制应使用合格的 A 级容量瓶。

b. 正确选择溶剂：选择溶剂的总原则是溶剂纯度要与试剂纯度等级大致相同。必要时，应对溶剂质量进行检验，若其纯度不符合要求则应进行处理，以保证标准溶液的质量。

c. 控制配制数量：应根据标准溶液的稳定性、浓度及需要量进行配制。浓度较高、稳定性较好的标准溶液，一次可配制 1 个月左右的使用量；浓度较低、稳定性差的标准溶液，则应分次少量配制。

d. 做好标定工作：应对标准溶液浓度进行定期标定，尤其是对浓度不稳定的标准溶液，最好每次使用前进行标定，确保准确无误，并做好标定记录（表 1-2-38）。

e. 记录：标准物质的购进需记录在台账中，领用需记录在专门的化学药品（标准物质）领用、入库登记表中。

表1-2-38 标准溶液配制标定记录表

标准溶液名称：		配制浓度：		mol/L			环境湿度 /%： 环境温度 /℃：			
天平编号：		滴定管编号：			移液管编号：			容量瓶编号：		
基准试剂名称及浓度：				编号：			所用指示剂：			
标准溶液配制方法										
标定人员		甲				乙				
标定次数		1	2	3	4	1	2	3	4	
基准试剂 /g 或溶液体积 /mL										
消耗标准溶液的体积 V_1/mL										
V_1 校准至 20℃标准溶液的体积 /mL										
空白消耗标准溶液的体积 V_2/mL										
V_2 校准至 20℃标准溶液的体积 /mL										
计算结果 /（mol/L）										
4 次平行计算结果 /（mol/L）										
4 次平行计算结果极差的相对值 /%										
$CR_{0.95}(4)$, 相对值 /%										
4 次平行计算结果极差的相对值 $-CR_{0.95}(4)$, 相对值 /%										
8 次平行计算结果 /（mol/L）：		8 次平行计算结果极差的相对值 /%								
$CR_{0.95}(8)$, 相对值 /%：		8 次平行计算结果极差的相对值 $-CR_{0.95}(8)$, 相对值 /%：								
标准溶液测定浓度 /（mol/L）：		扩展不确定度 /（mol/L）：								
标准溶液报告浓度 /（mol/L）：		标准溶液计算公式：								
保存温度：		有效期至：　　　年　　月　　日								

制备人（甲）：　　　　制备人（乙）：　　　　复核人：　　　　　配制日期：

3. 标准溶液的稀释

① 标准溶液的配制应有逐级稀释记录（表 1-2-39），标准溶液的标定按相应标准操作，做双人复标每人 4 次平行标定。

② 对于 CRM 溶解或稀释配制而成的标准溶液，目前尚无保质期限的参考标准，实验室应采取可行的技术手段确认其有效期。

表1-2-39 标准溶液稀释记录表

标准液浓度 /（mol/L）	吸取量 /mL	定容量 /mL	定容后浓度 /（mol/L）	有效期	配制人	配制日期	复核人

4. 标准溶液的储存

① 量值验证完毕后应将标准溶液放入预先用标准溶液洗涤过的试剂瓶中密封保存，并贴上标签，标签内容包括但不限于：溶液名称、浓度、溶剂、配制日期、有效期、测量不确定度、配制人姓名、保管人姓名。

② 标准溶液存放的容器应符合规定，注意相溶性、吸附性、耐化学性、光稳定性和存放的环境温度。

③ 标准溶液有规定期限的，按规定的有效期使用，超过有效期的应重新配制。未明确有效期的可参考以下几方面进行判定。

a. 标准滴定溶液 标准滴定溶液常温保存，有效期为 2 个月；标准滴定溶液的浓度 ≤ 0.02mol/L 时，应在临用前稀释配制。

b. 用于农药和兽药残留检测的标准溶液 一般配制成浓度为 0.5~1mg/mL 的标准储备液，保存在 0℃左右的冰箱中，有效期为 6 个月；稀释成浓度为 0.5~1μg/mL 或适当浓度的标准工作液，保存在 0~5℃的冰箱中，有效期为 2~3 周。

c. 元素标准溶液 元素标准溶液一般配制成浓度为 100μg/mL 的标准储备液，保存在 0~5℃的冰箱中，有效期为 6 个月；稀释成浓度为 1~10μg/mL 或适当浓度的标准工作液，保存在 0~5℃的冰箱中，有效期为 1 个月。

同时，可通过对规定环境下保存的不同浓度水平标准溶液的特性值进行持续测定来确定各浓度水平标准溶液的有效期。

第五节 关键试剂和耗材

一、关键试剂和耗材简介

快速检测中常见的关键试剂和耗材包括试剂、试纸条等直接影响检测结果的实验物资。例如《玉米及其碾磨加工品中伏马毒素的快速检测胶体金免疫层析法》（KJ 202106）中规定的检测方法所用的关键试剂为乙腈、Tris 碱、盐酸以及吐温 –20，另外还有金标微孔和试纸条等耗材。

试剂和耗材工作表单

截至 2021 年 8 月，食品安全抽检监测司食品快速检测方法数据库中收录了 30 种食品快速检测项目标准，其中部分典型项目涉及的关键试剂和耗材如表 1-2-40 所示。

表1-2-40 部分食品快速检测项目涉及的关键试剂和耗材

序号	检测项目	关键试剂	关键耗材
1	玉米及其碾磨加工品中的伏马毒素	乙腈、Tris 碱、盐酸、吐温 –20	胶体金免疫层析速测卡
2	水产品中的地西泮残留	甲醇、乙腈、磷酸二氢钠、磷酸氢二钠、氯化钠、吸附剂	固相萃取柱、胶体金免疫层析速测卡
3	面制品中的铝残留量	硝酸、铬天青 S、Triton X-100、十六烷基三甲基溴化铵（CTMAB）、乙二胺、盐酸、乙醇	铝残留量快速检测试剂盒（含离心管、提取剂、显色剂、标准溶液、空白样）

续表

序号	检测项目	关键试剂	关键耗材
4	食用植物油中的天然辣椒素	甲醇、二氯甲烷、石油醚、氢氧化钠、浓硫酸、pH 试纸	天然辣椒素荧光免疫层析试剂盒（含荧光微孔、试纸条）
5	白酒中的甲醇	高锰酸钾、磷酸、偏重亚硫酸钠、硫酸、变色酸钠、乙醇、草酸、乙酰丙酮、乙酸铵、冰乙酸	—
6	食用植物油的酸价、过氧化值	异丙醇、氢氧化钾、酚酞、冰乙酸、硫代硫酸钠、碘化钾、淀粉	固化有复合指示剂的酸价试纸；固化有过氧化物酶的过氧化值试纸
7	食品中的硼酸	硫酸、乙醇、亚铁氰化钾、姜黄素、冰乙酸、2- 乙基 -1,3- 己二醇、三氯甲烷	
8	水发产品中的甲醛	氢氧化钾、盐酸、亚铁氰化钾、乙酸锌、冰乙酸、乙二胺四乙酸（EDTA）二钠、高碘酸钾、4- 氨基 -3- 联氨 -5- 巯基 -1,2,4- 三氮杂茂（AHMT）、无水乙酸钠、乙酰丙酮	—
9	蔬菜中的敌百虫、丙溴磷、灭多威、克百威、敌敌畏残留	丙酮、磷酸二氢钾、磷酸氢二钾、5,5'- 二硫代双（2- 硝基苯甲酸）(DTNB)、碳酸氢钠、碘化乙酰硫代胆碱、乙酰胆碱酯酶	农药残留速测卡
10	食品中的亚硝酸盐	对氨基苯磺酸、盐酸萘乙二胺、盐酸	—

注：除另有规定外，快速检测涉及的关键试剂均为分析纯。

　　为减少检测人员繁重的试剂配制等工作量，满足高通量、标准化的检测需求，厂家一般将快速检测试剂（危化品除外）及耗材按一定比例打包，以产品化的形式推向市场，即快速检测试剂盒或快速检测箱（图 1-2-14）。

图1-2-14　食品快速检测产品示例

二、关键试剂和耗材的验收

　　食品快速检测涉及的关键试剂均为分析纯，验收时按照一般的化学试剂验收方法操作。本部分着重介绍食品快速检测产品（试剂盒）的验收。

　　由于食品快检试剂（盒）在某些领域发挥着重要作用，且大部分食品快检项目的技术壁垒较低，因此越来越多的机构或企业投身于快检产品的研究与生产。当前，市场上大多数快检产品存在假阳性率和假阴性率偏高的问题，给用户带来快检不准的印象，严重制约着快检行业的发展。因此，加强对快检试剂盒等分析方法中有明确要求的、空白值较高或波动较大、本身可能不稳定或存放后易变质的关键试剂和耗材的验收，对保障产品质量和检测结果尤为重要。

快检产品的验收包括非技术性验收和技术性验收，前者涵盖实物验收和资料验收，主要考察一般性指标，而后者主要考察技术性指标。

1. 一般性指标

一般性指标指产品外在可直观评判的指标，包括以下几方面。

（1）产品包装 产品包装应完整，内容物（产品组成）齐全，应包含产品合格证和中文使用说明书。

（2）中文标签 中文标签清晰、规范，包括产品名称、批号、规格、数量、有效期、保存条件、注意事项及生产者名称、地址、联系方式等。

（3）使用说明书 使用说明书内容表述清晰、完整，内容包括简介、适用范围、检测时间、检测目标物、检测原理、产品组成、需增加的试剂和设备、注意事项、储存条件、样品处理、检测操作步骤、结果判断、定性临界值（检出限）、安全性说明、方法特异性等，应符合以下规定。

① 产品适用范围：应明确注明产品适用的具体范围（典型基质），例如"适用于鸡肉检测"；应标明产品研发生产过程中已开展的具体测试范围；对于已发现的明显不适用的基质应进行说明。

② 产品检测时间：应标明单个产品检测所需时间(从制样开始到结果判定)。

③ 检测目标物：应明确指出检测的具体目标化合物（不能指一类物质），如有交叉反应的物质，需明确注明。

④ 产品的定性临界值（检出限）：定性临界值（检出限）的标称应实事求是，准确标示。

⑤ 检测原理、产品组成、储存条件、样品处理、检测操作步骤、结果判断等表述要清晰、完整。

⑥ 检测该项目需增加的试剂和设备应明确注明。

⑦ 注意事项：应包括安全提示、废弃物处理、可能存在的安全危害等，对操作环境有特殊要求的还应明确环境要求。

⑧ 安全性说明：含有致癌、剧毒、易燃易爆或强腐蚀性试剂，或在使用过程中需使用致癌、剧毒、易燃易爆或强腐蚀性试剂的，应在产品说明书醒目位置清晰标示，并指出注意事项。

（4）生产者资质 生产者名称和地址应当是依法登记注册、能够承担产品安全质量责任的生产者的名称、地址、联系方式（电话、传真或邮箱地址）。进口产品应标示原产国国名或地区名称，以及在中国依法登记注册的代理商、进口商或经销商的名称、地址和联系方式，并提供以下材料。

① 合法进口证明文件：海关进口批准文件。

② 中国总经销的授权文件：生产商提供的授权书。

（5）产品安全性 实验过程应避免使用致癌、剧毒、易燃易爆、强腐蚀性的试剂。若需使用时，应在说明书中的醒目位置清晰地标示，并且指出其在使用过程中的注意事项。

（6）涉及仪器法检测的食品快检产品的评价特殊要求 对于采用仪器法检测的食品

快检产品，仪器由供应商提供，并且所使用的仪器应具有效的校准或检定证明。

2.技术性指标

（1）定性临界值

① 对于有国家规定食品快速检测方法的目标分析物，其快检产品定性临界值应符合国家规定的快检方法的要求。

② 对没有国家规定食品快速检测方法的目标分析物，其快检产品定性临界值应与限量要求（限用物质）或参比方法的检测下限（禁用物质）相当。

③ 对于同时检测多种目标分析物或检测同类目标分析物总量的快检产品，应分别对目标物或同类目标分析物总量的定性临界值进行评价。

（2）假阴性率与假阳性率 假阳性率是指使用的快检产品在阴性样品（含量低于定性临界值的样品）中检出阳性结果的概率，假阴性率是指使用的快检产品在阳性样品（含量高于定性临界值的样品）中检出阴性结果的概率，两者的结果均以百分比计。

① 对已有国家规定食品快速检测方法的，每个生产批号的快检产品，假阴性率和假阳性率应满足对应方法的指标要求。

② 对没有国家规定食品快速检测方法的，每个生产批号的快检产品，假阳性率应≤15%、假阴性率应≤5%。

（3）检测时间 原则上单个样品的检测时间（包括从样品前处理到最后出结果的整个过程）小于30min，或6个样品的总检测时间小于120min。

3.验收流程

（1）准备工作

① 评价人员应先熟悉待评价产品的检测原理、实验方法等相关内容，开展空白溶剂、目标浓度标准物质溶液、质控样品等预实验进行验证。

② 制定具体作业指导书或评价方案，保障评价结果准确可靠。评价方案包括但不限于：

a. 评价工作要求；

b. 抽样；

c. 样品管理；

d. 盲样制备与检查；

e. 评价内容及依据；

f. 结论。

（2）对一般性指标的评价 对产品包装、中文标签、使用说明书、生产者资质和产品安全性等一般性指标进行审核。对符合要求的快检产品予以技术性指标评价。经评价符合要求的快检产品，中文标签、使用说明书不得随意修改。

（3）盲样基质的选择 应根据食品安全监管的需求，尽量选择高风险的样品基质，开展快检产品评价。

（4）参比方法的选择 参比方法优先选择国家食品安全监督抽检指定检测方法。

（5）盲样组成

① 组成要求 盲样由具有代表性基质的阴性样品和阳性样品组成。一般情况下，每批号产品评价盲样数应不少于60份，其中至少应包括30份阴性样品和30份阳性样

品。阳性样品可以采用阳性实际样品，也可以采用加标样品。同一快检产品，在不同检测对象中具有不同定性临界值要求时，盲样应覆盖重点关注对象，对相应定性临界值进行评价。

② 阴性样品　均匀性满足统计学要求且经参比方法确认的食品样品，用以考察快检产品的假阳性率。

③ 加标样品　根据待评价产品的实验要求，称取适量的空白样品，加入一定浓度的标准溶液混合而成。加标浓度水平应与定性临界值要求相当。检测限量物质时加标的浓度水平应涵盖定性临界值要求的 0.5 倍和 1 倍水平。其中，定性临界值要求的 0.5 倍水平用以考察产品的假阳性率，定性临界值要求 1 倍水平用以考察产品的假阴性率。

④ 阳性实际样品　可以是有证标准物质（实物标准物质），也可以是均匀性满足统计学要求且经参比方法确认的阳性食品样品。阳性实际样品中目标物含量应与定性临界值相当（禁用物质含量不超出 3 倍水平）。阳性实际样品用以考察产品的假阴性率。

（6）盲样的稳定性和均匀性检查

① 稳定性。阳性实际样品需要进行稳定性测试；阴性加标样品制备后24h 内进行评价测定的则不需要进行稳定性测试，反之则需要。盲样稳定性计算参照 CNAS—GL003。

② 均匀性。盲样均匀性计算参照 CNAS—GL003。

（7）盲样测试

① 前处理。每一生产批号快检产品，取出不少于 60 份盲样，按照快检产品说明书进行样品前处理。对于首次评价的快检产品，应至少进行 3 个生产批号的平行测试。

② 检测。按照快检产品使用说明书或仪器使用说明书的要求对盲样进行检测。

③ 结果判读。按照快检产品说明书或仪器使用说明书的要求判读结果。

④ 空白实验。为排除环境、试剂等因素干扰，应开展空白实验。

（8）假阳性率和假阴性率计算　根据盲样测试结果，计算该快检产品的假阳性率和假阴性率：

假阴性率（%）= 阳性样品的检出阴性结果数 ×100%/ 阳性样品总数；

假阳性率（%）= 阴性样品的检出阳性结果数 ×100%/ 阴性样品总数。

（9）检测时间评价　取单个样品按照快检产品说明书要求，从样品前处理开始计时，记录从前处理到得出检测结果整个过程的操作时间；或取 6 个样品按照快检产品说明书要求平行检测，从样品前处理开始计时，记录从前处理到得出检测结果整个过程的操作时间。

（10）报告出具　对评价整体情况和结果进行汇总整理和分析，评价报告应包括但不限于以下内容：

① 产品名称、厂家、型号、批号、日期；

② 盲样性质、基质、浓度；

③ 一般性指标评价结果；

④ 技术性指标的评价结果；

⑤ 评价结论。

实际工作中可以参照表 1-2-41 列出的条目对产品进行验收。验收记录保存期限不得少于 2 年。

表1-2-41　快检关键试剂和耗材验收记录单

一、产品信息				
产品名称		存放区域		
生产日期/批号		生产厂家		
到货日期		适用范围		
安全性说明		测试方法	□ 分光光度法 □ 纸片法 □ 胶体金卡片法 □ 其他_____	
表观情况	□ 符合要求：包装完好，标签完整，液体和固体试剂均无明显异常； □ 不符合要求：_____			

二、验收项目				
标准溶液信息	储备液浓度：　　　　（单位：＿＿＿） 使用液浓度：　　　　（单位：＿＿＿）		样品基质	
序号	测试项目	理论值	实际检测值	结果判定
1	定性临界值			
2	假阴性率			
3	假阳性率			
4	检测时间			

三、验收结果		
结论	□ 验收合格　　□ 验收不合格，退货处理	
备注	1. 试剂信息、批号可从试剂标签上查找。 2. 验收项目数据由检验员完成。 3. 检测频率：每批测试或需要时	
检验员/日期		校核员/日期

三、关键试剂和耗材的管理

本部分着重介绍食品快速检测产品（试剂盒）的管理，包括产品储存、领用、归还及外出携带措施。

1. 储存要求

快速检测产品应按照说明书的储存要求存放于专门的试剂存放柜和设备存放柜，做好温湿度控制，并保存相关记录。温湿度登记表格式可参照表1-2-42。

表1-2-42　＿＿＿＿年＿＿＿＿月温湿度记录表

温湿度计编号：　　　　　　　　　　　　　　　　　设备编号：

日期	温度记录	湿度记录	记录人	日期	温度记录	湿度记录	记录人
1日	℃	%		8日	℃	%	
2日	℃	%		9日	℃	%	
3日	℃	%		10日	℃	%	
4日	℃	%		11日	℃	%	
5日	℃	%		12日	℃	%	
6日	℃	%		13日	℃	%	
7日	℃	%		14日	℃	%	

日期	温度记录	湿度记录	记录人	日期	温度记录	湿度记录	记录人
15 日	℃	%		24 日	℃	%	
16 日	℃	%		25 日	℃	%	
17 日	℃	%		26 日	℃	%	
18 日	℃	%		27 日	℃	%	
19 日	℃	%		28 日	℃	%	
20 日	℃	%		29 日	℃	%	
21 日	℃	%		30 日	℃	%	
22 日	℃	%		31 日	℃	%	
23 日	℃	%					

2. 领用及归还记录

快速检测产品应由专人负责管理，做好领用归还记录，以保证快速检测产品管理的可追溯性。产品的领用及归还登记可参照表 1-2-43。

表 1-2-43　快速检测产品领用及归还登记表

产品名称	编号	规格型号	领用数量	已归还数	续借数量	损坏/丢失数量	领用时间	计划归还时间	实际归还时间	领用人签名	管理人签名	备注

3. 外出携带措施

外出携带快速检测产品时，应做好防护措施，如防晒、温度控制等，避免快速检测产品失效。

四、制定验收文件

1. 目的

为选择合格的供应商，确保关键试剂和耗材的质量，对购买、验收、存储进行控制。

2. 适用范围

适用于高级工程师涉及与某项目快检工作质量有影响的关键试剂和耗材服务采购、验收的全过程。

3. 验收程序

（1）采购申请　对于关键试剂和耗材的采购，需结合项目实际情况，评估后，在单位采购管理系统上填写请购单，请购单中要明确写出技术性能、质量要求和最迟到货时间等要求，相应请购单的编号由采购管理系统自动生成，编号需具备一定规则，例如：QG—请购日期—流水号，如 QG—20160720—000001。

（2）供应商评价　应遵循优质、优价、行业口碑较好的原则，并要求其具备相应的资质、良好的质量信誉和售后服务信誉。包括但不限于以下内容：

① 服务商、供应商的资质资料；

② 服务商、供应商的诚信能力；

③ 服务商、供应商的近年业绩；

④ 服务商、供应商的质量保证能力；

⑤ 价格；

⑥ 过往交易情况；

⑦ 服务情况；

⑧ 行业间的反馈；

⑨ 人员使用的反馈。

（3）供应商评价表的填写　应将供应商评价内容登记到《供应商评价表》（表1-2-44）中，评价过程收集的资质资料作为《供应商评价表》的附件，并填写《合格供应商登记表》（表1-2-45）。

表1-2-44　供应商/服务商评价表

供应商名称：		地址：	
联系电话：	联系人：		邮箱：
被评价的服务/供应项目		要求的技术参数	供方能否满足要求（"√"表示"满足"，"×"表示"不满足"）
提供的附件（在□内打"√"表示"有"）	说明	有效期至	附件更新记录或备注
□ 营业执照或法人证书	所有供应商必须有	年　月　日	
□ 危险化学品经营许可证	危险化学品供应商必须有	年　月　日	
□ 易制毒化学品经营许可证	易制毒试剂供应商必须有	年　月　日	
□ 易制毒化学品经营备案证明	易制毒试剂供应商必须有	年　月　日	
□ 道路运输许可证	危险化学品供应商、废弃危险化学品服务商、气体供应商必须有	年　月　日	
□ 危险废物经营许可证	废弃危险化学品服务商必须有	年　月　日	
□ 标准物质/标准样品生产者认可证书	标准物质生产商必须有	年　月　日	
□ 气瓶充装许可证	气体供应商必须有	年　月　日	
□ 通过的质量体系认证	有则提供	年　月　日	
□ 产品认证	有则提供	年　月　日	
□ 产品评价	有则提供	年　月　日	
评审时间	评审结果	评定部门/人	技术负责人	总经理
	□ 符合　□ 不符合　要求，□ 列为　□ 不列为　合格供应商			

注：1.采购专员根据采购需求，对检测质量有影响的重要消耗品、供应品和服务的供应商应组织评价。

2.综合部对于合格的供应商应每年评审至少一次或当供应商发生异常时应进行重新评审。

表1-2-45　合格供应商登记表

序号	供应商名称	主要经营产品	有何管理体系认证	联系人电话	登录日期	备注

编制日期：　　　　　　　审核日期：　　　　　　　　　　审批日期：

（4）合格供应商登记表的管理　对于《合格供应商登记表》中的供应商，技术人员每年应进行定期或不定期评价，选择信誉好、有质量保证的合作方或备用选择方，应经常与使用部门沟通，及时收集服务和供应品的使用和质量情况信息，对供应商目录进行动态管理，不断淘汰产品质量低、信誉差的供应商，增加和保留产品质量高、信誉好的合格供应商。当供应商发生异常时，应对供应商进行重新评价，以保证满足要求。对不能持续满足要求的供应商，则需从《合格供应商登记表》中移除。

（5）验收依据　采购申请单或者其他要求。

（6）快检产品的验收　技术人员应对其品名、规格、等级、生产日期、保质期、成分、包装、贮存、数量、合格证明等进行符合性检查或验收。对于成熟商品化的快检试剂盒，技术人员应检查该试剂盒是否已经过技术评价，并有相应的信息或记录予以证明。有关产品的验收要求如下：采购品到公司后，由技术人员组织相关人员进行逐项验收，并在订购单或供应商的送货单上签字确认，合格的供应品由采购部在发票／收据上签收。验收中发现不合格，应注明项目、依据，提出处理意见，由采购或其他对接人员与供方协调处理，直到满足要求为止。技术人员审查试剂是否符合相应标准、规范的要求，是否能满足快速检测工作的需要等。检测组人员使用过程中，如发现不合格，即将物品退回并需要与供应商联系进行退换货处理。

（7）验收合格　验收合格的产品需填写《试剂和耗材验收记录表》接收。质量验收合格后，登记入《试剂和耗材管理台账》和《试剂和耗材取用登记表》。

（8）试剂和耗材的持续管理　技术人员应根据供应商的交货期、财务、采购流程及每月快检实验室需使用该试剂和耗材的数量等因素设定该试剂和耗材的最低备份量及有效期，并保持快检实验室有对应量的备份，以防因为缺少的原因导致实验中断。

五、试剂和耗材配置及预算方案制定

1.方案制定的要素

（1）客户需求　是指一切顾客提出的相关信息，包含项目背景、完成时间、快检场所、数量、品种、项目预算。

（2）利润目标　是指根据公司或每次项目的情况，制定的需要达成的利润目标。

（3）人均工作量　是指每人或每组年度需要完成的快检批次数量。

（4）试剂和耗材配置　是指除人工成本、车辆成本、装修成本、水电成本、管理成本外的与快检试验相关的快检产品、快检试剂盒、仪器设备等试验耗材。

2. 方案制定的流程

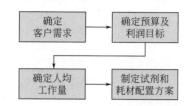

方案制定案例

案例：假设 5 个农贸市场年检测量不少于 3.6 万批次，合同金额为 300 万元 / 年。方案要求每月蔬菜、水产品、畜禽肉检测比例约为 7：2：1，每批次样品最多检测 2 个项目。假设蔬菜、水产品、畜禽肉每批次样品单个检测项目的试剂和设备成本分别为 20 元、50 元、50 元，车辆成本为 1 万元 / 月，人力成本为 0.6 万元 /（人·月）。

按照 30% 合同金额利润要求，请制定有效、合理的试剂和耗材配置及预算方案，并简述配置原则。

（1）确定客户需求

农贸市场：5 个

项目完成时间：12 个月

总批次：36000 批，其中蔬菜 25200 批，水产品 7200 批，畜禽肉 3600 批

检测项目要求：每批次最多测试 2 个项目

预算金额：300 万元

（2）确定利润目标　利润 =300 万 ×30%=90 万元，可使用金额 210 万元。

（3）确定人均工作量　5 个农贸市场全年 3.6 万批次，每个月 3000 批，以 22 个工作日计，每天需要快速检测 137 批。其中蔬菜约 96 批，水产品约 28 批，畜禽肉约 14 批。若按每天 8h 工作制，则需要 4 组 8 人，每组 2 人，能完成每日每组 34 批次产品的测试。每日 34 批次包括蔬菜约 24 批，水产品 7 批，畜禽肉 5 批。

5 个农贸市场则需要安排 8 名快检人员，2 名人员一组一辆快检车，则需要 4 辆快检车。

（4）制定试剂和耗材配置方案　见表 1-2-46~ 表 1-2-49。

表1-2-46　人工与车辆成本

类型	月费用 / 万元	月份	数量	年费用 / 万元
人工费	0.6	12	8 人	57.6
租车费	1	12	4 辆	48
小计				105.6

表1-2-47　试剂与设备成本总预算

类型	批次 / 年	项目单价 / 元	总价 / 万元	备注
蔬菜	25200	20	50.4	测试单项
水产品	7200	50	36	测试单项
畜禽肉	3600	50	18	测试单项
小计			104.4	

表1-2-48 试剂盒成本

类型	测试项目	批次	检测项目试剂盒	规格	预估平均需要盒数（含阳性复测）/盒	批次单价成本	试剂盒单价/元	全年总价/元
蔬菜	有机磷、氨基甲酸酯	25200	有机磷、氨基甲酸酯类农药残留（分光光度法）（每个产品均测试）	500批次/盒	30	0.5元/批次	250	15000
	胶体金农药残留项目	12600	毒死蜱	10批次/盒	110	6~10元/批次	100	11000
			水胺硫磷		110	6~10元/批次	100	11000
			三唑磷		110	6~10元/批次	100	11000
			杀螟硫磷		110	6~10元/批次	100	11000
			多菌灵		110	6~10元/批次	100	11000
			克百威		110	6~10元/批次	100	11000
			异丙威		110	6~10元/批次	100	11000
			甲萘威		110	6~10元/批次	100	11000
			百菌清		110	6~10元/批次	100	11000
			甲氰菊酯		110	6~10元/批次	100	11000
			克百威		110	6~10元/批次	100	11000
			毒死蜱		110	6~10元/批次	100	11000
水产品	测试单项	7200	孔雀石绿	10批次/盒	150	8元/批次	80	12000
			氯霉素		150	8元/批次	80	12000
			呋喃西林		150	12元/批次	120	18000
			呋喃唑酮		150	12元/批次	120	18000
			喹诺酮类		150	10元/批次	100	15000
畜禽肉	测试单项	3600	莱克多巴胺	10批次/盒	60	8元/批次	80	4800
			克伦特罗		60	8元/批次	80	4800
			沙丁胺醇		60	8元/批次	80	4800
			氯霉素		60	8元/批次	80	4800
			喹诺酮类		60	10元/批次	100	6000
			磺胺类		60	10元/批次	100	6000
			氟苯尼考（鸡蛋）		60	10元/批次	100	6000
小计（元）								276000

表1-2-49 设备和耗材成本

序号	设备名称	规格	用途	单价/元	数量	小计/元	备注
1	农药残留分光光度计	16通道	酶抑制率法用	25000	4	100000	4组，每组一台
2	离心机	50mL 6管	水产、禽畜分离油水相	2000	4	8000	
3	水浴锅	50~90℃	水产、禽畜加热前处理	1500	4	6000	
4	空气吹	12管道	样品吹干处理	1500	4	6000	
5	旋涡混合器	—	混匀样品用	600	4	2400	
6	电子天平	精度0.1g或0.01g	称样用	500	4	2000	

续表

序号	设备名称	规格	用途	单价/元	数量	小计/元	备注
7	打样机	任意	样品混匀	200	5	1000	4组，每组一份，1份备用
8	移液枪	1~5mL	提取液体用	200	5	1000	
9	移液枪	0.1~1mL	提取液体用	200	5	1000	
10	移液枪	20~200μL	提取液体用	200	5	1000	
11	移液枪	10mL	提取液体用	200	5	1000	
12	比色皿	—	分光光度计用	2	500	1000	玻璃
13	试管架	50mL 离心管	—	20	16	320	
14	容量瓶	500mL	装前处理液体	5	10	50	酶抑制率缓冲液
15	离心管	25mL	装样品	1	40000	40000	不重复使用
16	离心管	15mL	装样品	0.5	40000	20000	不重复使用
17	一次性手套	—	人员操作用	75	100	7500	不重复使用
18	白大褂	—	人员操作用	30	16	480	
19	样品袋	—	装样品用	2	40000	80000	8 号，10 号
20	剪刀	—	实验用	10	20	200	5 把，10 元 / 把
21	红色记号笔	—	实验用	20	20	400	5 盒，10 元 / 盒
22	切肉刀	—	实验用	250	8	2000	5 把，50 元 / 把
23	砧板	—	实验用	100	8	800	5 个，20 元 / 个
24	枪头	5mL	实验用	1	30000	30000	100 元 / 盒
25	枪头	10mL	实验用	1	2000	2000	
26	枪头	1mL	实验用	0.5	40000	20000	
27	枪头	200μL	实验用	0.5	40000	20000	
28	快检车改造			40000	4	160000	
合计 / 元						514150	

注：A. 人工车辆成本：105.6万元；B. 试剂盒成本：27.6万元；C. 设备和耗材成本：51.415万元；A+B+C=184.615万元，预算300万元，利润=300-182.185=115.385万元＞90万元预算30%的利润。

第六节　方法

一、快速检测方法分类

标准方法：包括国家标准方法和行业 / 地方标准方法。

非标准方法：包括技术组织公布的方法、文献期刊公布的方法、设备生产厂家指定的方法、实验室制定的方法、超出其预期使用范围的标准方法及经过扩充和更改的标准方法。

快速检测方法大部分为非标准方法中的设备生产厂家指定的方法（说明书）。技术人员在开展检验检测工作时，应采用满足顾客需要并适用于所进行的检验检测的方法，优先使用标准方法或通过评价目录的快检产品厂家说明书，并确保使用最新有效版本。此外，还应关注检测方法中提供的限制说明、浓度范围和样品基体，选择的检测方法应确保在限量点附近给出可靠的结果。当顾客未指定所用的方法时，技术人员应选择适当的方法并通知顾客。

二、快速检测方法的验证与确认

1. 方法验证

方法验证是通过快速检测方法的选择、标准方法的验证，满足顾客和其他相关方的要求，适用于快速检测方法的选择、标准方法验证的全过程。技术人员需要负责下属检测方法验证的培训指导，包含食品（含食用农产品）中农药和兽药残留、非法添加物、真菌毒素、食品添加剂、污染物质等定性快速检测方法的技术评价。

2. 方法确认

方法确认是通过非标准方法的确认，满足顾客和其他相关方的要求，适用于非标准方法进行确认的全过程。技术人员需要负责对非标准方法进行确认，同时需要进行相关下属的培训指导，包含食品（含食用农产品）中农药和兽药残留、非法添加物、真菌毒素、食品添加剂、污染物质等定性快速检测方法的技术评价。

三、评价的流程及要求

1. 评价流程

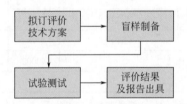

（1）**拟订评价技术方案**　在比较快速检测方法与待评价方法的适用范围、性能指标和要求等符合性情况的基础上，评价机构应针对待评价食品快速检测方法及相关产品制定评价方案。应包括但不限于：方案实施程序、评价内容及依据、评价比较用参考限值标准及方法标准、参考样品制备、参考值选择、参考样品定值及依据、参考样品编码及说明、测试程序、结果判断及统计方式、结论出具等，最终结论的出具应附相关判别依据，并给出相应判别指标。

（2）**盲样制备**　试验评价需使用盲样检测进行。试验评价盲样涉及的空白、阴性、阳性样品等均应进行实验室测定赋值，并出具均匀性和稳定性结果，相应盲样的均匀性和稳定性测试结果计算的重复性相对标准偏差，应为参比方法要求对应浓度应符合重复性相对标准偏差的1/3。可使用有证标准物质、参考物质或者质量控制品等进行溯源参考，测定完成后的各类样品应进行随机编号处理，形成盲样。用于试验评价的盲样或者质量控制样品，可自行制备，应符合以下要求。

① 基质符合性和与实际食品样品所含物质成分相似性。

② 考虑成分存在的浓度水平，应涵盖涉及产品的检出水平、标准限量值（标准规定

值）、对应标准的检出水平等，选择多个水平进行测定。

③ 根据标准方法规定的食品类别或者评价范围适用的食品，盲样制备时应重点考虑典型样品基质或相似基质，结合相关食品类别和测定目标物存在形式，按照食品宏观组分进行区分，综合考虑蛋白、脂肪、水分、糖分、高聚物或者多聚体物质、色泽、酸碱性等影响检测的组分进行区分选择，必要时应按照食品生产工艺制备添加样品。

④ 对于多种成分检测，应选择其分析成分进行分类比较（结构类似程度、危害程度等），综合选择几种代表性成分进行评价；对于易于获得的成分组合，尽可能考虑全部进行试验评价。

⑤ 盲样测定方式按照单位样品量以及添加目标物的情况，样品处理可以采用部分样品、全量处理等方式进行。盲样必须进行批内均匀性检查；对于一定时间范围内检测的样品，需要进行稳定性检查，保证在评价期限内样品稳定，以上均需评价机构提供检测报告。

（3）试验测试　试验评价可按照方法前期验证结果（如有），进行浓度水平和基质设计，应比较空白检测、对照检测、标准方法平行对照检测等内容，附带考察方法操作环境、方法用时、操作难易等情况；对于多检测规格产品，应根据其实际规格制定具体评价浓度范围和水平，并在结果判断中注明适用检测范围。

评价应进行双盲检测，对待评价食品快速检测方法和用于比较的参比方法平行利用盲样进行测试，并对样品进行平行测定，分别计算获得平均检测结果，用于方法间一致性评价，检测过程中应根据检测物在食品中实际可能存在的水平，设置质量控制样品，考察检测稳定性。实验中测试样品包括但不限于：

① 食品基质空白样品；

② 测试水平一般应包括标准方法检出水平（或者标准限量值）的 0.5、1、2 倍水平或者其他可检测区分的水平（不少于 3 个）；或者方法标称检出限 0.5、1、2 倍水平或者其他可检测区分的水平（不少于 3 个）；

③ 依据相关分析检测统计计量要求，一般检测样品每种基质空白及每个浓度水平不得少于 50 例；对于非法添加等重点项目的检测，可考虑在低浓度水平设置为 100 例，以便更好地评价假阳性率和假阴性率；

④ 如存在或易获得，应进行阳性样品复核测试；

⑤ 针对多成分方法，每种典型物质均需有检测结果和相应评价参数结果；

⑥ 应给出差异比较结果，具备数值的应有统计识别结论，统计方法可根据实际情况进行设定，但需说明理由。

（4）评价结果及报告出具　评价结果应计算快速检测方法可检出限度水平的灵敏度、特异性、假阴性率、假阳性率以及检测结果与参与方法的一致性。一般可考虑（但不限定）每个基质每个浓度水平应在数据采集数不少于 50 例情况下，获得假阴性率和假阳性率的结果。食品快速检测方法技术评价机构应根据项目实际情况给出上述指标评价结果，并提供具有统计意义的说明。

专业技术评价机构应出具技术评价报告，对评价整体情况和结果进行汇总整理和分析，报告中应有被评价的食品快速检测方法或相关产品是否符合国家有关规定或产品标称的结论。

2. 评价的要求

在开始检测前，技术人员应确认设备和环境设施是否满足要求。在首次采用检测标准方法之前，应制订验证计划进行方法验证，证明快检实验室的能力满足标准方法要求。包括：人员培训和技术能力、设施和环境条件、仪器设备、试剂材料、标准物质、原始记录和报告格式、方法性能指标（灵敏度、特异性、假阳性率和假阴性率、与参比方法一致性等）。必要时应进行实验室间比对或能力验证。

（1）评价指标　①灵敏度；②特异性；③假阴性率和假阳性率；④与参比方法一致性分析。

（2）评价方法　最低检出水平（检出限）设置对于禁用物质或者无残留限量的物质应小于或者等于参比方法的检出限水平，对于存在国家标准限值规定的物质应小于或等于限值规定。所有参数需要对在不同种类或者类型的食品中测定的实际结果进行统计。

① 灵敏度：灵敏度是指方法在实验条件下达到实际最低检出水平时，检出阳性结果的阳性样品数占总阳性样品数的百分比，具体计算要求见表 1-2-50，评价中可描述为该百分比下方法的检出限。

② 特异性：特异性是指方法在实验条件下达到实际最低检出水平时，检出阴性结果的阴性样品数占总阴性样品数的百分比，具体计算要求见表 1-2-50，评价中可描述为方法检出限下不存在干扰的百分比。

③ 假阴性率和假阳性率：假阴性率是指方法在实验条件下达到实际最低检出水平时，阳性样品中检出阴性结果的最大概率（以百分比计），具体计算要求见表 1-2-50，计算结果为方法最大假阴性率的结果。

假阳性率是指方法在实验条件下达到实际最低检出水平时，阴性样品中检出阳性结果的最大概率（以百分比计），具体计算要求见表 1-2-50，计算结果为方法最大假阳性率的结果。

④ 与参比方法一致性分析：快速检测方法应与方法中规定的参比方法进行一致性比较。与参比方法一致性分析统计方法常见卡方检验，具体可见表 1-2-50 中显著性差异（χ^2）所示，一般：

$$\chi^2 = (|a-b|-1)2/(a+b)$$

式中　a——样品被待确认方法证实为阳性而参比方法检验为阴性的数目；
　　　b——样品被待确认方法证实为阴性而参比方法检验为阳性的数目。

$\chi^2 < 3.84$ 表示待确认方法与参比方法的阳性确证比率在 95% 的置信区间内没有显著性差异。但是如果待确认方法比参比方法存在更高的回收率，则以上两种方法的阳性确证比率存在显著性差异是可以接受的。

$\chi^2 > 3.84$ 表示两种方法的阳性确认比率在 95% 的置信区间内有显著性差异。

如果能够证实待确认方法灵敏度优于参比方法，则两种阳性比例的显著性差异可以接受。

在考察与参比方法的一致性分析中，也需要考察在检出限或者报告限度水平附近的检测结果与浓度之间的趋势一致性。

表1-2-50　快速检测方法性能指标计算表

样品情况[a]	检测结果[b]		总数
	阳性	阴性	
阳性	N11	N12	N1.=N11+N12
阴性	N21	N22	N2.=N21+N22
总数	N.1=N11+N21	N.2=N12+N22	N=N1.+N2. 或 N.1+N.2
显著性差异（χ^2）	$\chi^2=(\lvert N12-N21\rvert-1)^2/(N12+N21)$，自由度（$df$）=1		
灵敏度（$p+$）/%	$p+=N11/N1.$		
特异性（$p-$）/%	$p-=N22/N2.$		
假阴性率（$pf-$）/%	$pf-=N12/N1.=100\%-$ 灵敏度		
假阳性率（$pf+$）/%	$pf+=N21/N2.=100\%-$ 特异性		
相对准确度/%[c]	$(N11+N22)/(N1.+N2.)$		

[a] 由参比方法检验得到的结果或者样品中实际的公议值结果。
[b] 由待确认方法检验得到的结果。灵敏度的计算使用确认后的结果。
[c] 为方法的检测结果相对准确性的结果，与一致性分析和浓度检测趋势情况综合评价。
注：N 为任何特定单元的结果数，第一个数字指行，第二个数字指列。例如：N11 表示第一行，第一列，N1. 表示所有的第一行，N.2 表示所有的第二列；N12 表示第一行，第二列。

当购买的快速评价产品发生变更，涉及方法原理、仪器设施、操作方法，或当设备、环境变化可能影响检测结果或不满足制造商的要求时，应重新进行验证。当标准方法发行实质性技术变更时，应重新进行验证，并保留相关的记录。

案例一　水产品中孔雀石绿的快速检测——胶体金免疫层析法（KJ201701）评估报告

【实验目的】

通过对实验结果的分析，评估水产品中孔雀石绿的快速检测——胶体金免疫层析法的灵敏度、特异性、假阴性率和假阳性率，最后评估实验方法的可行性。

【测试步骤】

1. 试样的提取与净化

（1）水产品　准确称取试样 2g（精确至 0.01g），置于 15mL 具塞离心管中，用红色油性笔标记，依次加入 1mL 饱和氯化钠溶液、0.2mL 盐酸羟胺溶液、2mL 乙酸盐缓冲液及 6mL 乙腈，涡旋提取 2min。加入 1g 无水硫酸钠、1g 中性氧化铝，涡旋混合 1min，以 4000r/min 离心 5min。准确移取 5mL 上清液于 15mL 离心管中，加入 1mL 正己烷，充分混匀，以 4000r/min 离心 1min。准确移取 4mL 下层液于 15mL 离心管中，加入 100μL 二氯二氰基苯醌溶液，涡旋混匀，反应 1min，于 55℃水浴中氮气吹干。精密加入 200μL 复溶液，涡旋混合 1min，作为待测液，立即测定。

（2）养殖用水　量取试样 2mL 置于离心管中，以 4000r/min 离心 5min，移取 200μL 上清液作为待测液。

2. 测定步骤

吸取全部样品待测液于金标微孔中，抽吸 5~10 次使混合均匀，室温温育 3~5min，将金标微孔中全部溶液滴加到检测卡上的加样孔中，温育 5~8min，进行结果判定（参见图 1-2-15)。

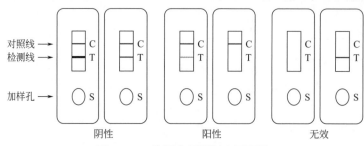

图1-2-15　检测卡目视判定示意图

【数据分析】

1. 检出限

对阴性样品大虾加标 1.0mg/kg，验证水产品中孔雀石绿的快速检测——胶体金免疫层析法的方法检出限，进行加标试验，测试结果在 KJ201701 的范围内，满足标准要求。

2. 灵敏度

灵敏度是指方法在实验条件下达到实际最低检出水平时，检出阳性结果的阳性样品数占总阳性样品数的百分比。

对 30 个阴性样品大虾进行加标 1.0mg/kg 验证灵敏度，检出阳性结果的阳性样品数占总阳性样品数的百分比 ≥ 99%，满足标准要求。

3. 假阴性率

假阴性率是指方法在实验条件下达到实际最低检出水平时，阳性样品中检出阴性结果的最大概率（以百分比计）。

对 30 个阴性样品大虾进行加标，制备阳性样品，加标后阳性样品进行测试，阳性样品中检出阴性结果的最大假阴性率 ≤ 1%，满足标准要求。

4. 假阳性率

假阳性率是指方法在实验条件下达到实际最低检出水平时，阴性样品中检出阳性结果的最大概率（以百分比计），计算结果为方法最大假阳性率的结果。

对 30 个阴性样品大虾不加标进行测试，阴性样品中检出阳性结果的最大假阳性概率 ≤ 15%，满足标准要求。

【结论】

通过评价快速检测方法可检出限度水平的灵敏度、特异性、假阴性率、假阳性率以及检测结果及实际样品测试，证明水产品中孔雀石绿的快速检测——胶体金免疫层析法是可行的，符合实际检测工作的要求。

案例二　动物源性食品中克伦特罗、莱克多巴胺及沙丁胺醇的快速检测——胶体金免疫层析法（KJ201706）评估报告

【实验目的】

通过对实验结果的分析，评估动物源性食品中克伦特罗、莱克多巴胺及沙丁胺醇的快速检测——胶体金免疫层析法的灵敏度、特异性、假阴性率和假阳性率，最后评估实验方法的可行性。

【测试步骤】

1. 试样的提取与净化

称取试样 3g 于 50mL 离心管中，加入 4mL 乙腈、1 包提取液（无水硫酸钠），高速振荡 2min，4000r/min 离心 5min。取 2mL 上清液于 70℃吹干，加入 0.5mL 正己烷振荡 10s，再加入 0.2mL 复溶液轻摇混匀，静置 1min。取 80μL 下层液体待测试。

2. 测定步骤

将试剂卡放平，用移液器吸取待检样品溶液 80μL 到加样孔中，加样后开始计时，反应 15~20min，进行结果判定（参见图 1-2-16）。

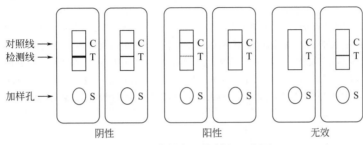

图1-2-16　试剂卡目视判定示意图

【数据分析】

1. 检出限

对阴性样品生牛肉加标 0.5μg/kg，验证动物源性食品中克伦特罗、莱克多巴胺及沙丁胺醇的快速检测——胶体金免疫层析法的方法检出限，进行加标试验，测试结果在 KJ201706 的范围内，满足标准要求。

2. 灵敏度

灵敏度是指方法在实验条件下达到实际最低检出水平时，检出阳性结果的阳性样品数占总阳性样品数的百分比。

对 30 个阴性样品生牛肉进行加标 0.5μg/kg 验证灵敏度，检出阳性结果的阳性样品数占总阳性样品数的百分比≥99%，满足标准要求。

3. 假阴性率

假阴性率是指方法在实验条件下达到实际最低检出水平时，阳性样品中检出阴性结果的最大概率（以百分比计）。

对 30 个阴性样品生牛肉进行加标，制备阳性样品，加标后阳性样品进行测试，阳性样品中检出阴性结果的最大假阴性率≤1%，满足标准要求。

4. 假阳性率

假阳性率是指方法在实验条件下达到实际最低检出水平时，阴性样品中检出阳性结果的最大概率（以百分比计），计算结果为方法最大假阳性率的结果。

对 30 个阴性样品生牛肉不加标进行测试，阴性样品中检出阳性结果的最大假阳性概率≤15%，满足标准要求。

【结论】

通过评价快速检测方法可检出限度水平的灵敏度、特异性、假阴性率、假阳性率以及检测结果及实际样品测试，证明动物源性食品中克伦特罗、莱克多巴胺及沙丁胺醇的快速检测——胶体金免疫层析法是可行的，符合实际检测工作的要求。

参考文献

[1] 揭广川, 包志华. 食品检测技术 食品安全快速检测技术. 北京：科学出版社, 2010.11.

[2] DB4403/T 95—2020[S]. 食品快速检测实验室通用要求. 深圳：深圳市市场监督管理局, 2020.

[3] DB36/T 1337—2020[S]. 食品快速检测实验室质量控制规范. 南昌：江西省市场监督管理局, 2021.

[4] GB/T 27404—2008[S]. 实验室质量控制规范 食品理化检测. 北京：中华人民共和国国家质量监督检验检疫总局/中国国家标准化管理委员会, 2008.

[5] GB/T 30435—2013[S]. 电热干燥箱及电热鼓风干燥箱. 北京：中华人民共和国国家质量监督检验检疫总局/中国国家标准化管理委员会, 2013.

[6] CNAS-GL035[S]. 检测和校准实验室标准物质/标准样品验收和期间核查指南. 北京：中国合格评定国家认可委员会, 2018.

[7] CNAS-CL04[S]. 标准物质/标准样品生产者能力认可准则. 北京：中国合格评定国家认可委员会, 2017.

[8] 刘霞, 王鹏, 龚维, 等. 化学分析实验室标准物质期间核查方法及示例分析[J]. 化学分析计量, 2017, 26(4)：89-92.

[9] DB51/T 2154[S]. 化学分析实验室标准物质及标准溶液管理指南. 成都：四川省质量技术监督局, 2016.

[10] DB12/T 930—2020[S]. 化学分析实验室标准物质管理指南. 天津：天津市市场监督管理委员会, 2020.

[11] GB/T 14666—2003[S]. 分析化学术语. 北京：中华人民共和国国家质量监督检验检疫总局, 2004.

第三章
食品快速检测过程要求

第一节　要求、标书和合同评审

一、名词解释

1. 要求

在 GB/T 19000—2016《质量管理体系 基础术语》中对"要求"的解释为明示的、通常隐含的或必须履行的需求或期望。"通常隐含"是指组织、顾客和其他相关方的惯例或一般做法，所考虑的需求或期望是不言而喻的。特定要求可使用修饰词表示，如产品要求、质量管理要求、顾客要求。规定要求是经明示的要求，如在文件中阐明。要求可由不同的相关方提出。

2. 标书

标书即投标书，是指招标方向投标人提供的为进行投标工作而告知和要求性的书面性材料，包括满足招标文件的所有响应材料。

3. 合同

根据《中华人民共和国民法典》第四百六十四条规定，合同是民事主体之间设立、变更、终止民事法律关系的协议。《中华人民共和国合同法》第二条：合同是平等主体的自然人、法人、其他组织之间设立、变更、终止民事权利义务关系的协议。

4. 合同评审

合同评审指合同签订前，为确保质量要求规定得合理、明确并形成文件，且供方能实现，由供方所进行的系统活动。即供方对所提供的产品或服务是否满足招标方需求的确认。

二、合同评审要求

1. 是否满足招标方要求

合同的制订应充分响应、满足招标方的所有需求，招标方的要求或标书与合同之间如果存在任何差异，应及时发现并在工作开始之前得到解决。

2. 风险规避

在要求、标书、合同评审过程中，评审人员应经过专门培训，具备良好的沟通协调和应急能力，熟悉相关法律知识与业务流程，并具有识别、防范风险的能力。

3. 合同评审的重要性

应重视合同评审环节，及时、充分、细致的合同评审能反映合同内容与需求之间存在的差异，是保障服务质量、满足招标方全面需求的第一步。

4. 留存记录

合同评审应得出明确的评审结论，并如实记录，相关评审记录需经审批并归档。

三、合同评审工作程序

1. 合同初评审

（1）业务受理　由专人负责业务受理，受理人依据招投标文件或委托协议要求，对服务能力、服务内容进行初步确认，避免因服务过程中出现解决不了的问题而影响合同履约。

（2）组织合同初评审　业务受理人员与合同评审人员应准确了解招标方的要求，组织编制、审核相关评审细则，并且组织具体业务人员召开初评审会议，留存初评审记录档案。

2. 合同评审验证

评审验证是对招标方要求的进一步证实。这个阶段需注意合同的更改，对合同的任何偏离，应通知招标方，并保存就招标方的要求或工作结果与客户进行讨论的有关记录；最后再进行合同评审，并将所有修改内容通知所有受影响人员。

3. 合同评审提交

合同评审提交即"要求、标书和合同"的关闭阶段。经过初评审，合同更改后的再评审，最终提交满足招标方要求的产品或服务，即进入评审提交阶段。只有招标方对所提供的产品或服务结果满意时，"要求、标书和合同的评审"才最终结束。

示例：项目需求书

××项目需求

一、项目概况

（一）预算金额：人民币 ×××× 元整（￥××××.00）

最高投标限价：人民币 ×××× 元整（￥××××.00）

（二）项目背景

为贯彻落实党的十九大会议精神中关于保障和改善民生的要求，通过对食用农产品市场开展重点品种食用农产品快速检测，及时筛查发现不合格食用农产品，公示快检信息，依法处置不合格食用农产品，充分发挥快检筛查的"防火墙""过滤网"作用，切实提升市场销售食用农产品质量安全水平，保障人民群众日常消费安全。

二、技术要求

（一）项目内容

1. 抽样地点

采样点为××个农贸市场及超市（名单附后，可根据监管需求适当调整抽样位点），可根据监管需求，对重点场所、重点品种或重点项目开展专项抽检。

序号	位点类型	位点名称	位点地址	基层监管所名称
1	零售市场			
2	零售市场			
3	零售市场			
4	零售市场			
……	……			

2. 抽检的重点品种和重点项目

3. 抽检数量要求

（二）工作要求

1. 采集的样品数量需要

2. 食用农产品快速检测程序

样品采集→样品登记→样品前处理→样品检测→结果登记→结果送达→后续处理→结果上报→结果公示。

（三）服务要求与检测质量控制要求

1. 落实检测责任

2. 实施检测质量控制

3. 中标人保质保量地开展快检工作，完成绩效目标

三、项目商务要求

（一）服务期限

（二）项目进度安排、委托快检任务的下达和调整

（三）验收要求

（四）培训要求

（五）其他要求

（六）付款方式

四、投标报价

五、计费依据

示例：合同模板

合同编号：_____

×××项目委托合同

项目名称：_____

甲方（委托方）：_____

乙方（受托方）：_____

年　月　日

甲方（委托方）：_____

住所：

联系电话：

乙方（受托方）：_____

住所：

联系电话：

甲、乙双方根据《中华人民共和国民法典》等有关法律规定，本着平等、自愿原则，经友好协商，就实施_____项目抽样检测事项签订本合同。

本合同按照××市政府采购中心招标程序项目名称：___，招标项目编号：___，乙方投标并被确定为乙方。招标文件要求构成本合同内容。若招、投标文件与合同正文有任何不一致的，以本合同正文为准。

1. 抽检项目

① 抽检内容。

② 抽检标准。

③ 抽检方式。

④ 工作要求。

2. 委托期限

① 合同期限。

② 因乙方交付成果未通过验收而进行整改的，也应在上述日期之前完成，否则视为乙方违约。

③ 本合同执行完后，由甲方视情况决定是否续签合同。

3. 抽检样品的取样和费用承担

乙方人员配置

1. 费用及支付

（1）费用支付方式。

（2）乙方银行账户信息如下：

开户行：＿＿＿＿＿＿＿＿＿＿

户名：＿＿＿＿＿＿＿＿＿＿

账号：＿＿＿＿＿＿＿＿＿＿

（3）若根据本合同约定乙方应当支付违约金和 / 或承担赔偿责任，则甲方有权从上述任何一笔付款中直接扣除相应金额。

2. 履约保函

3. 抽检报告及验收

4. 知识产权

5. 保密义务

6. 其他权利和义务

7. 合同转让

未经甲方同意，乙方不得将本合同项目的任务全部或者一部分转委托给第三人。

8. 违约责任

9. 争议解决

10. 合同生效及其他

甲方（盖章）：　　　　　　　　　　　乙方（盖章）：

法定代表人或授权代表签字：　　　　　法定代表人或授权代表签字：

　　　　　　年　月　日　　　　　　　　　　　　年　月　日

第二节　抽样

一、抽样基本要求

① 承担食品抽查检测任务的食品快检机构和相关人员不得提前通知被抽样食品生产经营者。抽样人员现场抽样时不得少于 2 人，并向被抽样食品生产经营者出示有效身份证明文件。

② 食品快检抽样原则上应当支付样品费用。

③ 应采用随机抽样原则进行抽检，确保抽取的样品具有代表性和典型性。提前准备好所需的样品袋、样品箱、手套、照相设备、封条、抽样单、收据等抽样工具和文件，并保证接触样品的工具洁净、干燥，不会对样品造成污染。

④ 现场抽样时，抽样人员应记录被抽样食品生产经营者的营业执照或许可证等可追溯信息，从生产经营者的待销食品中随机抽取样品，不得由食品生产经营者自行提供样品。

⑤ 抽样量应满足快检和复检的要求。

⑥ 抽样人员应当使用规范的食品快检抽样单，详细记录抽样信息；保存购物票据，必要时对抽样场所、储存环境、样品信息等通过拍照或者录像等方式留存证据。

⑦ 抽样人员应经过培训，抽样单位应在执行具体某项任务前，对相应的快检工作方案进行培训，对于抽样工作经验不足的人员还应进行抽样工作规范用语培训，并做好培训记录。

二、抽样方法

1. 蔬菜的抽样方法

原则上为随机抽样，样品应新鲜，无腐败、霉烂现象，状态完好；尽量采集不同部位的样品，集中在一起混匀后，组成样品，样品量应不少于100g。

2. 水产品的抽样方法

水产品样品视个体大小，尽量选择购买活体。去除头、壳、内脏，制样后样品可食部分不得低于100g。

3. 畜禽肉的抽样方法

畜禽产品同批次随机取样混合后，去除头、骨、内脏，制样后样品可食部分不得低于100g。

4. 其他散装食品的抽样方法

样品应装于清洁、卫生的容器中。若容器可能影响分析结果，则需要配备专门的容器。散装食品应预先对容器内食品充分混合，然后从不同部位抽取混合成待检样品100g。固体样品从上、中、下等不同的部位多点采集后混合按四分法对角采样，再进行混合，取代表性样品100g放入容器或样品袋中。半固体样品要从盛放样品的包装内用采样器分上、中、下三层分别取出检样，检查样品的感官性状，有无异味、发霉，然后将样品混合均匀，取待检样品100g。液体样品应充分混匀后采集需要的样品100g。

三、抽样工作流程

1. 出示证件及文书

抽样人员应着规定服装，须主动向被抽样单位出示注明抽检内容的告知书。向被抽样单位告知抽检目的和性质、抽检食品品种、异议处理以及应有的权利和义务等相关信息。

2. 核对资质证书

抽样人员应要求被抽样单位提供单位营业执照、食品生产许可证或食品经营许可证等相关法定资质证件，确认被抽样单位合法生产经营，并且拟抽取的食品属于被抽样单位法定资质允许生产经营的类别。对于涉嫌非法经营的被抽样单位（如未取得食品经营许可证的餐饮单位等），应及时将单位信息书面报告任务方。

3. 抽样

（1）执行抽样　依据抽样方案要求抽样，并填写抽样记录（见表1-3-1）。

（2）拒绝抽样 被抽样单位拒绝或阻挠食品安全抽样工作的，抽样人员应如实做好情况记录，告知拒绝抽样的后果（《食品安全法》第 133 条：由有关主管部门按照各自职责分工责令停产停业，并处二千元以上五万元以下罚款；情节严重的，吊销许可证；构成违反治安管理行为的，由公安机关依法给予治安管理处罚），并及时将拒抽情况书面报告任务方。

表1-3-1 快速筛查抽样信息记录表

抽样单编号								
委托单位					抽样时间			
受检单位								
受检单位地址								
联系人					联系方式			
样品编号	样品名称	生产单位/供应商	生产日期/进货日期		规格型号	抽样地点	抽样数量	抽样基数
抽样人员签名					受检单位签名			

四、抽样制度制定

抽样制度应包含抽样原则、抽样前准备工作要求、抽样过程要求、抽样方法及样品管理要求等关键要素。

1. 抽样原则

① 抽样工作不得预先通知被抽样检测食品生产经营者；

② 抽样人员应不少于两人；

③ 应采用随机抽样原则进行抽样，确保抽取的样品具有代表性和典型性；

④ 抽样量应满足复查和阳性确证所需的检测用量。

2. 抽样前准备工作要求

① 抽样人员要求；

② 抽样工具及其他物资准备；

③ 抽样备用金准备。

3. 抽样过程要求

① 向受检单位表明来意；

② 核对受检方证件，查看进货凭证；

③ 确保抽样的代表性和随机性；

④ 确保抽样数量的要求；

⑤ 支付购样费，保留支付凭证和填写费用收据；

⑥ 抽检信息的准确记录，受检单位确认；

⑦ 拒绝抽样情况处理。

4. 抽样方法要求

见前文"二、抽样方法"。

5. 样品管理要求

① 有效防止样品间交叉污染：不同批次样品应独立分装，样品在抽取和流转过程中均有唯一性标识，有效避免在抽样过程中交叉污染。

② 样品储存条件：应根据样品属性合理保存待检样品和检毕样品。样品应分区存放，不得与检测试剂混放。

6. 其他要求

可根据实际工作情况，确定其他要求。

五、抽样方案及计划的制订

抽样方案应包括：检测对象、承检单位、任务完成时间要求、抽样方式、抽检品种、抽样数量、检测项目、抽样计划表、结果后处理要求、项目运营管理要求、其他工作要求等相关要素。

示例：抽样方案

××市××区20家农贸市场快检抽检工作方案

为保障××区的食品安全，××区市场监管部门特制定20家农贸市场快检工作方案，具体工作方案如下。

一、监测对象

××区20家农贸市场。

二、承检单位

×××检测公司。

三、抽样方式及数量

（一）取样方式

在受检单位的档位按不同检测项目的要求随机抽样，样品要求为新鲜，无腐败、霉烂现象，状态完好。

（二）抽样数量

样品量应满足检测要求。

四、时间要求

五、检测品种及项目要求

见表1-3-2。

表1-3-2 抽检品种、检测项目、抽样数量

抽检品种	检测项目	市场数量/家	每月每个市场抽检量/批次	年度抽检总量/批次	20个市场年总量/批次
蔬菜	农药残留				
畜禽肉	氯霉素				
水产品	氯霉素				
食品	二氧化硫等				
合计					

备注：每月每个市场根据实际销售情况完成抽检批次。若监管部门有特殊要求，检测品种与检测数量可按实际情况调整

六、项目运营管理要求

七、检测结果后处理要求

八、其他工作要求（根据项目需求和合同要求编制）

六、常见食品的识别和分类

《食品生产许可分类目录》见表1-3-3。

表1-3-3 食品生产许可分类目录

食品、食品添加剂类别	类别编号	类别名称	品种明细
粮食加工品	0101	小麦粉	1. 通用：特制一等小麦粉、特制二等小麦粉、标准粉、普通粉、高筋小麦粉、低筋小麦粉、全麦粉、其他 2. 专用：营养强化小麦粉、面包用小麦粉、面条用小麦粉、饺子用小麦粉、馒头用小麦粉、发酵饼干用小麦粉、酥性饼干用小麦粉、蛋糕用小麦粉、糕点用小麦粉、自发小麦粉、专用全麦粉、小麦胚（胚片、胚粉）、其他
	0102	大米	大米、糙米类产品（糙米、留胚米等）、特殊大米（免淘米、蒸谷米、发芽糙米等）、其他
	0103	挂面	1. 普通挂面 2. 花色挂面 3. 手工面
	0104	其他粮食加工品	1. 谷物加工品：高粱米、黍米、稷米、小米、黑米、紫米、红线米、小麦米、大麦米、裸大麦米、莜麦米（燕麦米）、荞麦米、薏仁米、八宝米类、混合杂粮类、其他 2. 谷物碾磨加工品：玉米碴、玉米粉、燕麦片、汤圆粉（糯米粉）、莜麦粉、玉米自发粉、小米粉、高粱粉、荞麦粉、大麦粉、青稞粉、杂面粉、大米粉、绿豆粉、黄豆粉、红豆粉、黑豆粉、豌豆粉、芸豆粉、蚕豆粉、黍米粉（大黄米粉）、稷米粉（糜子面）、混合杂粮粉、其他 3. 谷物粉类制成品：生湿面制品、生干面制品、米粉制品、其他
食用油、油脂及其制品	0201	食用植物油	菜籽油、大豆油、花生油、葵花籽油、棉籽油、亚麻籽油、油茶籽油、玉米油、米糠油、芝麻油、棕榈油、橄榄油、食用植物调和油、其他
	0202	食用油脂制品	食用氢化油、人造奶油（人造黄油）、起酥油、代可可脂、植脂奶油、粉末油脂、植脂末、其他
	0203	食用动物油脂	猪油、牛油、羊油、鸡油、鸭油、鹅油、骨髓油、水生动物油脂、其他

续表

食品、食品添加剂类别	类别编号	类别名称	品种明细
调味品	0301	酱油	酱油
	0302	食醋	1. 食醋 2. 甜醋
	0303	味精	1. 谷氨酸钠（99% 味精） 2. 加盐味精 3. 增鲜味精
	0304	酱类	稀甜面酱、甜面酱、大豆酱（黄酱）、蚕豆酱、豆瓣酱、大酱、其他
	0305	调味料	1. 液体调味料：鸡汁调味料、牛肉汁调味料、烧烤汁、鲍鱼汁、香辛料调味汁、糟卤、调味料酒、液态复合调味料、其他 2. 半固体（酱）调味料：花生酱、芝麻酱、辣椒酱、番茄酱、风味酱、芥末酱、咖喱卤、油辣椒、火锅蘸料、火锅底料、排骨酱、叉烧酱、香辛料酱（泥）、复合调味酱、其他 3. 固体调味料：鸡精调味料、鸡粉调味料、畜（禽）粉调味料、风味汤料、酱油粉、食醋粉、酱粉、咖喱粉、香辛料粉、复合调味粉、其他 4. 食用调味油：香辛料调味油、复合调味油、其他 5. 水产调味品：蚝油、鱼露、虾酱、鱼子酱、虾油、其他
	0306	食盐	1. 食用盐：普通食用盐（加碘）、普通食用盐（未加碘）、低钠食用盐（加碘）、低钠食用盐（未加碘）、风味食用盐（加碘）、风味食用盐（未加碘）、特殊工艺食用盐（加碘）、特殊工艺食用盐（未加碘） 2. 食品生产加工用盐
肉制品	0401	热加工熟肉制品	1. 酱卤肉制品：酱卤肉类、糟肉类、白煮类、其他 2. 熏烧烤肉制品 3. 肉灌制品：灌肠类、西式火腿、其他 4. 油炸肉制品 5. 熟肉干制品：肉松类、肉干类、肉脯、其他 6. 其他熟肉制品
	0402	发酵肉制品	1. 发酵灌制品 2. 发酵火腿制品
	0403	预制调理肉制品	1. 冷藏预制调理肉类 2. 冷冻预制调理肉类
	0404	腌腊肉制品	1. 肉灌制品 2. 腊肉制品 3. 火腿制品 4. 其他肉制品
乳制品	0501	液体乳	1. 巴氏杀菌乳 2. 高温杀菌乳 3. 调制乳 4. 灭菌乳 5. 发酵乳
	0502	乳粉	1. 全脂乳粉 2. 脱脂乳粉 3. 部分脱脂乳粉 4. 调制乳粉 5. 乳清粉

续表

食品、食品添加剂类别	类别编号	类别名称	品种明细
乳制品	0503	其他乳制品	1. 炼乳 2. 奶油 3. 稀奶油 4. 无水奶油 5. 干酪 6. 再制干酪 7. 特色乳制品 8. 浓缩乳
饮料	0601	包装饮用水	1. 饮用天然矿泉水 2. 饮用纯净水 3. 饮用天然泉水 4. 饮用天然水 5. 其他饮用水
	0602	碳酸饮料（汽水）	果汁型碳酸饮料、果味型碳酸饮料、可乐型碳酸饮料、其他型碳酸饮料
	0603	茶类饮料	1. 原茶汁：茶汤／纯茶饮料 2. 茶浓缩液 3. 茶饮料 4. 果汁茶饮料 5. 奶茶饮料 6. 复合茶饮料 7. 混合茶饮料 8. 其他茶（类）饮料
	0604	果蔬汁类及其饮料	1. 果蔬汁（浆）：果汁、蔬菜汁、果浆、蔬菜浆、复合果蔬汁、复合果蔬浆、其他 2. 浓缩果蔬汁（浆） 3. 果蔬汁（浆）类饮料：果蔬汁饮料、果肉饮料、果浆饮料、复合果蔬汁饮料、果蔬汁饮料浓浆、发酵果蔬汁饮料、水果饮料、其他
	0605	蛋白饮料	1. 含乳饮料 2. 植物蛋白饮料 3. 复合蛋白饮料
	0606	固体饮料	1. 风味固体饮料 2. 蛋白固体饮料 3. 果蔬固体饮料 4. 茶固体饮料 5. 咖啡固体饮料 6. 可可粉固体饮料 7. 其他固体饮料：植物固体饮料、谷物固体饮料、食用菌固体饮料、其他
	0607	其他饮料	1. 咖啡（类）饮料 2. 植物饮料 3. 风味饮料 4. 运动饮料 5. 营养素饮料 6. 能量饮料 7. 电解质饮料 8. 饮料浓浆 9. 其他类饮料

续表

食品、食品添加剂类别	类别编号	类别名称	品种明细
方便食品	0701	方便面	1. 油炸方便面 2. 热风干燥方便面 3. 其他方便面
	0702	其他方便食品	1. 主食类：方便米饭、方便粥、方便米粉、方便米线、方便粉丝、方便湿米粉、方便豆花、方便湿面、凉粉、其他 2. 冲调类：麦片、黑芝麻糊、红枣羹、油茶、即食谷物粉、其他
	0703	调味面制品	调味面制品
饼干	0801	饼干	酥性饼干、韧性饼干、发酵饼干、压缩饼干、曲奇饼干、夹心（注心）饼干、威化饼干、蛋圆饼干、蛋卷、煎饼、装饰饼干、水泡饼干、其他
罐头	0901	畜禽水产罐头	火腿类罐头、肉类罐头、牛肉罐头、羊肉罐头、鱼类罐头、禽类罐头、肉酱类罐头、其他
	0902	果蔬罐头	1. 水果罐头：桃罐头、橘子罐头、菠萝罐头、荔枝罐头、梨罐头、其他 2. 蔬菜罐头：食用菌罐头、竹笋罐头、莲藕罐头、番茄罐头、豆类罐头、其他
	0903	其他罐头	其他罐头：果仁类罐头、八宝粥罐头、其他
冷冻饮品	1001	冷冻饮品	1. 冰淇淋 2. 雪糕 3. 雪泥 4. 冰棍 5. 食用冰 6. 甜味冰 7. 其他冷冻饮品
速冻食品	1101	速冻面米制品	1. 生制品：速冻饺子、速冻包子、速冻汤圆、速冻粽子、速冻面点、速冻其他面米制品、其他 2. 熟制品：速冻饺子、速冻包子、速冻粽子、速冻其他面米制品、其他
	1102	速冻调制食品	1. 生制品（具体品种明细） 2. 熟制品（具体品种明细）
	1103	速冻其他食品	速冻其他食品
薯类和膨化食品	1201	膨化食品	1. 焙烤型 2. 油炸型 3. 直接挤压型 4. 花色型
	1202	薯类食品	1. 干制薯类 2. 冷冻薯类 3. 薯泥（酱）类 4. 薯粉类 5. 其他薯类

续表

食品、食品添加剂类别	类别编号	类别名称	品种明细
糖果制品	1301	糖果	1. 硬质糖果 2. 奶糖糖果 3. 夹心糖果 4. 酥质糖果 5. 焦香糖果（太妃糖果） 6. 充气糖果 7. 凝胶糖果 8. 胶基糖果 9. 压片糖果 10. 流质糖果 11. 膜片糖果 12. 花式糖果 13. 其他糖果
	1302	巧克力及巧克力制品	1. 巧克力 2. 巧克力制品
	1303	代可可脂巧克力及代可可脂巧克力制品	1. 代可可脂巧克力 2. 代可可脂巧克力制品
	1304	果冻	果汁型果冻、果肉型果冻、果味型果冻、含乳型果冻、其他型果冻
茶叶及相关制品	1401	茶叶	1. 绿茶：龙井茶、珠茶、黄山毛峰、都匀毛尖、其他 2. 红茶：祁门工夫红茶、小种红茶、红碎茶、其他 3. 乌龙茶：铁观音茶、武夷岩茶、凤凰单枞茶、其他 4. 白茶：白毫银针茶、白牡丹茶、贡眉茶、其他 5. 黄茶：蒙顶黄芽茶、霍山黄芽茶、君山银针茶、其他 6. 黑茶：普洱茶（熟茶）散茶、六堡茶散茶、其他 7. 花茶：茉莉花茶、珠兰花茶、桂花茶、其他 8. 袋泡茶：绿茶袋泡茶、红茶袋泡茶、花茶袋泡茶、其他 9. 紧压茶：普洱茶（生茶）紧压茶、普洱茶（熟茶）紧压茶、六堡茶紧压茶、白茶紧压茶、花砖茶、黑砖茶、茯砖茶、康砖茶、沱茶、紧茶、金尖茶、米砖茶、青砖茶、其他紧压茶
	1402	茶制品	1. 茶粉：绿茶粉、红茶粉、其他 2. 固态速溶茶：速溶红茶、速溶绿茶、其他 3. 茶浓缩液：红茶浓缩液、绿茶浓缩液、其他 4. 茶膏：普洱茶膏、黑茶膏、其他 5. 调味茶制品：调味茶粉、调味速溶茶、调味茶浓缩液、调味茶膏、其他 6. 其他茶制品：表没食子儿茶素没食子酸酯、绿茶茶氨酸、其他
	1403	调味茶	1. 加料调味茶：八宝茶、三泡台、枸杞绿茶、玄米绿茶、其他 2. 加香调味茶：柠檬红茶、草莓绿茶、其他 3. 混合调味茶：柠檬枸杞茶、其他 4. 袋泡调味茶：玫瑰袋泡红茶、其他 5. 紧压调味茶：荷叶茯砖茶、其他
	1404	代用茶	1. 叶类代用茶：荷叶、桑叶、薄荷叶、苦丁茶、其他 2. 花类代用茶：杭白菊、金银花、重瓣红玫瑰、其他 3. 果实类代用茶：大麦茶、枸杞子、决明子、苦瓜片、罗汉果、柠檬片、其他 4. 根茎类代用茶：甘草、牛蒡根、人参（人工种植）、其他 5. 混合类代用茶：荷叶玫瑰茶、枸杞菊花茶、其他 6. 袋泡代用茶：荷叶袋泡茶、桑叶袋泡茶、其他 7. 紧压代用茶：紧压菊花、其他

续表

食品、食品添加剂类别	类别编号	类别名称	品种明细
酒类	1501	白酒	1. 白酒 2. 白酒（液态） 3. 白酒（原酒）
	1502	葡萄酒及果酒	1. 葡萄酒：原酒、加工灌装 2. 冰葡萄酒：原酒、加工灌装 3. 其他特种葡萄酒：原酒、加工灌装 4. 发酵型果酒：原酒、加工灌装
	1503	啤酒	1. 熟啤酒 2. 生啤酒 3. 鲜啤酒 4. 特种啤酒
	1504	黄酒	黄酒：原酒、加工灌装
	1505	其他酒	1. 配制酒：露酒、枸杞酒、枇杷酒、其他 2. 其他蒸馏酒：白兰地、威士忌、俄得克、朗姆酒、水果白兰地、水果蒸馏酒、其他 3. 其他发酵酒：清酒、米酒（醪糟）、奶酒、其他
	1506	食用酒精	食用酒精
蔬菜制品	1601	酱腌菜	调味榨菜、腌萝卜、腌豇豆、酱渍菜、虾油渍菜、盐水渍菜、其他
	1602	蔬菜干制品	1. 自然干制蔬菜 2. 热风干燥蔬菜 3. 冷冻干燥蔬菜 4. 蔬菜脆片 5. 蔬菜粉及制品
	1603	食用菌制品	1. 干制食用菌 2. 腌渍食用菌
	1604	其他蔬菜制品	其他蔬菜制品
水果制品	1701	蜜饯	1. 蜜饯类 2. 凉果类 3. 果脯类 4. 话化类 5. 果丹（饼）类 6. 果糕类
	1702	水果制品	1. 水果干制品：葡萄干、水果脆片、荔枝干、桂圆、椰干、大枣干制品、其他 2. 果酱：苹果酱、草莓酱、蓝莓酱、其他
炒货食品及坚果制品	1801	炒货食品及坚果制品	1. 烘炒类：炒瓜子、炒花生、炒豌豆、其他 2. 油炸类：油炸青豆、油炸琥珀桃仁、其他 3. 其他类：水煮花生、糖炒花生、糖炒瓜子仁、裹衣花生、咸干花生、其他
蛋制品	1901	蛋制品	1. 再制蛋类：皮蛋、咸蛋、糟蛋、卤蛋、咸蛋黄、其他 2. 干蛋类：巴氏杀菌鸡全蛋粉、鸡蛋黄粉、鸡蛋白片、其他 3. 冰蛋类：巴氏杀菌冻鸡全蛋、冻鸡蛋黄、冰鸡蛋白、其他 4. 其他类：热凝固蛋制品、其他
可可及焙烤咖啡产品	2001	可可制品	可可粉、可可脂、可可液块、可可饼块、其他
	2002	焙炒咖啡	焙炒咖啡豆、咖啡粉、其他

续表

食品、食品添加剂类别	类别编号	类别名称	品种明细
食糖	2101	糖	1. 白砂糖 2. 绵白糖 3. 赤砂糖 4. 冰糖：单晶体冰糖、多晶体冰糖 5. 方糖 6. 冰片糖 7. 红糖 8. 其他糖：具体品种明细
水产制品	2201	干制水产品	虾米、虾皮、干贝、鱼干、干燥裙带菜、干海带、干紫菜、干海参、其他
	2202	盐渍水产品	盐渍藻类、盐渍海蜇、盐渍鱼、盐渍海参、其他
	2203	鱼糜及鱼糜制品	冷冻鱼糜、冷冻鱼糜制品
	2204	冷冻水产制品	冷冻调理制品、冷冻挂浆制品、冻煮制品、冻油炸制品、冻烧烤制品、其他
	2205	熟制水产品	烤鱼片、鱿鱼丝、烤虾、海苔、鱼松、鱼肠、鱼饼、调味鱼（鱿鱼）、即食海参（鲍鱼）、调味海带（裙带菜）、其他
	2206	生食水产品	腌制生食水产品、非腌制生食水产品
	2207	其他水产品	其他水产品
淀粉及淀粉制品	2301	淀粉及淀粉制品	1. 淀粉：谷类淀粉（大米、玉米、高粱、麦、其他）、薯类淀粉（木薯、马铃薯、甘薯、芋头、其他）、豆类淀粉（绿豆、蚕豆、豇豆、豌豆、其他）、其他淀粉（藕、荸荠、百合、蕨根、其他） 2. 淀粉制品：粉丝、粉条、粉皮、虾味片、凉粉、其他
	2302	淀粉糖	葡萄糖、饴糖、麦芽糖、异构化糖、低聚异麦芽糖、果葡糖浆、麦芽糊精、葡萄糖浆、其他
糕点	2401	热加工糕点	1. 烘烤类糕点：酥类、松酥类、松脆类、酥层类、酥皮类、松酥皮类、糖浆皮类、硬皮类、水油皮类、发酵类、烤蛋糕类、烘糕类、烫面类、其他类 2. 油炸类糕点：酥皮类、水油皮类、松酥类、酥层类、水调类、发酵类、其他类 3. 蒸煮类糕点：蒸蛋糕类、印模糕类、韧糕类、发糕类、松糕类、粽子类、水油皮类、片糕类、其他类 4. 炒制类糕点 5. 其他类：发酵面制品（馒头、花卷、包子、豆包、饺子、发糕、馅饼、其他）、油炸面制品（油条、油饼、炸糕、其他）、非发酵面米制品（窝头、烙饼、其他）、其他
	2402	冷加工糕点	1. 熟粉糕点：热调软糕类、冷调韧糕类、冷调松糕类、印模糕类、其他类 2. 西式装饰蛋糕类 3. 上糖浆类 4. 夹心（注心）类 5. 糕团类 6. 其他类
	2403	食品馅料	月饼馅料、其他
豆制品	2501	豆制品	1. 发酵豆制品：腐乳（红腐乳、酱腐乳、白腐乳、青腐乳）、豆豉、纳豆、豆汁、其他 2. 非发酵豆制品：豆浆、豆腐、豆腐泡、熏干、豆腐脑、豆腐干、腐竹、豆腐皮、其他 3. 其他豆制品：素肉、大豆组织蛋白、膨化豆制品、其他

续表

食品、食品添加剂类别	类别编号	类别名称	品种明细
蜂产品	2601	蜂蜜	蜂蜜
	2602	蜂王浆（含蜂王浆冻干品）	蜂王浆、蜂王浆冻干品
	2603	蜂花粉	蜂花粉
	2604	蜂产品制品	蜂产品制品
保健食品	2701	片剂	具体品种
	2702	粉剂	具体品种
	2703	颗粒剂	具体品种
	2704	茶剂	具体品种
	2705	硬胶囊剂	具体品种
	2706	软胶囊剂	具体品种
	2707	口服液	具体品种
	2708	丸剂	具体品种
	2709	膏剂	具体品种
	2710	饮料	具体品种
	2711	酒剂	具体品种
	2712	饼干类	具体品种
	2713	糖果类	具体品种
	2714	糕点类	具体品种
	2715	液体乳类	具体品种
	2716	原料提取物	具体品种
	2717	复配营养素	具体品种
	2718	其他类别	具体品种
特殊医学用途配方食品	2801	特殊医学用途配方食品	1. 全营养配方食品 2. 特定全营养配方食品：糖尿病全营养配方食品，呼吸系统病全营养配方食品，肾病全营养配方食品，肿瘤全营养配方食品，肝病全营养配方食品，肌肉衰减综合征全营养配方食品，创伤、感染、手术及其他应激状态全营养配方食品，炎性肠病全营养配方食品，食物蛋白过敏全营养配方食品，难治性癫痫全营养配方食品，胃肠道吸收障碍、胰腺炎全营养配方食品，脂肪酸代谢异常全营养配方食品，肥胖、减脂手术全营养配方食品，其他 3. 非全营养配方食品：营养素组件配方食品，电解质配方食品，增稠组件配方食品，流质配方食品，氨基酸代谢障碍配方食品，其他
	2802	特殊医学用途婴儿配方食品	特殊医学用途婴儿配方食品：无乳糖配方或低乳糖配方食品、乳蛋白部分水解配方食品、乳蛋白深度水解配方或氨基酸配方食品、早产/低出生体重婴儿配方食品、氨基酸代谢障碍配方食品、婴儿营养补充剂、其他
婴幼儿配方食品	2901	婴幼儿配方乳粉	1. 婴儿配方乳粉：湿法工艺、干法工艺、干湿法复合工艺 2. 较大婴儿配方乳粉：湿法工艺、干法工艺、干湿法复合工艺 3. 幼儿配方乳粉：湿法工艺、干法工艺、干湿法复合工艺

续表

食品、食品添加剂类别	类别编号	类别名称	品种明细
特殊膳食食品	3001	婴幼儿谷类辅助食品	1. 婴幼儿谷物辅助食品：婴幼儿米粉、婴幼儿小米米粉、其他 2. 婴幼儿高蛋白谷物辅助食品：高蛋白婴幼儿米粉、高蛋白婴幼儿小米米粉、其他 3. 婴幼儿生制类谷物辅助食品：婴幼儿面条、婴幼儿颗粒面、其他 4. 婴幼儿饼干或其他婴幼儿谷物辅助食品：婴幼儿饼干、婴幼儿米饼、婴幼儿磨牙棒、其他
	3002	婴幼儿罐装辅助食品	1. 泥（糊）状罐装食品：婴幼儿果蔬泥、婴幼儿肉泥、婴幼儿鱼泥、其他 2. 颗粒状罐装食品：婴幼儿颗粒果蔬泥、婴幼儿颗粒肉泥、婴幼儿颗粒鱼泥、其他 3. 汁类罐装食品：婴幼儿水果汁、婴幼儿蔬菜汁、其他
	3003	其他特殊膳食食品	其他特殊膳食食品：辅助营养补充品、运动营养补充品、孕妇及乳母营养补充食品、其他
其他食品	3101	其他食品	其他食品：具体品种明细
食品添加剂	3201	食品添加剂	食品添加剂产品名称：使用 GB 2760、GB 14880 或卫生健康委（原卫生计生委）公告规定的食品添加剂名称；标准中对不同工艺有明确规定的应当在括号中标明；不包括食品用香精和复配食品添加剂
	3202	食品用香精	食品用香精：液体、乳化、浆（膏）状、粉末（拌和、胶囊）
	3203	复配食品添加剂	复配食品添加剂明细（使用 GB 26687 规定的名称）

第三节　检测样品的处置

一、样品的受理

接收样品时，应当核对样品与抽样文书信息，应确保抽样记录信息完整；样品不受污染，未变质或混淆，特别注意避免交叉污染，对检测不稳定项目样品应进行保护。

收到样品后应尽快开展实验，使用规范的食品快检记录表，实时记录测试情况及结果，保证记录的原始性、真实性、准确性、完整性和溯源性。记录保存期限不得少于2年。

二、样品的流转

1. 建立样品出入库台账

登记抽检样品的名称、规格、数量、日期等，参见表1-3-4。

表1-3-4　样品出入库台账

样品入库						样品出库		备注
样品编号	委托/受检单位	联系人/电话	日期	样品数量	接收人	处理人	处理时间	

2. 唯一性标识

对样品进行编号登记，做好唯一性标识，确保样品流转过程中的可溯性。

3. 样品标签

制作样品标签，参见图 1-3-1。

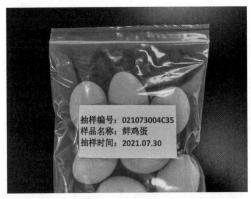

图1-3-1　样品标签

4. 样品流转要求

流转过程中应检查样品状态，避免样品出现异常状态和交叉污染。

三、样品的储存

1. 样品储存的设备设施

样品储存场所应配备相应的样品柜、冰箱等设备设施。

2. 样品储存要求

应按要求采取冷冻或冷藏等方式妥善保存样品，保证样品性质和待检物质的稳定性。

3. 样品的分区储存

应根据样品的类别分区存放，并做好标识。检样品和留样也应分区存放。

四、样品的制备

1. 制样的总体要求

应确保制样方法、制样部位、制样数量、储存条件等满足方法和判定标准的要求。

2. 制样方法

将样品充分混匀制样，制样过程应避免对样品的特性产生影响，并采取有效措施防止交叉污染以及防止制样过程产生干扰检测结果的因素。对于不同样品，由于其取样要求或者个体大小和形状的不同，制样的处理方法也有不同。

（1）**鱼类**　去鳞、皮、脂肪，取可食部分均质即可。

（2）**虾类**　去头，去壳，取可食部分均质即可。

（3）**蟹类**　取可食部分均质即可。

（4）**禽畜肉**　去头，去骨，去内脏，去脂肪，取可食部分均质即可。

（5）**叶菜类蔬菜**　擦去表面泥土，无须水洗。剪成大小约为 1cm×1cm×1cm 的块状，不宜剪切得太碎。

（6）**瓜果类蔬菜**　擦去表面泥土，无须水洗。取皮进行检测。

五、样品的处置

1. 样品的保存时间

样品的保存时间按任务实施方案或合同要求执行。

2. 样品处置

应根据其特性，在保证人员和环境健康安全没有影响的情况下，分类处理。检出阳性的样品应及时进行无害化处理，检出微生物阳性的样品及相关试剂应高温灭菌后再进行无害化处理，并保留处理记录。

第四节　确保结果有效性

一、概述

快检结果是快检室提供服务中最重要的内容。因此，保证快检结果的准确可靠是对快检机构最基本的要求。快检室应有质量控制程序以确保快检结果的有效性。质量控制是指为达到质量要求所采取的技术活动。其目的在于监控检测过程，发现和排除所有导致不合格、不满意的因素，消除不符合工作，保证检测结果的有效性和准确性。

影响检测结果质量的因素有很多，包括人员、仪器设备、快检产品、抽样、环境条件等。为确保检测结果的有效性和准确性，快检室应有质量控制程序和计划，以监控检测工作的全过程。快检室应善用内部质量控制手段，如人员比对、加标试验等质量控制方式自查内部质量情况；应借助外部力量，如快检室间比对和第三方监督检查进行质量改进。快检室应记录和分析质量控制的结果，对于不合格的质量控制结果，应及时查找原因并采取有计划的纠正措施，消除不合格结果的影响因素，提升检测工作质量，确保结果有效性。

二、内部质量控制

食品快检领域的内部质量控制是指快检室内部按照内部质量控制计划，采取恰当的质量控制方式，对检测过程质量进行监控的技术活动。其目的在于发现和排除检测过程中所有导致不合格、不满意的因素，保证检测结果的准确性和有效性。内部质量控制对快检室的检测质量至关重要。

快检室常见的内部质量控制方法有：人员比对、快检产品比对、仪器比对、重复性测试、加标试验和空白试验等。每种质量控制方法的含义和作用不同，快检室应对内部质量情况进行充分分析，选择适当的质量控制方法或者提高某种方法的频次。

1. 人员比对

（1）含义 在相同的环境条件下，由不同的检测人员采用相同的检测方法、相同的仪器设备，对同一样品进行检测。

（2）意义 采用人员比对试验的方式进行内部质量控制，可以考核人员的能力水平，判断检测人员操作是否正确。

（3）以下情况可以适当提高采用人员比对进行质量控制的频次

① 新上岗的员工；

② 新开展的检测项目；

③ 依靠检测人员主观判断的项目，例如，目视比色法、胶体金法；

④ 操作难度大的项目或者样品。

2. 快检产品比对

（1）含义 在相同的环境条件下，由相同的检测人员采用不同的快检产品，对同一样品进行检测。

（2）意义 当某项检测有多种方法时，快检室可以采用快检产品比对进行内部质量控制，判断检测所采用的快检产品是否满足快检需求。

（3）以下情况可以适当提高采用快检产品比对进行质量控制的频次

① 通过第三方权威机构评价且原理不同的快检产品；

② 自行评价或自行研制的新产品。

3. 仪器比对

（1）含义 在相同的环境条件下，由相同的检测人员采用不同的仪器设备对同一样品进行检测。

（2）意义 当某项检测可由多个设备进行操作时，快检室可采用仪器比对试验的方式进行内部质量控制，判断对检测结果的准确性或有效性有重要影响的仪器是否符合测量溯源性的要求，评价仪器设备对检测结果准确性和稳定性的影响。

（3）以下情况可以适当提高采用仪器比对进行质量控制的频次

① 对检测结果的准确性或有效性有重要影响的仪器；

② 长时间闲置后启用的仪器；

③ 外借后归还的仪器；

④ 使用频次较高的仪器。

4. 重复性测试

（1）含义 在相同的环境条件下，由相同的检测人员采用相同的检测产品、相同的仪器设备，对已完成检测的样品进行再次检测。

（2）意义 采用重复性测试的方式进行内部质量控制，判断两次检测结果的差异，发现影响检测结果准确性和稳定性的偶然因素。

（3）以下情况可以适当提高采用重复性测试进行质量控制的频次

① 验证检测结果的准确性和重复性；

② 对留存样品的监控。

5. 加标试验

（1）**含义**   快检室将经过确证为阳性的样品或阳性加标样品以比对样或密码样的形式发放给快检人员进行检测。

（2）**意义**   当进行样品检测时，快检室可采用加标试验的方式进行内部质量控制，判断检测过程是否存在错误。

（3）**以下情况可以适当提高采用加标试验进行质量控制的频次**

① 新上岗的人员；

② 操作难度大的样品或项目；

③ 新开展的项目。

6. 空白试验

（1）**含义**   在与实际样品检测相同的条件下，对不含待测物质的样品进行检测。

（2）**意义**   当进行样品检测时，快检室可采用空白试验的方式进行内部质量控制，判断检测过程是否存在干扰，评价仪器的噪声、试剂中的杂质、环境及操作过程中引入的杂质、样品中的杂质等因素对检测结果准确性和稳定性的影响。

（3）**以下情况可以适当提高采用空白试验进行质量控制的频次**

① 使用仪器进行数据测量；

② 样品检测结果均为阳性，复测时。

三、外部质量控制

食品快检领域的外部质量控制是指外部的第三方，如行业主管部门或客户委托的第三方组织等对快检室的检测质量定期或不定期实行考查的技术活动。其目的在于发现和消除快检室的不符合工作，保证检测结果的准确性和有效性。常见的外部质量控制活动有：与其他同行快检室进行同一样品的比对试验；由第三方组织进行监督检查等。第三方监督检查是食品快检领域最常见的外部质量控制活动。

第三方监督检查是指由有工作经验和技术水平的第三方组织，对快检室进行定期或不定期的检测质量考查的过程。第三方监督检查的方式包括现场材料检查，现场到检履行情况核实，比对试验，盲样考核等。第三方监督检查一般会关注以下与质量相关的事项：人员资质及培训情况；仪器设备的维护、计量校准和核查情况；快检产品的选择、管理和使用；抽样检测过程的规范性和符合性；快检实施场所；内部质量控制情况；结果记录和数据处理。快检室应根据第三方监督检查结果，及时评估快检工作质量并采取相应的改进措施。

四、质量控制结果评价及应用

快检室进行质量控制活动的根本目的在于检测质量的持续改进需求。通过不同的统计学方法对单次和阶段性的质量控制结果进行评价，从而可以考核全时间段内的质量情况。因此，有必要对质量控制结果进行及时、科学的评价及分析。快检室应对当月的所有质量控制结果进行汇总和统计处理。针对质量控制不合格的情况，快检室应及时分析不合格的原因，采取适当的纠正措施，必要时采取预防措施持续改进，确保检测结果的有效性。质量负责人应定期编写质量控制报告，分析某个时间段内快检室的质量情况，

包括质量控制不合格项目、人员/产品/仪器、不合格原因、采取的纠正措施以及质量
失控的发展趋势等。

五、内部质量控制计划

1. 内部质量控制计划的制订

快检室质量负责人应组织人员制订年度质量控制计划。质量控制计划的制订应根据
具体的检测项目和检测需求，选择合适的质量控制方法。质量控制考核应尽可能覆盖所
有检测项目和检测人员，对于典型的项目、样品及新进快检人员应适当增加考核频次。

年度内部质量控制计划可参见表 1-3-5 和表 1-3-6。

表1-3-5　×××单位××年快检内部质量控制计划

序号	部室名称	项目名称	技术要求			被考核人员	监督人员	比对时间	备注
			样品名称	质控方式	比对用仪器或试剂				
1		氯霉素	基围虾	盲样考核					
2		孔雀石绿	草鱼	盲样考核					
3		氟苯尼考	鸡蛋	人员比对					
4		有机磷和氨基甲酸酯	芹菜	盲样考核					
5		克百威	芹菜	人员比对					
6		氟虫腈	芹菜	方法比对					

表1-3-6　×××单位××年度快检过程质量控制计划

序号	部室名称	检测项目	质量控制方式	控制频率	评价结果	评价结果不符合时拟采取的措施	实施人员
1		克百威	空白分析		快检结果应显示阴性	分析原因，消除影响，重新检测	
			加标样品		快检结果应显示阳性		
2		氟苯尼考	空白分析		快检结果应显示阴性	分析原因，消除影响，重新检测	
			加标样品		快检结果应显示阳性		

2. 内部质量控制计划的实施

质量负责人对内部质量控制计划的有效实施负责，应组织人员制订实施方案，具体
落实质量控制计划。实施方案应包含两部分内容：一是考核盲样和比对样品的制备；二
是对实施人员考核过程的监督和考核结果的评价。

内部质量控制实施实例

根据年度质量控制计划，某快检员 A 八月份要完成氟苯尼考项目的盲样考核，现
考核快检员 A 制备盲样，并且对其考核结果进行评定。

1. 盲样制备流程

（1）确定基质　选取若干个鸡蛋均匀制样，标记样品编号后，采用液质联用法检
测氟苯尼考项目，确定基质中氟苯尼考的本底含量。该基质样品可直接制备成考核盲
样（阴性盲样或阳性盲样）。如果该基质样品为阴性样品，需制备加标盲样。

（2）配制 100mg/L 氟苯尼考标准储备液和标准工作液　准确称量 10.0mg 氟苯尼考（折算纯度）的标准物质，溶于 100.0mL 适当的有机溶剂中，混匀制得 100mg/L 氟苯尼考标准储备液，于 -20℃ 储存。准备移取 1mL 氟苯尼考标准储备液于 100.0mL 容量瓶中，定容至刻度，混匀制得 1.00mg/L 氟苯尼考标准工作液。可根据实际需要，继续稀释标准工作液制得标准稀释液。

（3）计算加标体积　盲样的加标量一般按该考核项目的 1.2~2 倍检出限浓度。

$$加标体积 = \frac{加标浓度 \times 称取盲样质量或体积}{标准稀释液浓度}$$

（4）制作加标盲样　根据产品说明书，称取（　）g（　）基质，准确移取（　）μL 标准稀释液至基质中，即得加标盲样。

2. 对考核过程的监督和考核结果的评价

（1）鸡蛋中氟苯尼考检测过程的关键控制点　一是制样过程保证样品的均匀性；二是称样量；三是离心效果；四是定容（复容）体积；五是结果判读时间；六是整个过程是否防止交叉污染，样品编号是否有一一对应；七是检测信息的准确记录。

（2）对考核结果的评价　如果检测结果和盲样的定值是相符合的，认为考核通过；反之不通过，监督人员应协助实施人员分析原因，制定纠偏措施。

（3）对质量控制计划实施结果的应用　通过质量控制计划实施，一是考核员工的检测能力、对结果的判读能力以及问题分析能力；二是比对不同品牌的快检试剂的质量，择优采用；三是能确保快检团队的整体质量不断提升。

六、常见的食品快检质量控制关键点

1. 样品前处理过程中常见质量控制关键点

（1）制样

① 场地要求：现场制样场所要求具有自来水、干净的场地等基本条件，以便于进行样品处理，防止样品交叉污染。

② 制样要求：对于不同样品，由于其取样要求或者个体大小和形状的不同，制样的处理方法也不同。畜禽肉和水产品中的兽药或其代谢物分布于组织中，均质处理能提高提取效率；蔬菜和水果中的农药残留主要分布于表面，且植物的汁液可能会对结果产生干扰，因此蔬菜瓜果应按照说明书的要求进行前处理。常见样品的制样方法如下。

a. 鱼类：取背部肌肉，避免取到鱼鳞、鱼骨和脂肪；将肌肉组织切成小块，均质。

b. 虾类：虾经清洗后去头、虾壳、肠线等，均质。

c. 蟹类：将蟹清洗后取可食的肌肉组织进行均质；蟹类在制样后容易腐败，建议及时保鲜。

d. 禽畜肉：取肌肉组织均质；不新鲜的畜肉可能会影响 β- 受体激动剂的胶体金检测结果，建议新鲜畜肉制样后及时保鲜。

e. 叶菜类蔬菜：擦去表面泥土，无须水洗，剪成大小约为 1cm×1cm×1cm 的块状，不宜剪切得太碎。

f. 瓜果类蔬菜：擦去表面泥土，无须水洗，按说明书要求取样进行检测。

③ 避免交叉污染：每个样品制样完成后应及时将残留物丢弃，清洗刀具和案板，再进行下一个样品的制样，防止交叉污染。

④ 避免基质干扰。

a. 葱、蒜、萝卜、韭菜、芹菜、香菜、茭白、蘑菇及番茄汁液中，含有对酶有影响的植物次生物质，容易使酶抑制率法检测的结果产生假阳性。处理这类样品时，建议采取整株蔬菜浸提的方法。

b. 使用比色法检测含叶绿素较高的蔬菜时，可采取表面测定法或整株蔬菜浸提的方法，减少色素的干扰。

c. 使用酶抑制率法检测含有辛辣物质的蔬菜时，可将蔬菜切成长段，避免辛辣物质渗入提取液，导致假阳性结果的产生。

（2）提取　提取是用溶剂将待测样品中的农药、兽药或其代谢物溶解、分离出来的操作步骤。在提取过程中，需要注意以下情况。

① 加入提取剂之后需要按操作说明书要求，盖紧样品盖，充分振荡提取。

② 对于含有辛辣物质或者色素含量很高的蔬菜样品，振荡提取时间不能过长、转速不宜过快，振荡时间在 2min 以内、振荡转速在 200r/min 左右为宜，降低提取液中辛辣物质或蔬菜色素的含量，避免假阳性结果的产生。

③ 乳化现象的出现可能会影响待测液的分离和提取。对于脂肪含量较高的样品如基围虾，可采用缓慢振摇的方法减少因剧烈振摇产生的乳化现象。出现乳化现象时建议提高转速，延长时间，再次离心；或者放于 80℃ 左右水中静置几分钟，待乳化现象减少后再次离心。如果想采用加盐或者有机溶剂的方法消除乳化现象，使用前应充分评估操作对检测结果的影响并形成记录。

（3）浓缩　浓缩是待测物富集或转溶的常用方法。在快速检测方法中，一般采用氮气（或空气）吹干有机提取剂的方法进行待测物浓缩。在浓缩过程中，需要注意以下情况。

① 浓缩前吸取待测溶液时避免取到杂质。

② 氮吹的针管不可伸至液面下，用完应及时清洗，防止污染其他浓缩样品。

③ 氮吹气流强度不可过大，以防浓缩管内液体溅出，影响样品检测和污染相邻样品。

（4）净化　净化是将样本中待测物质与干扰杂质分离的步骤。一般使用有机溶剂作为净化剂去除脂肪等杂质。在净化步骤中，应注意认准待测液所在的液面以防取错；当待测液位于下层液面时，建议先吸取其上层液体后再取用。

（5）复溶　复溶是将待测物转移至另一适合检测体系溶剂的步骤。加入复溶液后需要充分振荡，确保浓缩后的待测物溶解于复溶液中，避免待测物质的损失。

2. 快检过程中常见质量控制关键点

目前常用的快速检测方法有胶体金法、比色法和光谱定性法等。胶体金法是由胶体金标记技术发展起来的胶体金免疫快速检测技术，主要用于农药和兽药残留、食品污染物等的检测。比色法是指根据待测物的化学特性进行快速定性定量的方法。定性光谱法是指利用移动的光谱或者以光谱为检测器的仪器对物质的物理化学特性进行快速定性定量的方法。光谱定性法包括的仪器种类繁多，质量控制关键需根据实际情况进行分析。

以下仅讨论胶体金法和比色法在检测过程中的质量控制关键点。

（1）胶体金法

① 交叉反应物质：抽样检测过程中不使用含有能与待测物产生交叉反应的物品。

② 阴性对照：不能使用自来水、纯化水及蒸馏水作为阴性样品进行对照实验。

③ 试剂。

a. 检测卡、微孔、吸管为一次性消耗品，不能重复使用。

b. 不能使用过期、破损、污染、失效的快检产品。

c. 检测卡、微孔打开后建议在半个小时内使用。

d. 不同批号快检产品的质量可能不同，尽量不要混用不同批号的检测卡和微孔。

④ 储存条件：应按说明书要求进行储存；若冷藏保存，检测卡和微孔需要恢复至室温方可使用，复溶液使用前需轻轻晃动使浓度均匀；不能冷冻保存含胶体金的检测卡和微孔以防失效。

⑤ 时间：复溶后应尽快检测，防止待测液受到污染或者降解；根据产品说明书在规定的环境温度和时间范围内判定结果，其他时间判定无效。

（2）比色法

① 空白对照：每次测定时均需做一次空白对照。

② 试剂：应避免交叉污染，取出的试剂不可再放入瓶内；容易变质的试剂（如酶液）若一次测定无法用完，建议用前进行分装，避免反复冷热交替而降低试剂有效成分的活性。

③ 时间：样品放置的时间应与空白对照反应时间一致。

④ 温度：应按照说明书的实验温度要求进行温度控制；试剂从冰箱取出后应恢复至室温后方可使用。

⑤ 样品颜色：待测液颜色过重会影响比色法的结果判定，应过滤后再检测。过滤步骤需要经过评价，确保过滤不会对待测物产生吸附方可使用。

⑥ 仪器：应进行计量检定；仪器应在无强光直射的环境下工作；仪器工作时不能有震动；使用过的可重复使用的玻璃器皿需要及时清洗，以免放置时间过长内壁出现难洗的污渍；检测出阳性的玻璃器皿应用超声仪超声清洗，或用乙醇浸泡清洗干净，以免影响下一次的检测结果。

第五节　结果报告

一、结果报告的信息内容

检测人员应在快检结果报告上如实记录抽样食品的品种和名称、检测项目、检测日期、检测人员姓名、检测结果以及所使用的快检产品名称（或编号）、涉及量值溯源的快检设备名称（或编号）等信息。报告应做到字迹清楚，划改规范，保证报告的真实性、准确性和完整性。结果报告应包括但不限于以下信息：标题，如"××区××街道快检室/快检车快速检测结果报告"；快检实施机构名称；结果报告的唯一性编号；样品检测日期；样品名称和唯一性编号；检测项目、检测结果；快速检测产品名称（或编号）及批号；涉及量值溯源的快检设备名称（或编号）；抽样人员和检测人员签字。

快速筛查检测信息记录表参见表 1-3-7。

表1-3-7　快速筛查检测信息记录表

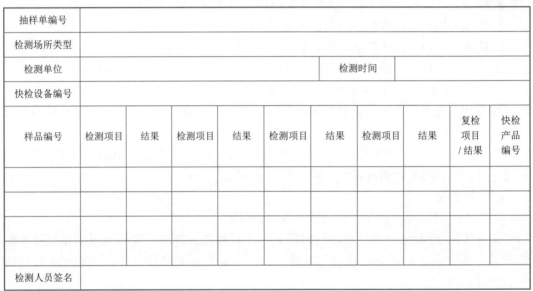

抽样单编号										
检测场所类型										
检测单位							检测时间			
快检设备编号										
样品编号	检测项目	结果	检测项目	结果	检测项目	结果	检测项目	结果	复检项目/结果	快检产品编号
检测人员签名										

二、结果报告更改

快检室应制定报告更改控制程序。当发现结果报告有误，应及时组织人员按照程序进行更改并做好记录。

① 更改检测结果时，应对原样品进行复测后更改。

② 更改内容不涉及检测结果时，可直接划改并签字或盖章。

报告更改后应重新签发结果报告，并收回原报告。无法收回原结果报告时，应签发报告补充件。

三、结果报告的交付与存档

快检室应根据合同评审时确认的报告发送方式将检测报告发出，并做好发送或领取报告记录。快检室应将结果报告与相关原始记录归档保存，存放地点应满足环境要求、安全要求和保密要求，防止损坏、变质和丢失。保存时间一般为 2 年；如果法律法规或客户规定了保存期，则按其要求保存。

四、项目结果分析报告

项目总结分析报告应包含项目完成的总体情况、多维度的数据分析（以高风险项目、样品和位点为导向）、阳性项目的原因和危害分析、工作对策建议等关键要素。

示例：项目结果分析报告

××区食品和食用农产品快速筛查工作总结分析

一、检测情况

总体情况描述：本周期抽检工作如何布局、抽检工作重点、检测批次、阳性批次、阳性率、销毁重量等，较上一个周期或去年同期相比有何变化。文字描述应使用总结性的或规律性的描述，文字与图表内容无须重复描述。

可通过图表的方式进行具体分析。

二、高风险品种分析

描述本周期内抽检种类、抽检品种，根据阳性率情况分析高风险品种，高风险品种有何规律，横向与各品种对比，纵向可与前几个周期的数据或去年同期数据对比，统计结果需具备统计学意义。

可通过图表的方式进行具体分析。

三、高风险场所分析

描述本周期内抽检家次与家数，根据阳性率情况分析高风险场所，高风险场所有何规律，横向为各场所对比，纵向可与前几个周期的数据或去年同期数据对比，统计结果需具备统计学意义。

可通过图表的方式进行具体分析。

四、高风险项目分析

描述本周期内抽检项目与项次，根据阳性率情况分析高风险项目，高风险项目有何规律，横向为各项目对比，纵向可与前几个周期的数据或去年同期数据对比，统计结果需具备统计学意义。

可通过图表的方式进行具体分析。

五、工作建议与下一步工作计划

结合实际工作与当地实情，提出针对性的建议与下一步工作计划。

第六节　不符合工作控制

不符合工作是指实验室活动或结果不符合标准或者技术规范的要求、不符合自身的程序或与客户协商一致的要求（例如设备或环境条件超出规定限值、监控结果不能满足规定的准则等）。为确保检测结果准确可靠，保证实验室管理体系的有效运行，保护客户的正当利益，必须对检验检测工作中出现的不符合进行识别和控制，防止不合格报告或数据的发放或使用。

一、不符合工作的来源

实验室在管理体系活动和技术工作活动的各个环节可以发现不符合工作的情况，一般来说，不符合工作包括（但不限于）以下方面：

① 实验室环境条件不满足要求。

② 样品丢失或受到人为损坏。

③ 试验样品的处置不满足要求。

④ 试样未在标准规定的时间内检测。

⑤ 检测过程中发生停水停电或其他不可避免的事故，造成检测中断或影响检测结果。

⑥ 检测仪器设备发生意外故障或损坏。

⑦ 人员未经培训上岗，或人员不达要求。

⑧ 检验检测过程未按规定标准方法操作。

⑨ 质量控制结果超过规定的限制。

⑩ 实验室间比对结果不满意。

⑪ 客户投诉及客户满意度调查中发现的不符合。

⑫ 内部审核、管理评审及外部审核中发现的不符合。

⑬ 设备和标准物质的校准及期间核查中发现的不符合项。

⑭ 采购的验收中发现的不符合。

⑮ 质量监督员在监督工作中发现的不符合。

⑯ 日常各类检查中发现的不符合。

⑰ 数据的校核及报告的审核人员在审核时发现的不符合。

在实际工作中，质量监督员在实施监督时，可从人员、设备、检测方法、样品、试剂与耗材、设施环境、记录和报告等环节发现不符合工作；质量负责人、部门负责人从客户投诉及投诉处理过程、外部评审中发现不符合工作；数据校核员对原始记录进行审核时发现不符合工作；授权签字人对原始记录或报告进行审核时发现不符合工作；质量负责人通过组织管理体系内部审核时发现检验检测工作中的不符合工作等。

发现不符合工作后应立即报告实验室主管，由其组织相关人员对发生不符合工作的原因进行调查，对不符合工作应尽早、尽快进行识别。一旦不符合工作被识别出来，应遵循相关流程对不符合工作进行控制。

二、不符合工作的评价

1. 按要素评价

对发现的不符合工作按要素和部门进行分析，一般包括两种类型。

（1）技术要求的不符合 即检测过程中出现一个或多个技术要素（人、机、料、法、环、测等）缺失，不满足要求；或技术记录、出具的报告结果存在缺陷，不满足要求（通常称为数据和结果的不符合）。

（2）管理要求的不符合 指管理体系运行或技术运作过程中，偏离相关法规要求或管理体系要求，或管理体系规定不符合相关法规要求。

2. 按类型评价

管理体系建立或实施中可能出现的不符合可分为以下几种。

（1）体系性不符合 指检验检测机构建立的文件化管理体系不符合相关法规标准通用要求，规定错误或不完整。

（2）实施性不符合 指检验检测机构建立的文件化管理体系在实际运行中没有完全

执行或执行过程中产生偏离。

（3）效果性不符合 检验检测机构建立的管理体系虽然运行了，但未达到预定的效果或结果不满足要求。

3. 按影响水平评价

按不符合工作对实验室能力和管理体系运作的影响程度可分为以下两类。

（1）严重不符合项 是指影响实验室诚信或显著影响技术能力、检测结果准确性和可靠性，以及造成管理体系运行失控的不符合。严重不符合项往往与实验室的诚信和技术能力有关，例如：

① 实验室管理体系某些环节失控；

② 实验室记录不真实或不能提供原始记录；

③ 实验室原始记录与报告不符，有篡改数据嫌疑；

④ 不做试验直接出报告；

⑤ 人员能力不足以承担检测活动；

⑥ 实验室没有相应的关键设备或设施，或设备投入使用前未校准或验证；

⑦ 能力验证结果或实验室间比对结果不满意，实验室未采取任何措施；

⑧ 报告或数据存在错误等。

（2）一般不符合项 是指偶发的、独立的对检测结果或质量管理体系有效运作没有严重影响的不符合项。如果一般不符合项反复发生，则可能上升为严重不符合项。如：

① 设备未做期间核查；

② 试剂或标准物质未按要求做验收；

③ 对内审中发现的不符合项采取的纠正措施未经验证；

④ 检测活动中某些环节操作不当；

⑤ 原始记录信息不完整，无法再现原有试验过程等。

三、不符合工作的处理

实验室质量负责人负责评估不符合工作的严重性，并决定不符合工作的可接受性。不符合工作的处理一般流程见图 1-3-2。

① 属一般不符合并能现场关闭的工作，由相关责任人采用口头或书面通知相关部门或相关人员实施现场关闭措施，检测工作正常开展。

② 属严重不符合或一般不符合但不能现场关闭的工作，则通知相关部门采取标示、隔离，立即停止工作等措施，组织人员对产生不符合项的原因进行分析，提出纠正措施，执行纠正及预防措施控制程序。当发现不符合的情况严重，且暂时无法通过纠正措施恢复正常的检验检测活动时，经技术负责人／质量负责人确认后，应报告管理层暂停工作，并及时通知客户。

③ 当不符合可能影响检验检测数据和结果时，则扣发结果报告。如果检验检测数据和结果报告已经发出，应通知客户，收回数据和结果报告，并重新发放符合要求的数据和结果报告。

④ 质量负责人对纠正措施的实施结果进行跟踪验证，证实所采用的纠正措施已消除

了产生不符合工作的所有因素，通知相关部门恢复工作；若所采用的纠正措施消除不了产生不符合工作的因素，则通知客户取消该项工作。

　　⑤ 不符合工作处理过程中涉及管理体系文件的修改，则执行相应的文件控制要求。修改后的管理体系文件应当重新宣贯。

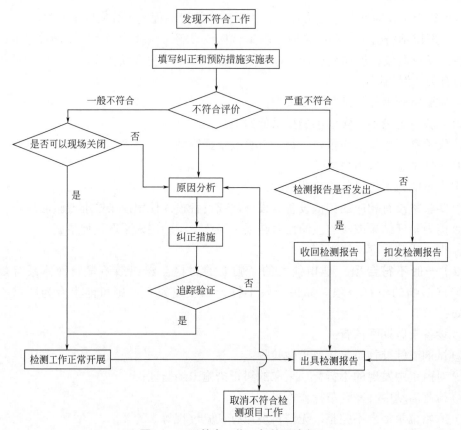

图1-3-2　不符合工作一般处理流程

四、不符合工作的控制

　　实验室应建立和保持出现不符合工作的处理控制程序，当出现不符合工作时，应实施该程序，该程序应确保：

　　① 确定对不符合工作进行管理的责任和权力；

　　② 基于实验室建立的风险水平采取措施（包括必要时暂停或重复工作以及扣发检测报告）；

　　③ 评价不符合工作的严重性，包括分析对先前结果的影响；

　　④ 对不符合工作的可接受性做出决定；

　　⑤ 必要时，通知客户并召回；

　　⑥ 规定批准恢复工作的职责。

　　实验室应保存每一次不符合检测工作的记录，形成《不符合工作处理报告》（见表1-3-8）。实验室管理层应定期评审不符合检测工作的记录，以发现不符合趋势并采取相应的预防措施。

表1-3-8　不符合工作处理报告

编号：

来源	□ 客户意见　□ 质量控制　□ 仪器校准　□ 采购的验收　□ 人员监督 □ 数据和报告审核　□ 管理评审　□ 内部审核　□ 外部评审　□ 其他
描述及原因分析 不符合工作	事实描述： 原因分析： 　　责任者确认 / 日期：　　　　　　　　　　　　　部门主管 / 日期：
可接受性评价 严重性评价	类型性评价：□ 体系性不符合项　　□ 实施性不符合项　　□ 效果性不符合项 严重性评价：□ 一般不符合项　　□ 严重不符合项 是否需要暂停工作：□ 否 　　　　　　　　　　□ 是，理由： 　　　　　　　　　　　　　　　　　　　　　　　部门经理 / 日期：
纠正及纠正措施	□ 立即纠正： □ 执行纠正措施： 计划完成期限： 　　　　　　　　　　　　　　　　　　　　　　　部门经理 / 日期：
完成情况 纠正及纠正措施	 　　　　　　　　　　　　　　　　　　　　　　　部门经理 / 日期：
跟踪验证	□ 整改有效，不符合项可以关闭。 □ 整改达不到预期效果，重新整改。理由： 　　　　　　　　　　　　　　　　　　　　　　　部门经理 / 日期：
工作恢复	□ 纠正后恢复，恢复日期： □ 纠正措施验证有效后恢复，恢复日期： 　　　　　　　　　　　　　　　　　　　质量 / 技术负责人 / 日期：

第七节　数据控制和信息管理

食品快速检测实验室应获得开展实验活动所需的数据和信息。数据控制和核查是检验检测活动中十分重要的环节，食品快速检测实验室应规范检验检测活动中的计算处理和数据转换规程，并制定成程序，对所有（包括人工手动操作的和使用计算机或自动化设备）的计算和数据传输过程进行适当和系统性检查。当计算作为检验检测活动的一部分时，如有条件应尽可能由检验检测以外的人对各种计算进行详细检查，并文件化，以获得正确的计算和转换，确保数据和结果准确、可靠。

一、数据控制的要求

1. 数据的采集和记录

① 检验检测人员在检验检测过程中要同时形成原始记录，原始记录填写内容要真实、准确。原始的观察结果、数据和计算应在观察到或获得时予以记录，不允许补记、追记、重抄。

② 计算机和自动化设备进行数据采集、处理过程中和过程结束后，检验检测人员应及时进行检查、核对。若运行过程中发生异常情况，应重新进行采集和处理。

③ 对计算机自动采集的原始数据，能打印的尽量打印，不宜打印的应标记与样品相关联的编号，定期刻录成光盘，作为原始记录保存。

④ 计算机和自动化设备内的数据要随时备份，以防数据丢失。

2. 数据的传输

① 检验检测人员对检测方法中的数据计算公式应正确理解，保证检测数据的计算和转换不出差错。

② 数据的每次转移都必须审核，对原始记录和检验检测报告须采取"四核一审"方式。检验检测人员完成检测工作后，对原始数据进行处理、计算所得出的计算结果并进行审核；校核人员（一般为同岗位的检验检测人员）对原始记录中原始数据、计算过程、检验检测结果等进行核对；实验室部门主管对原始记录进行整理复核；报告审核人员对拟制的检验检测报告进行全面复核；检验检测报告签发人员进行最后的全面审核并签发。

③ 数据在传送过程中要为客户保密，不得向外部人员提供。

④ 数据在传送过程中要防止被非法修改。

3. 数据的报告

实验室检验检测结果以《检验检测报告》的形式由授权签字人对外签发。

4. 数据的保存

原始数据及记录由档案管理员统一登记、管理并保存。所有记录（含电子存储的记录）的存放条件应有安全保护措施，加以保护及备份，防止未经授权的侵入及修改，以避免原始数据的丢失或改动。

5. 电子设备的数据控制

① 实验室对计算机和自动化设备提供保持检验检测数据完整性所必需的环境和运行条件。

② 实验室所使用的自动化设备的现行软件，在该设备应用范围内使用，可以认为经过了充分验证。

③ 不得私自修改计算机和自动化设备内的程序文件和数据，需要修改时经技术负责人批准后实施，必要时要经过验证。

④ 严禁外来软盘进入实验室计算机和自动化设备，以防带入病毒破坏储存的数据。

⑤ 实验室中每个人在相关应用软件中有自己唯一的用户和密码，用户在系统或数据库中完成操作后确保退出登录，所有用户负责确保密码的机密性。

⑥ 计算机使用人员应经过培训，当所使用的软件进行了修改，应重新进行适当的培训。

二、实验室信息管理

1. 实验室信息管理系统

实验室信息管理系统（Laboratory Information Management System，LIMS）由计算机硬件和应用软件组成，能够完成实验室数据和信息的收集、分析、报告和管理。LIMS基于计算机局域网，专门针对一个实验室的整体环境而设计，是一个包括了信号采集设备、数据通信软件、数据库管理软件在内的高效集成系统。它将实验室的业务流程、环境、人员、仪器设备、标物标液、化学试剂、方法、文件记录、项目管理、客户管理等因素有机结合，其基本功能包括：主业务流程管理、资源管理、其他辅助类管理等。

（1）主业务流程管理　主要包括报价管理、订单管理、业务受理、采样安排、现场采样、样品接收、任务分配、数据录入和数据采集、数据复核与审核、报告编制、报告审核与签发、报告发放及归档的全流程管理。系统具有审核记录功能，可以查看任务执行的每一环节信息，包括操作节点名称、下个节点名称、操作类型、审核意见、操作人、操作时间、审核类型等信息。LIMS系统中将记录此过程中的操作、操作人、操作时间以及其他的要素，从而达到对整个过程的控制以及溯源。当在该过程中出现一些因诸如实验室人员操作失误或者客户更改需求导致需要发起变更时，通过退回或变更流程来解决此类问题。

（2）资源管理　对整个实验室的人员、仪器、物料、方法以及实验环境的全面管理。人员部分主要对实验室人员的基本信息、教育情况、上岗证书、人员资质、培训记录等信息进行管理。仪器部分主要包括仪器验收、仪器校准、仪器期间核查、仪器维修、仪器报废等。方法部分具体包含检测方法库、检测项目原始记录库、各类质控措施等，可以在LIMS系统中进行添加、删除、修改等操作。物料部分主要是对实验室中的标准物质、试剂、耗材、培养基等的库存进行管理，实现当库存剩余量不足时提醒管理员进行采购，临期的库存进行提醒。环境的温湿度记录的管理，系统手动录入后，可定期导出环境监控记录表。

（3）其他辅助类管理　主要包含第三方系统集成对接、客户管理、节假日管理、供应商管理、文件管理以及统计查询等。LIMS系统可与过程系统、HR系统、CSS系统、CRM系统、采购系统等进行对接。客户管理主要用于维护客户列表，管理客户基本信息以及联系人信息等。节假日管理主要管理实验室的工作时间、非常规工作日与节假日，以便计算检测周期及预计报告时间。供应商管理可以对供应商进行添加、删除等操作，同时可以通过附件的方式上传供应商的企业信息、资质证书等相关内容。文件管理主要用于管理实验室的相关文件，可对文件进行版本管理。统计查询部分可以根据需求查看申请单的台账信息以及其他各模块中需要查询统计的相关信息等。

实验室信息管理系统是实验室管理科学发展的成果，是实验室管理科学与现代信息技术结合的产物，是利用计算机网络技术、数据存储技术术、快速数据处理技术等，对实验室进行全方位管理的计算机软件和硬件系统，其具体作用有以下方面。

① 提高样品测试效率。检测人员可以随时在 LIMS 上查询自己所需的信息，分析结果输入 LIMS 后，自动汇总生成最终的分析报告。

② 提高分析结果可靠性。LIMS 提供的数据自动上传功能、特定的计算和自检功能，消除了人为因素，也可保证分析结果的可靠性。

③ 提高对复杂分析问题的处理能力。LIMS 将整个实验室的各类资源有机地整合在一起，工作人员可以方便地对实验室曾经做过的全部分析样品和结果进行查询。因此，通过对 LIMS 存储的历史数据的检索，可以得到一些对实际问题处理有价值的信息。

④ 协调实验室各类资源。管理人员可以通过 LIMS 平台实时了解实验室内抽检人员、检测人员、设备等的工作状态，能及时协调富余资源，最大限度地减少资源的浪费。

⑤ 实现量化管理：LIMS 可以提供对整个实验室各种信息的统计分析，得到诸如不同岗位人员工作量、出错率、样品测试项目分布特点、各类样品检测结果的大数据分析、实验室全年各类任务的时间分布状态、试剂或经费的消耗规律等信息。

2.实验室信息管理系统运行要求

（1）基本要求

实验室用于收集、处理、记录、报告、存储或检索数据的实验室信息管理系统，在投入使用前应进行功能确认，包括实验室信息管理系统中接口的正常运行。对管理系统的任何变更，包括修改实验室软件配置或现成的商业化软件，在实施前应被批准、形成文件并确认。实验室信息管理系统确认要求包括：数据完整性和准确性确认；系统安全性确认；系统有效性和适用性的确认。常用的现成商业化软件在其设计应用范围内的使用可被视为已经经过充分的确认。

实验室信息管理系统应满足以下要求：

① 防止未经授权的访问；

② 被安全保护，防止篡改和丢失；

③ 在符合系统供应商或实验室规定的环境中运行，或对于非计算机化的系统，提供保护人工记录和转录准确性的文件；

④ 以确保数据和信息完整性的方式进行维护；

⑤ 包括对系统失效、适当的紧急措施及纠正措施的记录。

（2）其他要求

当实验室信息管理系统在异地或由外部供应商进行管理和维护时，实验室应确保系统的供应商或运营商符合上述所有适用要求。实验室应确保员工易于获取与实验室信息管理系统相关的说明书、质量手册和参考数据。实验室应对计算和数据传送进行适当和系统的检查。

三、食品快速检测信息的公布

食品快速检测结果是否公布由组织方确定。公布食品快检信息应真实、客观、易懂，不得误导消费者。

　　公布信息主要包括样品名称、销售者（被抽样单位或摊位信息）、检测项目（注明俗称）、检测结果、检测结论、采样时间、检测方法等。

　　市场开办者可在食品销售区域设立快检信息公布专栏，或采取 LED 或电视屏等形式公布食品快检结果信息。

　　对食品快检提出异议复检后，复检结果应在原食品快检信息公布渠道及时公布。

　　对发现公布的食品快检信息存在错误的，信息公布单位应及时进行更正。

　　食品快速检测信息公布参考样式见表 1-3-9。

表1-3-9　食品快速检测信息公布参考表

序号	样品名称	销售者	检测项目 [1]	检测结果	判定结论 [2]	采样时间	检测时间	检测方法 [3]
1	韭菜	××超市	毒死蜱	阳性	不合格	×月×日 10：50	×月×日 11：30	试剂条检测
2	羊肉	摊位	瘦肉精（盐酸克伦特罗）	阴性	合格	×月×日 11：05	×月×日 11：30	快检仪检测
…								

1.检测项目名称应通俗易懂，俗称应备注学名；

2.对检测结果有异议的，应将复检结果公布；

3.检测方法应标注为试剂条检测、快检仪检测等。

参考文献

[1]　GB/T 27025—2019. 中华人民共和国国家标准 检测和校准实验室能力的通用要求.

[2]　RB/T 214—2017. 中华人民共和国认证认可行业标准 检验检测机构资质认定能力评价 检验检测机构通用要求.

[3]　RB/T 215—2017. 中华人民共和国认证认可行业标准 检验检测机构资质认定能力评价 食品检验机构要求.

[4]　CNAS-GL008：2018. 中国合格评定国家认可委员会. 实验室认可评审不符合项分级指南.

[5]　中华人民共和国食品药品监管总局，中国国家认证认可监督管理委员会. 食品检验机构资质认定条件【食药监科〔2016〕106号】.

[6]　DB4403/T 95—2020[S]. 食品快速检测实验室通用要求. 深圳：深圳市市场监督管理局, 2020.

[7]　DB36/T 1337—2020[S]. 食品快速检测实验室质量控制规范. 南昌：江西省市场监督管理局, 2021.

[8]　GB/T 27404—2008[S]. 实验室质量控制规范 食品理化检测. 北京：中华人民共和国国家质量监督检验检疫总局/中国国家标准化管理委员会, 2008.

第四章

食品快速检测实验室管理要求

　　食品快速检测实验室是依据相关标准或者技术规范，利用仪器设备、环境设施等技术条件和专业技能，对食品进行快速检验检测的机构。食品快速检测实验室或其所在的组织是一个能够承担法律责任的实体。非独立法人单位，应有其在母体组织中的地位，以及母体对不干涉其检验检测工作的承诺。

　　在食品快速检测实验室固定设施内或其负责的固定设施外其他场所，包括临时或移动设施进行工作时，如他处实验室、流动实验室、抽样现场或野外现场进行检验检测或抽取样品，都必须在适当的技术控制和有效监督下进行，且应保留其所有相应记录。如果食品快速检测实验室所在的组织还从事检测以外的活动，为了鉴别潜在的利益冲突，应界定该组织中涉及检测或对检测活动有影响的关键人员的职责。

　　食品快速检测实验室应建立、实施并保持文件化的管理体系，确立管理体系的质量方针和目标，确保实验室全体人员知悉、理解、可得到并执行管理体系文件，以保证实验室的检验检测工作质量符合规定要求。食品快速检测实验室管理层应负责实验室管理体系的策划、建立、实施、维持及改进，包括以下方面。

　　① 实验室的管理人员和技术人员应具有所需的权力和资源来履行包括实施、保持和改进管理体系的职责，识别对管理体系或检测程序的偏离，以及采取预防或减少这些偏离的措施。

　　② 有措施保证实验室管理层和实验室人员不受任何对工作质量有不良影响的、来自内外部的不正当的商业、财务和其他方面的压力和影响。

　　③ 制定客户信息保密政策和程序，保护客户机密信息和所有权，保护电子传输和存储结果的程序。

　　④ 制定人员公正性教育政策和程序，避免其卷入任何可能会降低其能力、公正性、判断或运作诚实性的可信度的活动。

　　⑤ 明确实验室的组织和管理机构，其在母体组织中的地位，以及质量管理、技术运作和技术支持服务之间的关系。

　　⑥ 规定对检测质量有影响的所有管理、操作和核查人员的职责、权力和相互关系。

　　⑦ 由熟悉检测方法、程序、目的和结果评价的人员，依据实验室人员的职责、经验和能力对其进行适时的培训，并实施有效的监督。

　　⑧ 有技术管理人员全面负责技术运作，确保实验室运作质量所需的资源。

　　⑨ 指定一名质量负责人，授予其责任和权力，保证管理体系的运行实施。质量负责人应直接向负责决定实验室政策和资源保障的实验室管理层报告工作。

　　⑩ 指定实验室关键职能的代理人。

⑪ 确保实验室人员理解他们活动的相互关系和重要性，以及如何为管理体系质量目标的实现做出贡献。

食品快速检测实验室最高管理者应确保在实验室内部建立适宜的沟通机制，保证管理体系的有效运行。

第一节　管理体系

一、管理体系的构成与功能

1. 管理体系的构成

管理体系是指建立方针和目标并实现这些目标的过程中相互关联或相互作用的一组要素。实验室管理体系是将影响检验检测/校准质量的所有要素综合在一起，在质量方针的指引下，为实现质量目标而形成集中统一、步调一致、协调配合的有机整体。

管理体系由组织机构、职责、程序、过程和资源五个基本要素组成，可分为硬件部分和软件部分。硬件部分是指一个实验室必须具备相应的检验检测条件，包括必要的、符合要求的仪器设备、试验场地及办公设施、合格的检验检测人员等；软件部分是指通过设置与其相适应的组织机构，分析确定各检验检测工作的职责和接口，指定检验检测工作的工作程序及检验检测依据、方法，使各项检验检测工作能有效、协调地进行。实验室管理体系至少应包括下列内容：

① 管理体系文件；
② 管理体系文件的控制；
③ 记录控制；
④ 应对风险和机遇的措施；
⑤ 改进；
⑥ 纠正措施；
⑦ 内部审核；
⑧ 管理评审。

2. 管理体系的功能

① 能够对所有影响实验室质量的活动进行有效和连续的控制；
② 能够注重并且能够采取预防措施，减少或避免问题的发生；
③ 具有一旦发现问题能够及时做出反应并加以纠正的能力。

食品快速检测实验室只有充分发挥管理体系的功能，才能不断完善、健全和有效运行质量体系，更好地实施质量管理，达到质量目标的要求。

3. 管理体系的特性

（1）系统性　管理体系是将质量活动中的各个方面综合起来的一个完整的系统。管理体系各要素相互依赖、相互配合、相互促进和相互制约，形成了具有一定活动规律的有机整体。建立管理体系时必须树立系统的观念，才能确保实验室质量方针和质量目标的实现。

（2）**全面性**　管理体系应对各项质量活动进行有效的控制，对检验检测报告质量形成全过程、全要素的控制。

（3）**有效性**　管理体系应能减少、消除和预防质量缺陷的发生，一旦出现质量缺陷能及时发现和迅速纠正，并使实验室各项质量活动都处于受控状态。

（4）**适应性**　管理体系能随着所处内外部环境的变化和发展进行修订和补充，以适应环境变化的需求。

二、实验室管理体系的建立

实验室应按照《检测和校准实验室能力认可准则》《检验检测机构资质认定能力评价　检验检测机构通用要求》《食品检验机构资质认定条件》《食品检验工作规范》等相关要求，制定并有效运行保证其检验检测活动独立、公正、科学、诚信的管理体系，并与实验室开展的检验检测活动相适应。通过管理体系的有效运行，保证质量方针和质量目标的实施和落实，确保检验检测数据或结果客观公正、准确可靠。

实验室管理体系构建的一般流程如下。

1.准备阶段

（1）**领导重视**　实验室建立管理体系涉及实验室内部诸多部门，是一项全面性的工作。实验室领导对管理体系的建立、改进、资源配备等方面发挥着决策作用。领导的职责和任务包括战略策划、实现承诺、营造环境、识别过程、规定职责、提供支持、测量评定、参与改进、掌握信息、管理评审等。

（2）**全员参与**　实验室建立管理体系时，要向全体工作人员进行宣传培训，使各级人员了解建立管理体系的重要性，理解建立管理体系所依据文件的内容和要求，明确自己在构建管理体系工作中的职责和作用，做到积极响应和参与。

（3）**组织落实**　成立管理体系建设工作小组，明确分工，拟定建设计划，把控建设进程。

2.实施阶段

（1）**确定质量方针和质量目标**　质量方针与质量目标是实验室制定的质量宗旨和质量方向，体现了实验室质量管理的指导思想和对客户做出的质量承诺，全体员工必须以此作为质量工作的行为准则。食品快速检测实验室管理层应建立、编制和保持符合实验室目的的方针和目标，并确保该方针和目标在实验室的各级人员中得到理解和执行，方针和目标应能体现实验室的能力、公正性和一致运作。

（2）**确定过程和要素**　质量方针和质量目标确定后，结合快检实验室自身特点，明确实验室的检验检测流程，识别检验检测报告形成的全过程，特别是影响检测结果的关键过程，按照相关规范中的要求确定管理体系的关键要素，实验室管理体系各要素必须作为一个有机的整体考虑。通过对管理和技术要素的控制得以实现质量方针和质量目标。

（3）**确定组织机构，分配职责**　为了做好质量职责的落实，实验室应根据自身的实际情况，合理设计实验室的组织机构，组织机构的设置必须有利于实验室检验检测工作的顺利开展，有利于实验室各环节与管理工作的衔接，有利于质量职能的发挥和管理。将各个质量活动分配落实到有关部门，根据各部门承担的质量活动确定职责并赋予相应权限。

（4）管理体系文件化 实验室通过建立管理体系文件，使管理体系以文件化的形式表现出来。管理体系文件是描述质量管理体系的完整文件，是管理体系的具体体现，是规范实验室工作和全体人员行为、达到质量目标的依据，也是管理体系审核的依据。建立管理体系文件有利于管理体系的实施、保持和改进。

三、管理体系的运行与持续改进

1.管理体系的运行

管理体系的运行实际上是执行管理体系文件、贯彻质量方针、实现质量目标、保持管理体系有效和不断完善的过程。实验室根据实际情况设置质量负责人、技术负责人，设置质量管理岗位和关键技术岗位，并规定其职责，以确保管理体系的有效运行。质量负责人负责组织全体人员理解、获取并执行管理体系文件。质量负责人应具有两方面的职责和权力：一是确保管理体系所需的过程和程序得到建立、实施和保持；二是向最高管理者报告管理体系的绩效和任何改进的需求。实验室管理层应确保管理体系的建立、实施、保持和持续改进，满足客户要求和法律法规要求，符合自身实际状况，适应自身检验检测活动并保证其独立、公正、科学和诚信，确保当策划和实施对管理体系的变更时管理体系的完整性得到保持。

实验室应采取有效措施确保管理体系的有效运行：

① 按质量方针制定实施质量活动的目标和细则；

② 建立检验检测活动过程中各环节进行有效控制的相关程序；

③ 配置相应的仪器设备和设施，并保持良好的检验检测环境；

④ 配备胜任的岗位工作人员（管理体系岗位和技术岗位），并适时进行培训；

⑤ 提供现行有效的文件；

⑥ 对质量和技术活动的结果进行记录并保存。

2.管理体系的持续改进

实验室管理体系是动态的，实验室通过对全体人员持续进行管理体系的培训、日常的质量管理和监督、内部审核和管理评审、改进和预防措施的实施等不断发现问题、解决问题，使管理体系不断完善、持续改进，确保实现质量目标。管理体系运行示意图见图1-4-1。

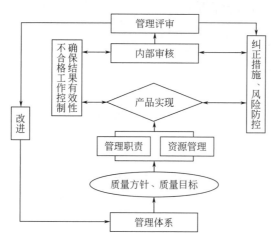

图1-4-1　管理体系运行示意图

第二节　管理体系文件的管理

食品快速检测实验室应将其政策、制度、程序、计划和指导书制定成文件，并传达至所有相关人员，保证这些文件的理解、获取和执行。管理体系文件是实验室管理和技术活动的依据，实验室应制定文件控制程序，明确文件的编制、审核、批准、标识、发放、保管、修订和作废，以确保实验室使用的文件和资料是最新版本或现行有效。

一、管理体系文件的构成

实验室管理体系文件分为四层，依次为质量手册、程序文件、作业指导书、记录表格。管理体系文件结构见图 1-4-2。

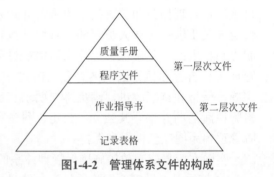

图1-4-2　管理体系文件的构成

1. 质量手册

质量手册是管理体系运行的纲领性文件，阐述实验室质量方针和目标，系统地描述管理体系的管理要求和技术要求。质量手册应包括或指明含技术程序在内的支持性程序，并概述管理体系中所用文件的架构，规定技术管理人员和质量管理人员的职责，质量手册可包括但不限于以下内容：

① 引言；

② 实验室概述，包括法律地位、资源、可提供的服务范围和主要职责；

③ 质量方针、目标和承诺（含公正、诚信、保密内容）；

④ 人员管理；

⑤ 实验室场所和环境；

⑥ 设备设施管理；

⑦ 测量溯源性；

⑧ 标准物质、试剂和耗材管理；

⑨ 文件控制；

⑩ 合同评审；

⑪ 分包（适用时）；

⑫ 采购控制；

⑬ 服务客户；

⑭ 投诉处理；

⑮ 不符合工作控制；

⑯ 纠正措施、应对风险和机遇的措施和改进；

⑰ 记录控制；

⑱ 内部审核；

⑲ 管理评审；

⑳ 方法选择、方法验证和方法确认；

㉑ 数据信息管理（含实验室信息系统管理）；

㉒ 抽样；

㉓ 样品管理；

㉔ 检测结果的质量控制；

㉕ 结果报告控制；

㉖ 记录管理及保存；

㉗ 环境保护与安全健康（适用时）；

㉘ 研究和开发（适用时）。

2. 程序文件

程序文件是质量手册的支持性文件，是质量手册的延伸和注解，详细、明确地阐述管理体系运行中的各项活动程序。它规定了各部门和人员所从事的质量与技术活动的目的、范围、职责及其具体的工作步骤，是对质量管理、质量活动进行控制的依据，是各部门和有关人员从事质量与技术活动必须执行的具体化文件。

3. 作业指导书

作业指导书是对实验室工作具体实施方案、方法和程序等的详细说明或指导性文件，是管理体系中的技术性文件，是程序文件的细化，是技术人员从事具体检测工作的技术指南，规定现场各项质量和技术活动的细节性操作方法和管理制度，如质量控制作业指导书、实验室活动管理规定和管理制度、仪器设备操作与维护规程、非标方法、SOP、检测方法偏离细则、仪器设备期间核查指导书、仪器使用校验规程等。

4. 记录表格

记录表格是管理体系中的证据性文件，是管理体系运行中各项质量、技术活动执行情况的客观反映，具有可追溯性，为管理体系的有效运行提供证据。

二、管理体系文件的分类

1. 按控制范围分

管理体系文件按控制范围可分为受控文件、非受控文件、作废文件。

（1）**受控文件**　指需要按实验室程序文件要求进行控制、更改和跟踪的文件，如内部的实验室编制的管理体系文件（如质量手册、程序文件及作业指导书等）和外部的国家现行有效地相关法规、法令、政策以及行业可直接引用或执行的技术规范、技术标准、规则等文件。受控文件可保存在纸质或非纸质的媒介上，应备份存档，并规定保存期限。

（2）**非受控文件**　指不需要进行控制、更改和跟踪的文件，如外来图书和技术资料等。对非受控文件，实验室不做发布及发放，若有纸质文本，需加盖红色的"非受控"和蓝色的"资料留存"印章，以示该文件不能用于测试，并且该类文件不会被更新。

（3）**作废文件**　已过时失效的文件。

2. 按来源分

管理体系文件按来源可分为内部文件和外部文件。

（1）内部文件　是指实验室内部编制、发布的文件，包括质量手册、程序文件、作业指导书、记录表格等。

（2）外部文件　是指来自实验室外部对实验室质量和技术活动有影响或有关指导性、指令性作用的文件。包括来自实验室认证认可机构的文件；各国政府或组织有关法律、法令、法规文件；实验室上级部门有关指导、指令性文件；国际或国家、行业标准；客户提供的测试方法、资料或图纸；来自有关实验室或组织的非标准方法；客户提供的文件等。

三、管理体系文件的控制

1. 制定文件控制程序

食品快速检测实验室应建立和维持程序来控制管理体系所有文件（内部制定和来自外部的）。实验室制定的文件控制程序应确保以下方面。

① 纳入管理体系的所有文件在发布之前经授权人员审查其充分性并批准。

② 建立易查阅的所有管理体系文件的控制清单，以识别文件当前的修订状态和分发情况。

③ 在使用地点可获得适用文件的相关版本，并在必要时控制其发放。

④ 定期审查文件，必要时进行修订更新，确保其持续适用。

⑤ 失效作废的文件及时撤除，或用其他方法确保不被误用。出于法律或知识保存目的而保留的作废文件，应做适当的标识。

⑥ 所有管理体系文件应有唯一性标识，包括发布日期、版次和（或）修订标识、页码、总页数、文件结束标记和发布机构。

⑦ 建立纸质文件和保存在计算机系统中文件的更改或修改控制程序，明确如何更改并规定适当的标注。

⑧ 文件的变更应由原审查责任人进行审查和批准。被指定人员应获得进行审查和批准所依据的有关背景资料。

⑨ 如果实验室的文件控制制度允许在文件再版前对文件进行手写修改，应确定修改的程序和权限。修改处应有清晰标注、签名缩写和日期。修改的文件应尽快正式发布。

2. 文件管理要求

（1）管理体系文件的编写、审核与批准　质量负责人、技术负责人负责组织或指定人员编制内部管理体系文件，文件的编写应规范化、标准化。各层次体系文件应说明与其相关文件名称，上下层文件要相互衔接，内容要求一致，不能有矛盾。质量负责人制定管理体系文件的格式、编写方法和内容要求，编制文件编号。质量手册和程序文件由质量负责人组织编制，作业指导书、记录表格等技术文件由技术部门组织编制，其他文件由相关职能人员编制。质量负责人、技术负责人负责质量手册、程序文件和相关管理文件的审核、批准。

（2）**管理体系文件的发布和发放** 编制的内部管理体系文件，经授权人员审核后，由最高管理者批准和发布使用。由技术负责人或质量负责人确定发放范围，对管理体系有效运行起重要作用的各个场所，均应做到及时发放到位，确保相应岗位的人员或活动场所都能得到受控文件的有效版本。

若发放的是纸质文档，受控文件发放前，应对文件实施受控标志，并对发放的文件进行登记。发放的受控文件，应对文件的变更、使用情况实施追踪验证、监督检查，发现受控文件无效、作废或者不使用时，应及时实施回收，并进行处理。

若发布的是电子文档，应确保是不可编辑的 PGF、JPG 或其他格式，信息管理员应根据文件和资料发放审批单上的发放范围为相应部门和人员设置登录账号、密码和阅读权限。特殊情况需向上级有关部门、认可机构或客户提供有关文件时，应经最高管理者批准。

（3）**管理体系文件的修订与换版** 为保证管理体系文件持续适用和满足使用要求，应对管理体系文件定期进行审查。技术标准的版本应及时更新，有下列情况之一时，应对实验室制定的管理体系文件进行修订：

① 编制管理体系文件所依据的标准发生变化时；

② 与国家的有关法律法规不相适应时；

③ 实验室的组织机构或职能发生较大变化时；

④ 对管理体系的有效运行产生较大影响时；

⑤ 文件不适用管理体系运行时。

若发现体系文件内容需要修订，不得擅自涂改或增删，由更改人提出申请，文件的更改由原审核和批准人进行审核和批准。修改的或新的内容应在修订页中表明，包括：具体修改的条款或新增的条款、内容、修改日期、审批人等，并对其版本号和修订状态进行调整。管理体系文件经多次更改或进行大幅度修改后应进行换版，原版管理体系文件作废，换发新版本。

（4）**管理体系文件的使用和管理** 实验室应定期检查在用文件是否为受控的有效版本；质管部门按需要发放标准、规程、作业指导书等给检验检测人员，方便其查阅和使用；受控文件不得私自外借或随意复制；当文件破损严重影响使用时，应到质管部门办理更换手续；文件应妥善保管，如遗失，原持有人应提交遗失情况报告，重新办理领用手续，在补发时应给予新的分发号，并注明丢失文件的分发号作废；保存在计算机系统内的检测数据，应及时备份、严格控制，确保其安全完整。

（5）**文件的借阅** 质量体系文件不得借出和转赠他人，非发放范围的人不得外借或复印管理体系文件，特殊情况需报最高管理者，有关人员需要查阅有关文件和记录时，需到质管部门办理借阅手续。

（6）**外部文件的管理** 质量负责人、技术负责人应组织相关人员根据实验室活动的需求，收集和审核对实验室质量和技术活动有影响或有指导性、指令性作用的外来文件。

技术部门人员负责收集国际或国家、行业标准或技术规范；客户提供的测试方法、资料或图纸；来自有关实验室或组织的非标准方法等。

管理部门人员负责收集来自实验室认证认可机构的文件；各国政府或组织有关法律、

法令、法规文件；实验室上级部门有关指导、指令性文件等。

对经审核的外来文件实施受控管理，并跟踪查新，确保文件版本最新、有效。

（7）电子文件的管理　保存在计算机系统内文件或在网络上发放传输文件，电子版的有效文件以只读的方式发布，保存于电子媒介中的文件的更改和控制按纸质文件同等要求管理。实验室质量管理部门应随时对发布使用中的电子版文件进行检查，发现失控时及时发布通知，必要时进行追溯。

第三节　记录管理

食品快速检测实验室应对检验检测过程和质量管理过程产生的记录进行规范填写，确保记录真实、准确、完整、清晰和及时，保证实现检验检测过程和质量活动的可溯源管理，为采取纠正和预防措施提供依据。

一、记录的分类

1. 质量记录

管理体系运行中形成的记录为质量记录，主要包括：质量监督记录、内部审核和管理评审记录、纠正和预防措施记录、投诉处理记录、管理体系文件控制记录、合同评审记录、分包评审记录、客户满意度调查记录、人员培训和考核记录、服务商和供应商评价记录等。

2. 技术记录

检验检测技术运作过程中形成的记录为技术记录，主要包括：方法确认记录、新项目评审记录、检验检测原始记录（包括原始观察记录和导出数据）、实验室能力验证及比对记录、设备使用维护记录、环境监控记录、质量监控记录、检验检测报告等。

二、记录的控制

① 实验室应对记录的标识、存储、保护、备份、归档、检索、保存期和处置实施所需的控制。

② 所有记录应清晰明了并按照易于存取的方式保存，储存设施环境适宜，防止记录的损坏、变质和丢失。所有记录应予以安全保护和保密。与记录档案无关人员不得查阅。在保护客户机密的前提下，记录档案可对外查阅和检索，但需经最高管理者批准，并在文件资料管理员的监督下进行。记录在下列情况下可对外提供：向有关评审部门及人员提供证实材料或向客户提供涉及本身及实验室信息的查询，以提高对实验室检验检测工作质量和质量活动的充分满意和信任。

③ 实验室应明确规定各种质量和技术记录的保存期。保存期应根据检测性质或记录的具体情况来确定，某些情况下依照法律法规要求来确定。超过保存期的记录，经最高管理者批准后由文件资料管理员及时销毁。质量和技术记录保存期一般为 2 年，设备归档档案保存至设备报废后 2 年。

④ 应建立程序来保护以电子形式存储的记录，并制备备份防止未经授权的入侵或修改。

⑤ 技术记录应：

a. 包括足够的信息，以便识别不确定度的影响因素，并能保证该检测在尽可能接近原检测条件的情况下能够复现；

b. 确保在工作时及时记录观察结果、数据和计算结果，并能按照特定任务分类识别，记录时应包括抽样、检测和校核人员的标识；

c. 记录出现错误时，每一错误应划改，将正确值填写在旁边，记录的修改可以追溯到前一个版本或原始观察结果。对记录的所有改动应有改动人的签名（签名章）或签名缩写。对电子存储的记录也应采取同等措施，避免原始数据丢失或改动。

三、记录控制存在的主要问题

1. 质量记录形式化

部分检查记录流于形式，只检查是否完成了质量控制活动，缺少针对人员、设施、方法、检测设备、过程、环境条件等的检查内容，也缺少对检查中发现的不符合及纠正措施的描述。

2. 记录格式不规范

检测活动的原始记录不符合方案或相关规范的要求。快速检测活动方案及相关规范一般在附录中规定了检测活动的原始记录内页格式。

3. 现场设备缺少必要记录

现场的快速检测设备缺少检定或校准记录。

4. 缺少设备核查记录

部分快检室未对仪器设备进行期间核查，而是用检定或校准记录代替核查记录。期间核查是为保持对测量设备检定或校准状态的可信度，在两次检定或校准之间进行的核查，不是测量设备的再检定或校准，因此，快检室应有符合期间核查特点的原始记录。

第四节　应对风险和机遇的措施

风险是指在一定环境下和一定限期内客观存在的、影响实验室目标实现的各种不确定性事件；机遇是指对实验室有正面影响的条件和事件，包括某些突发事件等，机遇可能促使实验室扩展活动范围，赢得新客户，使用新技术和其他方式满足客户需求。

食品快速检测实验室应建立全面的风险和机遇管理措施及内部控制要求，以增强实验室抗风险能力，尽量避免或消除涉及的责任风险，确保管理体系能够实现其预期结果，增强实现实验室目的和目标的机遇，预防或减少实验室活动中的不利影响和可能的失败，实现管理体系持续改进，使实验室管理体系或技术运作、检验检测结果和服务质量都能满足相关法律、法规及客户要求。

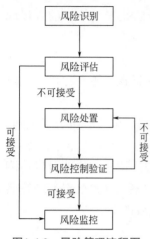

图1-4-3　风险管理流程图

一、风险管理流程

风险管理一般流程如图 1-4-3 所示。

二、风险识别

对于风险的识别需要实验室所有人员参与，根据质量管理要求，对检验检测前、检验检测中、检验检测后和其他方面的风险进行识别。

1.检验检测前

（1）合同评审的风险　如对检验检测适用的法律法规、客户要求的变更造成的风险、检验检测方法不适用于检验检测项目和样品。

（2）样品风险　如检验检测项目和样品信息与服务申请单不符合的风险。

（3）信息保密风险　如在与客户沟通时泄露其他客户检验检测过程中提供的样品、文件及传递过程中的信息。

（4）沟通风险　如未能将客户的检验检测需求有效地传递给相关人员的风险。

（5）其他风险

2.检验检测中

（1）人员风险　如检验检测人员资质或经验不足。

（2）仪器设备风险　如仪器设备未定期校准或核查。

（3）试剂和耗材风险　如使用不合规定的试剂和耗材。

（4）检验检测方法风险　如未识别样品基质对检验检测方法带来的干扰。

（5）作业安全风险　如粉尘、噪声、爆炸等方面的风险。

（6）环境风险

（7）信息保密风险

3.检验检测后

（1）样品储存和处理的风险　如样品损坏、丢失或不完整。

（2）数据结果风险　如追记记录、人为更改、甚至伪造检验检测数据结果。

（3）报告风险　如检验检测报告审核不认真造成数据结果错误，未审核签字。

（4）信息安全和保密风险　如客户信息、报告和数据信息泄露。

4.其他方面

（1）法律风险

（2）安全风险

（3）环境风险

三、风险评估

风险评估是对风险严重程度和发生频率的分析，以此为依据判定风险是否可接受。实验室人员在识别到风险因素后应及时向质量负责人反映，质量负责人根据实际情况组织相关人员对风险进行评估。

1.风险严重程度

风险严重程度用于评价潜在风险可能造成的损害程度。根据对潜在风险的评估量化，潜在风险发生后，对其会导致的各方面的影响以及危害程度的风险严重程度进行区分，风险严重程度可分为非常严重、严重、较严重、一般、轻微五个级别，影响程度越高分值越高。

严重程度判定过程中，当多个因素判定严重的程度不一致时，应遵循从严原则进行判定，即当多个因素中仅其中一个或部分因素其严重度级别更高时，依据严重度级别高的因素作为风险严重度进行判定。

2.风险发生频率

风险发生频率是指潜在风险出现的频率，风险发生频率可分为以下5种情况：经常发生、有时发生、很少发生、偶尔发生、极少发生。

当一个或多个因素在判定过程中其风险发生频率不一致时，应遵循从严原则进行判定，即依据风险发生频率较高的因素作为风险发生频度进行判定，发生概率越大，分值越高。

3.风险指数

风险指数＝严重度＋发生频率，所得分值越大风险越大，必须采取预防措施减小或消除风险。

四、风险应对与处置

1.风险应对方式

实验室风险应对方式包括风险接受、风险降低、风险规避。

（1）风险接受　是指实验室本身承担风险造成的损失。一般适用于那些造成损失较小、重复性较高的风险。当出现以下情况时可采取接受风险的方法：

① 采取风险规避措施所带来的成本远超出潜在风险所造成的损失时；

② 造成的损失较小且重复性较高的风险；

③ 既无有效的风险降低的措施，又无有效的规避风险的方法时。

（2）风险降低　即采取措施降低潜在风险所带来的损坏或损失。当出现以下情况时，可采取风险降低的方法：

① 采取风险规避措施所带来的成本远超出潜在风险所造成的损失时；

② 无法消除风险或暂无有效的规避措施规避风险时。

（3）风险规避　是指通过有计划地变更来消除风险或风险发生的条件，免受风险的影响。风险规避并不意味着完全消除风险，所要规避的是风险可能给实验室造成的损失：

① 降低风险发生的概率，这主要是采取事先控制措施；

② 降低损失程度，这主要包括事先控制、事后补救两个方面。

2.风险的处置

实验室各部门负责人、报告审核人、授权签字人、质量监督员等应及时识别、评估检验检测活动（包括检验检测前、中、后）涉及的责任风险、安全风险和信用风险。一旦发现相关风险及趋势，应立即报告质量负责人和技术负责人及时处理。

① 当涉及相关程序时，按相关程序要求优先对风险进行处置；

② 风险指数较小时，由质量负责人组织相关人员对其进行监控；

③ 风险指数较高时，若没有相关程序对其进行要求的，由质量负责人组织相关人员制订风险控制计划和措施，实验室相关人员予以执行，确保风险消除或减小到可接受范围内，对无法消除的风险仍需进行监控。在制定措施时，应考虑以下方面的内容：

　　a. 制定的措施应是在现有条件下可执行和可落实的；

　　b. 制定的措施应落实到个人，每个人应完成的内容得到明确。

质量负责人、技术负责人批准预防和纠正措施的实施，重大预防和纠正措施报最高管理者审批。

五、风险跟踪和监控

质量负责人、技术负责人组织对措施的执行进度进行跟进，并验证纠正和预防措施的实施效果和有效性。当风险实施监控人员发现风险扩大到不可接受的程度时，应立即向质量负责人报告，并按风险处置的要求对不可接受的风险进行处置。

六、风险和机遇的评审

实验室应策划应对风险和机遇的措施，策划如何在管理体系中整合并实施这些措施及如何评价这些措施的有效性。应对风险和机遇的措施应与其对实验室结果有效性的潜在影响相适应。质量负责人、技术负责人应对组织各部门按制定的周期对风险和机遇进行评审，以验证其有效性。风险和机遇的评审包括以下内容：

① 风险和机遇的识别是否有效且完善；

② 风险应对措施的完成情况和进度；

③ 对检验检测服务的符合性和顾客满意度的潜在影响。

1. 风险和机遇评审的策划

每年初最高管理者组织质量负责人、技术负责人和各部门负责人进行风险和机遇评审，以便对上一年度采取相关措施的有效性进行验证，提出新年度应采取的相应措施。当出现以下情况时，应适当增加风险和机遇的评审次数：

① 与质量管理体系有关的法律、法规、标准及其他要求有变化时；

② 组织机构、检验检测范围、资源配置发生重大调整时；

③ 发生重大检验检测质量或安全事故，或连续发生相关方投诉时；

④ 第三方审核或评审前；

⑤ 其他情况需要时。

2. 风险和机遇评审的实施

（1）**实施前的准备**　在风险和机遇评审会议之前，各部门应整理本部门对风险和机遇分析的资料，包括风险识别、风险评估和风险应对的内容，以及应对风险所采取措施的结果等，并进行汇总分析。

（2）**实施评审**　质量负责人和技术负责人组织各部门对风险和机遇的评审，包括对风险分级、安全计划、安全检查、设施设备要求和管理、危险材料运输、废物处置、应急措施、消防安全、事故报告的管理要求等，并保留评审记录及评审所确定的决议，包括后续的改善机会。风险和机遇的评审应形成包含但不限于以下几方面的内容：

① 风险评估报告；

② 持续改进的机会；

③ 风险分析及改进措施；

④ 根据检验检测活动的风险责任水平，实验室每年初应预留一定的风险储备金，作为承担开展检验检测服务产生的责任风险的赔偿保证金。

第五节　改进

食品快速检测实验室应采取多种措施，建立持续改进管理体系的机制，不断寻求对其改进的机会，确保其持续改进的有效性。改进对于实验室保持当前的能力水平，对其内、外部条件的变化做出反应并创造新的机会，都是非常必要的。

一、改进的内容

实验室改进的主要内容包括改进检验检测报告的质量、持续改进管理体系的有效性和效率等，以满足顾客和市场的需求。管理体系的持续改进的方式主要包括：

① 通过对质量方针和目标的评审，改进质量方针、目标；

② 对内部审核发现问题制定纠正措施、预防措施，有效整改，避免不符合再次发生；

③ 对外部审核发现问题制定纠正措施、预防措施，实施改进，提高体系运行质量；

④ 在管理评审中对体系的适宜性、充分性、有效性进行评价，制定和实施改进的决定；

⑤ 对客户意见的评审分析，做出改进工作的决定。

二、改进的实施与评价

1. 识别改进机遇，提出持续改进项目

实验室通过评审操作程序、实施方针、总体目标、审核结果、纠正措施、管理评审、人员建议、风险评估、数据分析和能力验证结果来识别改进机遇，积极寻找体系持续改进的机会，确定需要改进的方面（如检测方法更新、检测过程优化、资源配置及环境的改善等），质量负责人组织实验室各部门进行策划，提出持续改进项目。

2. 持续改进项目的审批

实验室各部门提出的持续改进项目，提出的改进内容和措施，由质量负责人或技术负责人研究可行性后由实验室主管批准，并组织实施。

3. 项目实施效果的评价

质量负责人负责组织相关人员对检验检测记录和检验检测报告进行抽查，审核数据结果的准确性，对质量监控活动的结果进行分析评价，对改进项目实施效果进行验证，确保各项改进措施切实发挥应有的作用。经验证取得实际效果的改进项目由实验室主管组织推广应用；经验证实施效果不理想的改进项目，重新制定改进措施，实施后再次进行评价。

4. 客户满意度调查

实验室应每半年向客户征求一次改进反馈，并记录在客户满意度调查表中。应分析和利用这些反馈（无论是正面的还是负面的），以改进管理体系、实验室活动和客户服务。

实验室实施改进一般流程见图 1-4-4，改进措施实施记录表见表 1-4-1。

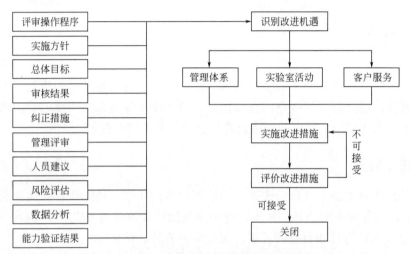

图1-4-4 实验室实施改进一般流程

表1-4-1 实验室改进措施实施记录表

改进项目的部门			立项日期	
改进项目的名称				
改进项目的来源				
项目现状描述				
改进期望达到的目标				
改进采取的措施			改进措施实施时间	
制定人		日期	责任人	日期
改进效果的确认：				
			实验室主管： 日期：	

案例：识别快检实验室和快检车潜在的安全风险并提出预防改进措施

1. 快检实验室的安全风险识别

（1）电气火灾：实验室电路和电器务必要由专业电工来安装，使用的电器元件要符合国家标准，定期维护保养。

（2）爆炸：遵循实验室安全管理要求，严格按操作规程步骤进行操作。剩余的化学品不得随意存放，禁止随意倒入垃圾桶，应征求实验管理人员意见后再处理。保持通风。

（3）中毒、灼伤：做实验时应采取佩戴护目镜、手套等必要的防护措施，防止皮肤直接接触化学试剂，应在通风橱中使用刺激性化学品，严格管控剧毒化学品。

（4）漏水、漏电：定期对用水设施、电器电路进行隐患排查，发现问题及时上报；提高人员用水用电意识，离开实验室应确保关闭水龙头等用水设施，禁止湿手触摸用电器。

2. 快检车的安全风险识别

（1）交通事故：定期对车辆进行维护保养，防止车辆自身零部件老化、损坏；加强驾驶员的安全驾驶培训，提高安全驾驶意识。

（2）中毒：快检车内应避免长时间存放易燃易爆化学品；存放化学品时，应尽量避免日晒、高温等环境。

（3）漏电：定期对车内检验设施、电器电路进行隐患排查，发现问题及时上报；加强设施设备的维护保养，防止因电器老化出现漏电等问题。

第六节　纠正措施

纠正措施是为消除不符合工作的原因并防止再发生所采取的措施。食品快速检测实验室应制定制度和程序并规定相应的权力，以便在识别出不符合、偏离管理体系或技术运作的制度和程序时实施纠正措施。

一、原因分析

当发现不符合时，实验室可通过评审和分析不符合，确定是否存在或可能发生类似的不符合等活动来评价是否需要采取措施，以消除产生不符合的原因，避免其再次发生或者在其他场合发生。如需采取措施，质量负责人或技术负责人组织相关部门进行问题原因分析，从调查、确定问题的根本原因入手，并对所有潜在的原因进行仔细分析，进而找出产生问题的根本原因，潜在原因可能包括客户要求、样品及规格、方法和程序、人员技术和培训、易耗品、设备及校准等。

二、纠正措施的选择和实施

① 内部审核中发现的不符合项由内审小组提出纠正措施要求，发生不符合项的责任

部门针对问题的根本原因提出纠正措施。

　　② 平时工作中出现的不符合项由质量监督员或质量管理部门提出纠正要求，责任部门可即时纠正，并记录在日常监督记录表上；不能即时纠正的，由责任部门制定纠正措施及整改时间。

　　③ 涉及偏离管理体系的情况时，由质量管理部门组织制订纠正措施计划，经质量负责人审核；涉及技术方面问题时，由相关技术部门制订纠正措施计划，经技术负责人审核。制订纠正措施计划时应考虑：

　　a. 问题的严重程度；

　　b. 对质量体系其他要素或其他部门的影响；

　　c. 采取措施所需的资源和时间；

　　d. 能从根本上消除产生问题的原因，解决问题并防止同类问题的再次发生；

　　e. 如何验证纠正措施的有效性；

　　f. 如何确定进行附加审核的必要性；

　　g. 对于有效的纠正措施要立即执行并修改体系文件。

　　④ 当发现影响检验检测结果准确性的不符合检测工作时，检验检测报告已发出的，通知客户销毁或收回已发出的不符合要求的报告，并重新发出报告。

　　实验室各相关部门根据纠正措施计划负责纠正措施的实施，采取纠正措施时，应确定将要采取的纠正活动，并选择和实施最能消除问题和防止问题再次发生的措施。纠正措施应切实有效、经济合理，纠正措施的力度应与问题的严重性和风险程度相适应。如采取的纠正措施导致操作程序需要改动时，应将这些改动形成文件并通知有关人员执行。

三、纠正措施的监控

　　在采取纠正措施的过程中，实验室应对纠正措施的结果进行监控或对有关的区域进行专门审核来评估措施的有效性。

　　① 内部审核中发现的不符合项整改，由内审员负责纠正效果的跟踪、验证。

　　② 平时工作中出现的不符合项的整改，属轻微不符合项的由质量监督员跟踪、验证并做好记录；属严重不符合项的，在纠正措施完成一个月内，质量管理部门要组织对所采取的纠正措施进行验证。

　　③ 如果经评估认为纠正措施无效，则需要再次采取纠正措施；必要时，由质量管理部门组织对实施的纠正措施进行评价，评价内容主要考虑预防不符合工作再度发生的有效性、适宜性和持续性。质量负责人给出评价意见，交最高管理者审批。

　　④ 如果发现的不符合或偏离导致对实验室与其本身的方针和程序的符合性产生怀疑时，或对实验室与标准的符合程度产生怀疑时，质量负责人应尽快对有关活动区域的全部工作实施附加审核。纠正措施的结果应提交实验室管理评审，并实施管理体系的必要改进。

　　实验室应保存每次纠正措施实施过程中的有关记录，作为不符合的性质、产生原因和后续所采取的措施及纠正措施的结果的证据。

第七节 内部审核

　　管理体系的内部审核是指依据体系文件及审核准则，对实验室各项质量活动的符合性及有效性进行客观的、系统的、独立的评价并形成文件的过程。内部审核对实验室质量体系的持续改进具有重要作用，食品快速检测实验室应建立和保持管理体系内部审核的程序，定期开展内部审核。

一、内部审核的目的

　　内部审核，有时称第一方审核，由实验室自己或以实验室的名义进行，用于管理评审和其他内部目的，例如确认管理体系的有效性或获得用于改进管理体系的信息，也可作为实验室自我合格声明的基础。

二、内部审核的周期

　　内部审核通常每年一次。有重大事件发生，如管理体系相关的法律法规或标准发生改变、管理体系发生大幅度变更、发生重大的事故、委托方有严重投诉时，应随时开展内审。

三、内部审核的实施与跟踪

　　内部审核的一般流程为：

1. 制订内部审核年度计划

　　制订内部审核年度计划，指实验室质量负责人负责编制年度内部审核计划，即《内部审核年度计划》，并以文件形式下发，审核应在12个月内覆盖所有部门和管理体系的全部要素，并重点审核对检验结果的质量保证有影响的区域。

2. 内审前的准备

　　（1）成立内部审核小组　质量负责人根据审核的部门和内容，任命内审小组组长及内审员，成立审核组。内审小组由2人以上组成，内审员必须经过专门培训并取得内审员资格，只要资源允许，审核人员应独立于所审核的活动，审核应客观公正。

　　（2）制订内部审核实施计划　质管部门负责制订《内部审核实施计划》，并形成文件，经最高管理者批准后执行。内审实施计划的内容主要包括：内部审核的目的、范围、审核依据、审核组成员及分工情况、审核日期和地点、受审部门、首次会议和末次会议的安排、各主要质量审核活动的时间安排、完成审核报告日期等。

　　（3）编制内部审核检查表　根据内部审核实施计划分工，内审员应编制《内部审核检查表》（见表1-4-2），主要内容包括：计划审核的体系要素（条款）、审核的内容和采用的方式、受审部门/岗位、审核记录及审核结论等。

　　一般于审核前7~10天，质管部门负责将审核员名单、时间安排等通知受审核部门，受审部门负责人应了解内部审核实施计划，根据《内部审核检查表》准备相关材料。

表1-4-2　内部审核检查表

要素条款	审核内容	审核方式	受审部门/岗位	审核记录	审核结论

内审员：　　　　　　　　　　　　　　　　　　审核日期：

3. 内审的实施

（1）召开首次会议　内审组长召集首次会议，审核组全体成员、最高管理者（必要时）、受审核部门代表及主要工作人员参加，会议主要内容包括：人员介绍、申明审核目的和范围、审核计划确认、介绍审核原则、采用的方法和程序以及其他需要说明或澄清的有关问题。

（2）现场审核　内审员根据《内部审核检查表》中具体内容，通过与受审方人员面谈、查阅文件记录、现场观察和核对、对实际活动和结果的验证等方式进行审核。审核员还应检查上一次的内审报告记录，查阅不符合项，必要时进行调查。审核员在提问、验证、观察过程中，应做好现场记录，并根据现场审核得到的审核结果编写《不符合工作处理报告》。

审核组组长负责整理、汇总审核结果，将在末次会议上交给被审核方代表。

（3）末次会议　由审核组全体成员、受审核方和有关职能部门负责人员参加，审核组将审核结果的书面报告交给被审核方代表，就审核结果交换意见，达成共识，并围绕审核中发现的不符合项提出纠正措施及要求。

4. 内审报告

审核结束，由审核组组长撰写《内部审核报告》，内容主要包括：

① 内审的目的、范围、依据；

② 内审组成员及受审方代表名单；

③ 内审日期及计划具体实施情况；

④ 不合格项目的数量、分布情况、严重程度；

⑤ 存在的主要问题；

⑥ 体系的有效性、符合性结论等。

如审核中发现的问题导致对体系运作有效性或对实验室检测结果的正确性产生怀疑时，实验室应及时采取纠正措施，并尽快组织实施。如果调查表明实验室结果可能已受影响时，应书面通知客户。

5. 跟踪审核

跟踪审核是为了验证和记录纠正措施的实施情况和有效性所进行的审核，以确定是否按计划采取了纠正措施、纠正措施是否有效、类似的不符合项是否会再次发生。跟踪审核一般由原审核组成员组成，通过采用文件审核、跟踪访问、跟踪审核等方式，记录对不符合项的验证结果，若发现遗留问题，提出纠正措施建议，向审核组组长报告跟踪审核结果，完成跟踪审核报告。

实验室应确保将内部审核结果报告给相关管理层，作为管理评审输入的内容之一；应保存内部审核的记录，作为实施审核方案和审核结果的证据。

案例分析

某食品快速检测实验室在××年××月××日的内审中，内审员通过查阅文件记录的方式对体系要素"技术记录"进行审核时，发现××年××月××日编号为××××的动物源性食品中喹诺酮类物质的快速检测——胶体金免疫层析法的检测原始记录中未包含所使用的关键检测设备信息。

内审小组根据不符合工作情况，提出纠正措施要求，技术负责人组织检测室针对问题的根本原因进行了分析，并提出了纠正措施，最后形成《不符合工作处理报告》（表1-4-3）。

表1-4-3　不符合工作处理报告

来源	□ 客户意见　□ 质量控制　□ 仪器校准　□ 采购的验收　□ 人员监督 □ 数据和报告审核　□ 管理评审　☑ 内部审核　□ 外部评审　□ 其他
描述及原因分析 不符合工作	事实描述：内审员查阅原始记录时发现××年××月××日编号为××××的动物源性食品中喹诺酮类物质的快速检测　胶体金免疫层析法的检测原始记录中未包含所使用的关键检测设备信息。该原始记录缺少必要的量值溯源信息，不符合《记录管理程序》的规定。 原因分析： （1）设计的动物源性食品中喹诺酮类物质的快速检测　胶体金免疫层析法的检测原始记录缺少了关键检测设备信息，导致检验检测人员在检测过程中未填写该信息内容。 （2）检验人员对《记录管理程序》要求不熟悉。 责任者确认/日期：　　　　部门主管/日期：
可接受性评价 严重性评价	类型性评价：□ 体系性不符合项　☑ 实施性不符合项　□ 效果性不符合项 严重性评价：☑ 一般不符合项　　　□ 严重不符合项 不符合工作的可接受性评价：☑ 可接受 　　　　　　　　　　　□ 不可接受，原因： 是否需要暂停工作：☑ 否 　　　　　　　　□ 是，理由： 　　　　　　　　　　　　　　部门经理/日期：
纠正及纠正措施	□ 立即纠正： ☑ 执行纠正措施： （1）对照《记录管理程序》要求，申请修改动物源性食品中喹诺酮类物质的快速检测　胶体金免疫层析法的检测原始记录，增加关键检测设备等信息；同时检查其他原始记录，如有类似问题一并整改。 （2）对检验人员进行《记录管理程序》及修订后的原始记录培训。 完成期限：××年××月××日前完成。 　　　　　　　　　　　　　　部门经理/日期：

续表

完成情况纠正及纠正措施	于××年××月××日前完成动物源性食品中喹诺酮类物质的快速检测——胶体金免疫层析法的检测原始记录的修订工作，增加关键检测设备等信息；同时检查了其他原始记录，未发现类似问题。××年××月××日对检验人员进行了《记录管理程序》及修订后的原始记录的培训，经考核，培训有效。<div style="text-align:right">部门经理 / 日期：</div>
跟踪验证	☑ 整改有效，不符合项可以关闭。 □ 整改达不到预期效果，重新整改。理由：<div style="text-align:right">部门经理 / 日期：</div>
工作恢复	☑ 纠正后恢复，恢复日期： □ 纠正措施验证有效后恢复，恢复日期：<div style="text-align:right">质量 / 技术负责人 / 日期：</div>

第八节　管理评审

　　管理评审是指实验室管理层按照策划的时间间隔对实验室管理体系进行的评审，目的是确保管理体系持续的适宜性、充分性和有效性，不断改进和完善管理体系，确保质量方针和目标的实现，并满足客户的要求。

一、管理评审的周期

　　管理评审通常 12 个月一次，在内部审核后进行。但遇到以下情况时应增加管理评审次数：

　　① 外部环境发生重大变化时；

　　② 实验室内部组织机构发生较大变动时；

　　③ 实验室发生重大事故时；

　　④ 质量体系不能有效运行时；

　　⑤ 随着新技术、质量活动和社会要求或环境的变化，实验室为适用新形势调整质量目标和方针，修改质量手册和程序文件，完善质量体系时；

　　⑥ 法律、法规、认可标准发生重大修改时。

二、管理评审的实施

　　管理评审的一般流程为：

制订管理评审计划 → 管理评审的准备 → 召开管理评审会议 → 形成管理评审报告 → 管理体系的调整与改进

1. 管理评审计划

由质量负责人根据实验室质量现状制订管理评审计划。管理评审计划应包括以下内容：

① 管理评审的目的、范围；

② 管理评审的时间和步骤；

③ 参加管理评审的人员；

④ 参加管理评审人员在评审前需做的准备工作；

⑤ 管理评审需要输入的材料。应包括：与实验室相关的内外部因素的变化；目标实现；政策和程序的适宜性；以往管理评审所采取措施的情况；近期内部审核的结果；纠正措施；由外部机构进行的评审；工作量和工作类型的变化或实验室活动范围的变化；客户和人员的反馈；投诉；实施改进的有效性；资源的充分性；风险识别的结果；保证结果有效性的输出；其他相关因素，如监控活动和培训等。

2. 管理评审的准备

管理评审计划经实验室最高管理者批准后，质管部门在管理评审前 15 天下达至参加者，参加管理评审的人员主要有：最高管理者、技术负责人、质量负责人、各部门负责人、最高管理者指定的有关人员。参与人员根据分工，准备并提供与本部门有关的评审所需要的资料。质管部门负责收集、整理评审所需资料，由质量负责人在管理评审会议前汇总并作为管理评审的输入材料上报给最高管理者。

3. 管理评审会议

最高管理者主持管理评审会议，质管部门负责会议的常务工作和记录。管理评审会议的主要内容包括以下几点。

① 明确管理体系的现状：通过对快检实验室检验检测质量情况、质量方针的目标的实现情况、合同执行和客户满意情况等进行综合分析，对质量方针、目标的管理体系的总体效果作出评价，并对管理体系的现状作出描述。

② 分析管理体系的有效性：根据内部审核和纠正、预防措施的实施情况和效果，根据质量活动和检样检测活动与文件化管理体系的符合情况，对体系运行的有效性作出评价。

③ 分析管理体系的适宜性：根据实验室内、外部环境的变化（如实验室组织机构、工作任务、资源的变化、客户和社会要求的变化等）以及实验室发展战略对管理体系的持续适应性作出评价，并对文件化管理体系进行调整、补充和修改。

④ 对重要的纠正和预防措施还要在管理评审会议上进行审核，审核前期对管理体系的修改是否恰当，并批准修改和补充的文件。

4. 管理评审报告

每次管理评审都要形成《管理评审报告》。《管理评审报告》的主要内容应包括管理评审的目的、范围、依据、日期、参加人员、评审概况、评审输入、评审输出、主要问题及纠正或改进措施的要求。其中，管理评审的输出要包括：

① 管理体系及其过程的有效性；

② 实验室相关活动的改进；

③ 提供所需的资源；

④ 所需的变更等。

质量负责人负责编制并审核《管理评审报告》，经最高管理者批准后发布。

5. 管理体系的调整和改进

管理评审会议决定的纠正和预防措施由质管部门按相关程序规定负责组织实施，并确保这些措施在适当和约定的时限内得到实施；会议的决定由质量负责人负责纳入第二年质量和技术活动计划，包括下年度的目的、目标；管理体系文件的补充和修改由质管部门组织文件原起草人或授权修改人进行补充和修改；实验室资源的调整、补充和机构职能的调整、改善，由最高管理者负责落实。

参考文献

[1]　GB/T 27404—2008. 中华人民共和国国家标准 实验室质量控制规范 食品理化检测.

[2]　GB/T 27025—2019. 中华人民共和国国家标准 检测和校准实验室能力的通用要求.

[3]　GB/T 19000—2016. 中华人民共和国国家标准 质量管理体系 基础和术语.

[4]　RB/T 214—2017. 中华人民共和国认证认可行业标准 检验检测机构资质认定能力评价 检验检测机构通用要求.

[5]　RB/T 215—2017. 中华人民共和国认证认可行业标准 检验检测机构资质认定能力评价 食品检验机构要求.

[6]　CNAS—GL008：2018. 中国合格评定国家认可委员会. 实验室认可评审不符合项分级指南.

[7]　中华人民共和国食品药品监管总局　中国国家认证认可监督管理委员会. 食品检验机构资质认定条件【食药监科〔2016〕106号】.

第二篇

食品快速检测典型工作任务

学习任务一

项目成本测算及项目筹备工作

 情景描述

根据项目要求，10个农贸市场年检测量不少于3.6万批次。方案要求每月蔬菜、水产品、禽畜肉比例约为7∶2∶1，每批次样品检测1个项目。每个工作日需全覆盖抽检10个市场。请根据要求，对项目成本进行测算，做好项目开展前筹备工作。

 工作要求

1. 确保一定利润的情况下测算项目总体成本。
2. 合理分配检测资源，包括人、机、料、法、环。

 技能目标

1. 能根据项目需求，对检测资源进行有效、合理配置。
2. 能根据项目需求，制定有效、合理的项目预算方案。

 任务实施

一、项目成本测算

项目成本实际测算过程包括以下几个方面。

1. 快检试剂的成本单价、车辆成本单价、人力成本单价、设备成本单价等

假设蔬菜、水产品、禽畜肉每批次样品单个检测项目的试剂成本分别为20元、50元、50元，车辆成本为1万元/月，人力成本为0.6万元/（人·月），每台（套）设备0.6万元。按照6%税费，10%管理费，10%利润要求，测算该项目成本。

2. 测算人员总费用

一般需求3组跑线人员，每组2人；审核人员1人；共计7人。每年工作时间12个月，每月工作22天，共3组检测人员，那么，平均每组检测人员每天的检测量大概是36000÷12÷22÷3≈46批次。每人每个月工资0.6万元，7个人，12个月，一年人员总费用0.6×7×12=50.4万元。

3. 测算样本总费用

根据抽检的样品总批次和比例分配，分别计算出全年需要抽检多少批次蔬菜、水产

品和禽畜肉，然后根据每批次样品的抽样费用，去核算总体抽样费。

购买 1 批次蔬菜约 2 元，1 批次水产约 8 元，1 批次畜禽肉约 5 元。样本总费用 36000×0.7×2+36000×0.2×8+36000×0.1×5=12.6 万元。

4. 测算试剂和耗材费用

根据批次和样品组成比例，区分开农药残留项次 36000×0.7×20 元，兽药残留项次 36000×0.3×50 元，按各自的单价去计算总的试剂和耗材费用。

5. 测算设备总费用

每组人员配置 1 台（套）设备，需要 3 台（套），设备总费用共 0.6 万元 ×3=1.8 万元。

6. 测算车辆费用

根据任务需求，需配置多少台车辆备用，按每个月车辆租赁和使用费用计算全年费用。全年总车辆费用共 1 万元 ×12=12 万元。

7. 测算交通费用

根据市场与市场之间的距离测算每组人员每天的交通成本。3 组人 1 天 100 元，每月 2200 元，全年总交通费用 2.64 万元。

8. 税费、管理费、利润

项目总消耗成本的 6% 是税费，项目总消耗成本的 10% 是管理费，项目总消耗成本的 10% 是利润要求。

项目成本测算样表见表 2-1-1，成本测算例表见表 2-1-2。

表 2-1-1 项目总消耗成本测算样表

支出项目	单价/元	数量	合计/元
人员		3×2+1（跑线人员＋数据审核人员）	
车辆		1 辆备用	
试剂和耗材		根据检测项次和平均每批次的均价	
设备		根据人员分组配置	
样本费用		根据均价测算	
交通费用		市场与市场之间的交通费用	
合　　计			

表 2-1-2 项目成本测算例表

支出项目	单价/（万元/年）	数量	合计/万元
人员	0.6×12=7.2	7	50.4
车辆	1×12=12	1	12
试剂和耗材	36000×0.7×20+36000×0.3×50=104.4 万元		104.4
设备	0.6	3	1.8
样本费用	36000×0.7×2+36000×0.2×8+36000×0.1×5=12.6 万元		12.6
交通费用	3 组人 1 天 100 元，每月 2200 元，全年 2.64 万元		2.64
税费、管理费、利润	6% 税费，10% 管理费，10% 利润		183.84×0.26=47.80
合　　计			231.64

二、项目筹备工作

　　项目筹备工作主要是对检测相关资源进行筹备，如人员、车辆、试剂和耗材、设备、样本费用、抽检市场信息、抽检路线等，配置原则可以参考表 2-1-3。

表2-1-3　项目筹备检测资源配置表

检测资源	资源的配置原则
人员	项目负责人做好招标需求的准备工作，例如招标方案的编制；做好合同评审工作，确定最终合同并按合同要求准备工作方案；提前筹备人员（做好岗前培训）；根据人员的工作能力特点安排适当的岗位；根据人员的居住地点安排市场分配
车辆	根据任务方需求，提前租赁并改装好车辆
试剂和耗材	提前采购试剂和耗材，并验收好
设备	提前采购检测设备，并按要求检定或校准好
样本费用	提前准备好抽样备用金（走相应的流程）
其他准备工作	提前登记各个市场档口信息，设计抽检路线等

抽检工作方案的设计

情景描述

某区需要完成 52 个农贸市场（含 6 家综合性批发市场）的蔬菜和水产品的快速检测任务，项目金额 1000 万，总批次不少于 23.04 万批次；每个零售市场每个月不少于 300 批次，其中水产品每个月每个市场不少于 20 批次；每个综合性批发市场每月不少于 900 批次，其中水产每个月不少于 80 批次。所有市场每个月蔬菜的胶体金法检测批次不少于蔬菜检测总批次的 50%，每个工作日全覆盖所有市场，计划 1 年完成所有的抽检任务。请根据任务要求，设计抽检方案。

工作要求

1. 满足任务方的合同和招标需求。
2. 发挥出快检的作用：控风险、稳民心、威震慑。

技能目标

1. 根据业务要求，能依据标准规范设计合理的抽样工作方案。
2. 能指导培训人员制定抽样方案。

任务实施

一、抽检方案的设计依据

实施方案是指对某项工作，从目标要求、工作内容、方式方法及工作步骤等做出全面、具体而又明确安排的计划类文件。

抽检方案的设计依据主要包括：

① 合同文件；

② 客户的具体需求；

③ 快检相关规范要求和标准要求；

④ 其他相关的管理要求。

二、抽检方案的关键要素

抽检方案的关键要素，即抽检工作内容，应包含抽检对象、抽样环节分配、抽样方

式及数量、时间要求、定点市场抽检要求、宣传工作要求、运营管理要求、快检结果的
后处理等。

示例：

某区2020年食用农产品快速检测项目运营工作方案

根据《2021年全省2000家农贸市场食用农产品快速检测工作方案》的要求，贯
彻落实食品安全战略，打造市民满意的食品安全城市，我区对部分综合性批发市场、
零售市场开展食用农产品质量安全快速筛查检测工作，工作方案如下。

一、监测对象

辖区内6家综合性批发市场、46家零售市场。

二、抽样环节分配

抽检以广覆盖为原则，需满足：

①零售市场，每日覆盖档口数不少于2个；

②综合性批发市场，每日覆盖档口数不少于8个。

三、抽样方式及数量

1. 取样方式

在受检单位的货架、蔬菜档位、水产档位、蔬菜生产基地等地点按不同检测项目
的要求进行随机抽样，随机购买新鲜的、状态完好的在售食用农产品。

2. 抽样数量

散装样品：采集不同的部位的样品，集中在一起并混合后，组成样品，样品量应
满足检测需求。

四、时间要求

承检单位自签订合同之日起一年内（以合同签订日计）完成抽检项目，并将项目
成果交付给任务方验收。

五、定点市场抽检要求

52家市场每周至少抽检5天。周末开展不定期抽检，每6周覆盖52个市场。抽
检品种、抽样数量、检测项目见表2-2-1。

表2-2-1　52家定点市场抽检品种、抽样数量、检测项目

品种		检测项目	快检方法	每月任务抽检量 /（批/月）		全年任务抽检总量 /（批次/年）
				零售市场	综合性批发市场	52个市场
种植业产品	蔬菜	农药残留	分光光度法	140	410	106800
		氟虫腈等农药残留	胶体金法	140	410	106800
水产品	鱼类、虾类和贝类	氯霉素	胶体金法	6	30	5472
	鱼类、虾类	呋喃西林代谢物或呋喃唑酮代谢物	胶体金法	8	30	6576
	鱼类	孔雀石绿	胶体金法	6	20	4752
合计				300	900	230400

六、宣传工作要求

科普宣传以提高市民对食品安全工作的知晓度、参与度和满意度为目的。宣传活动的内容包含"你点我检""食品安全进市场"等内容，全年开展科普宣传的频次不少于 1 次 / 月。每完成一场食品安全科普宣传活动后立即撰写活动相关的美篇或推文，供稿至任务方。

七、运营管理要求

1. 人员

承检单位必须至少派出 42 名具备快检技术资质的抽检人员开展相应快检工作，承检单位必须定期对派出抽检人员进行快检操作培训，确保抽检人员能力与从事的抽检工作匹配。

2. 仪器

承检单位必须配备抽检工作所需的仪器设备，应满足蔬菜和水产品的快速检测任务。

3. 试剂

承检单位必须使用经过评价且符合要求的快检试剂产品。

4. 项目涉及快检规范及标准

《食品安全抽样检验管理办法》（2019 年 8 月 8 日国家市场监督管理总局令第 15 号公布），《食用农产品抽样检验和核查处置规定》（2020 年 11 月 30 日国家市场监督管理总局发布）等。

八、快检结果的后处理

1. 检测结果确认与后续处理——最基本要求

如快速筛查检测结果为阴性，将快检抽样检测单交受检单位签字确认后，快速筛查检测工作结束。

如快速筛查检测结果为阳性，填写《快检阳性结果告知书》，将告知书交受检单位选择处理方式，处理方式包括以下两种。

① 同意快速筛查检测结果。受检单位同意快速筛查检测结果，自愿销毁本批次样品，快检人员对销毁过程进行视频录像或拍照并存档，同时将《快检阳性结果告知书》及《快检阳性销毁记录表》交经营者签字确认。

② 不同意快速筛查检测结果。受检单位不同意快速筛查检测结果，承检单位报告监管部门开展监督抽检，监管部门根据检验结果依法处理。检验期间，执法人员责令经营者暂停销售快检结果阳性的食用农产品。

2. 开展跟踪式快检——较高级的个性化要求

对 52 家定点市场快检发现阳性的，承检单位需在接下来的连续 3 天之内对快检结果呈阳性的食用农产品经营者经营的不同进货日期同一品种的产品进行再次快检，没有同一品种的可选择其他高风险品种。对再次快检结果呈阳性的食用农产品，承检单位及时将阳性样品信息通报给监管部门开展后处理。

3. 结果公示

原则上应在每天上午 10 点前完成快检。快检人员在现场督促市场开办者在人流密集的市场入口等显著位置，通过公示栏或电子屏幕等及时公示当天食用农产品快检结果，引导群众消费。

4.结果汇总与报送

及时将食用农产品快检信息上传快检信息系统，并每天按时报送任务方，每月按时出具月度分析报告。

本方案未尽事宜，由双方协商解决。

承检单位：　　　　　　　　　　　　　　审核单位：

承检单位代表签字：　　　　　　　　　　审核单位代表签字：

培训计划的制订及培训实施案例

 情景描述

某街道因监管需要须成立快速快检室，任务开始前，需制订快检室年度培训计划，以及对检测人员进行岗前培训指导。

请根据上述工作描述，制订年度培训计划及实施岗前培训。

 工作要求

1. 年度培训计划应尽可能覆盖快检实操理论知识、内部质量控制、实验室安全等方面。

2. 项目负责人需结合日常检测工作实际情况，从人、机、料、法、环五个方面识别快速检测过程中（包括抽样—检测—结果判读—销毁全过程）的关键控制点，并对项目组人员培训相应内容。

3. 岗前培训还需要包含对工作方案要求的培训。

 技能目标

1. 能从人、机、料、法、环五个方面，对项目组人员进行培训。
2. 能根据项目需求，制订年度培训计划。

 任务实施

一、制订年度培训计划

快检工作年度培训计划应尽可能覆盖快检实操理论知识、内部质量控制、实验室安全等方面，可以对食品检测法律法规、各项管理制度、项目方案、检测技术、检测标准和方法、安全、应急、礼仪等方面进行培训。年度培训计划表如表2-3-1所示。

表2-3-1　某快检室年度培训计划表

序号	培训课程名称	培训对象	参训人数	培训时长	培训日期（月份）	培训讲师	培训地点	备注
1	急救培训	快检部全体员工	130	8h	待定	待定	待定	含急救实操

续表

序号	培训课程名称	培训对象	参训人数	培训时长	培训日期（月份）	培训讲师	培训地点	备注
2	消防安全培训	快检部全体员工	130	3h	1	张××	待定	
3	农药残留快速检测技术培训	快检部全体员工	130	3h	2	李××	待定	
4	兽药残留快速检测技术培训	快检部全体员工	130	3h	3	待定	待定	
5	信息化系统培训	快检部全体员工	130	3h	4	待定	待定	数据管理、核查
6	实验样品管理培训	快检部全体员工	130	3h	5	待定	待定	留样、送样要求

二、岗前培训的要点

岗前培训应对抽检实施方案、抽样前准备工作、抽样过程、检测过程、数据保存与控制等要点进行培训。

抽检实施方案需重点对检测品种和检测项目要求、抽检计划、人员安排等要点进行培训。

抽样前准备工作应对试剂和耗材、仪器设备、车辆的领用及使用要求等方面的注意事项进行培训。

抽样过程应对如下关键控制点进行培训：一是表明来意；二是核对受检方证件，查看进货凭证；三是抽样的代表性和随机性；四是抽样数量；五是支付购样费；六是记录抽检信息，受检单位确认。

检测过程应对如下关键控制点进行培训：一是制样的均匀性；二是称样量；三是离心效果；四是定容（复容）体积；五是结果判读时间；六是是否防止交叉污染，样品编号是否一一对应；七是检测信息的准确记录，受检单位确认。

数据保存与控制培训要求如下：一是保证数据的可追溯性；二是实现检测数据的自动读取，保证数据的一致性；三是按要求归档抽样和检测信息记录表；四是做好快检数据保密工作。

三、岗前培训的实施步骤

1. 制作培训材料

根据培训要点内容进行制作。如制作抽检工作培训资料，应根据抽检工作全过程的关键控制点编制，培训材料应包含以下关键控制点。

（1）抽样过程 抽样人员资质、抽样过程着装是否规范且佩戴工作证、是否表明来意，是否做好抽样记录，抽样数量是否满足检测需求、是否对所购样品买单，是否有控制样品交叉污染的有效措施。

（2）检测过程 检测人员资质、检测过程是否按照说明书进行操作、检测所使用耗材是否做好出入库台账，检测使用的仪器是否在计量有效期内且做好使用维护记录，检测过程有无做过程质控以及避免样品交叉污染的有效措施。

（3）结果判读过程　熟悉胶体金法的结果判读类型，能够对检测结果进行准确判读，并能识别无效卡。

（4）阳性样品后处理　如何与商户进行沟通销毁阳性样品，销毁过程有无保留证据并存档。

（5）检测结果的公示与报送　是否在规定时间内完成检测结果并公示，是否按任务方要求按时报送检测结果，对于有特殊要求的检测情况是否按要求汇报。

2. 考核

进行"理论＋实操"考核。

四、对快检过程中的关键控制点的培训

1. 识别培训的要点

从人、机、料、法、环五个方面识别快速检测过程（包括抽样—检测—结果判读—销毁全过程）中的关键控制点，对检测人员进行培训指导。

2. 培训内容——抽样环节

抽样过程：抽样人员资质、抽样过程着装是否规范且佩戴工作证、是否表明来意，是否做好抽样记录，抽样数量是否满足检测需求、是否对所购样品买单，是否有控制样品交叉污染的有效措施。

3. 培训内容——前处理过程

① 如培训制样，需培训场地要求、不同样品的处理方法的不同要求、如何避免交叉污染、如何避免基质干扰。

② 如培训样品提取、浓缩、复溶和净化等前处理步骤，培训如下：

a. 加入提取剂之后，需要按操作说明书要求盖紧样品盖，充分振荡提取。

b. 对于含有辛辣物质或者色素含量很高的蔬菜样品，振荡提取时间不能过长、转速不宜过快，振荡时间在 2min 以内、振荡转速在 200r/min 左右为宜，降低提取液中辛辣物质或蔬菜色素的含量，避免假阳性结果的产生。

c. 乳化现象的出现可能会影响待测液的分离和提取。对于脂肪含量较高的样品如基围虾，可采用缓慢振摇的方法减少因剧烈振摇产生的乳化现象。出现乳化现象时建议提高转速，延长时间，再次离心；或者放于 80℃左右水中静置几分钟，待乳化现象减少后再次离心。如果想采用加盐或者有机溶剂的方法消除乳化现象，使用前应充分评估操作对检测结果的影响并形成记录。

d. 浓缩前吸取待测溶液时避免取到杂质。

e. 氮吹的针管不可伸至液面下，用完应及时清洗，防止污染其他浓缩样品。

f. 氮吹气流强度不可过大，以防浓缩管内液体溅出，影响样品检测和污染相邻样品。

g. 加入复溶液后需要充分振荡，确保浓缩后的待测物溶解于复溶液中，避免待测物质的损失。

h. 在净化步骤中，应注意认准待测液所在的液面以防取错；当待测液位于下层液面，建议先吸取其上层液体后再取用。

4. 培训内容——检测过程

① 如胶体金法，培训内容应包括以下方面的注意事项。

a. 交叉反应物质：抽样检测过程中不使用含有能与待测物产生交叉反应的物品。

b. 阴性对照：不能使用自来水、纯化水及蒸馏水作为阴性样品进行对照实验。

c. 试剂：检测卡、微孔、吸管为一次性消耗品，不能重复使用；不能使用过期、破损、污染、失效的快检产品；检测卡、微孔打开后建议在半个小时内使用；不同批号快检产品的质量可能不同，尽量不要混用不同批号的检测卡和微孔。

d. 储存条件：应按说明书要求进行储存；若冷藏保存，检测卡和微孔需要恢复至室温方可使用，复溶液使用前需轻轻晃动使浓度均匀；不能冷冻保存含胶体金的检测卡和微孔，以防失效。

e. 时间：复溶后应尽快检测，防止待测液受到污染或者降解；根据产品说明书在规定的环境温度和时间范围内判定结果，其他时间判定无效。

② 如化学比色法，培训内容应包括以下方面的注意事项。

a. 空白对照：每次测定时均需做一次空白对照。

b. 试剂：应避免交叉污染，取出的试剂不可再放入瓶内；容易变质的试剂（如酶液），若一次测定无法用完，建议用前进行分装，避免反复冷热交替而降低试剂有效成分的活性。

c. 时间：样品放置的时间应与空白对照反应时间一致。

d. 温度：应按照说明书的实验温度要求进行温度控制；试剂从冰箱取出后应恢复至室温后方可使用。

e. 样品颜色：待测液颜色过重会影响比色法的结果判定，应过滤后再检测。过滤步骤需要经过评价，确保过滤不会对待测物产生吸附方可使用。

f. 仪器：应进行计量检定；仪器应在无强光直射的环境下工作；仪器工作时不能有震动；使用过的可重复使用的玻璃器皿需要及时清洗，以免放置时间过长内壁出现难洗的污渍；检测出阳性的玻璃器皿应用超声仪超声清洗，或用乙醇浸泡清洗干净，以免影响下一次的检测结果。

5. 培训内容——结果后处理

对于阳性样品后处理培训，应培训如何与商户进行沟通销毁阳性样品，销毁过程有无保留证据并存档。

对于检测结果的公示与报送培训，应培训是否在规定时间内完成检测结果并公示，是否按任务方要求按时报送检测结果，对于有特殊要求的检测情况是否按要求汇报。

学习任务四

总结分析报告的撰写

 情景描述

某区需要完成 52 个农贸市场（含 6 家综合批发市场）的蔬菜和水产品的快速检测任务，项目金额 1000 万，总批次不少于 23.04 万批次，每个零售市场每个月不少于 300 批次，其中水产品每个月每个市场不少于 20 批次；每个综合批发市场每月不少于 900 批次，其中水产每个月不少于 80 批次。所有市场每个月蔬菜的胶体金法检测批次不少于蔬菜检测总批次的 50%，每个工作日全覆盖所有市场，计划 1 年完成所有的抽检任务。现已完成 1 个月的抽检任务，请根据任务完成情况，提交一份项目月度总结分析报告。

 工作要求

1. 总结分析报告应对检测数据进行多维度分析。
2. 通过检测手段发现食品安全问题后，应提出合理的监管建议。

 技能目标

1. 能对检测数据进行多维度分析。
2. 能根据检测结果针对食品安全控制提出改进建议。

 任务实施

一、总结分析报告的基本要素

项目总结分析报告应包含项目完成的总体情况、多维度的数据分析（以高风险项目、样品和位点为导向）、阳性项目的原因和危害分析、工作对策建议等基本要素。

二、各要素的具体要求

1. 抽检总体情况

描述本周期抽检工作如何布局、抽检工作重点、检测批次、阳性批次、阳性率、销毁重量等，较上一个周期或去年同期相比有何变化。文字描述应使用总结性的或规律性的描述，文字与图表内容无须重复描述，可通过图表的方式进行具体分析，参见表 2-4-1。

表2-4-1　某区2020年7月份蔬菜和水产品的快速检测任务抽检总体情况表

抽检类别	抽检批次	方案要求量	完成数量	完成率/%
蔬菜				
水产品				
……				
合计				

2.以高风险样品和位点为导向，多维度数据分析

（1）从产品类别维度分析，突出高风险样品类别　描述本周期内抽检种类、抽检品种，根据阳性率情况分析高风险品种、高风险品种有何规律，横向与各品种对比，纵向可与前几个周期的数据或去年同期数据对比，统计结果需具备统计学意义。可通过图表的方式进行具体分析。

（2）从抽检场所维度分析，分析高风险场所　描述本周期内抽检家次与家数，根据阳性率情况分析高风险场所、高风险场所有何规律，横向与各场所对比，纵向可与前几个周期的数据或去年同期数据对比，统计结果需具备统计学意义。可通过图表的方式进行具体分析。

（3）检出的主要高风险样品和项目情况　描述本周期内抽检项目与项次，根据阳性率情况分析高风险项目、高风险项目有何规律，横向与各项目对比，纵向可与前几个周期的数据或去年同期数据对比，统计结果需具备统计学意义。可通过图表的方式进行具体分析。

（4）整体分析　整体分析蔬菜样品和水产品的质量情况。

3.阳性项目原因及危害分析

如氯霉素项目的阳性品种，可分析氯霉素危害，氯霉素能抑制骨髓造血功能造成过敏反应，引起包括白细胞减少、红细胞减少、血小板减少等在内的再生障碍性贫血，长期摄入氯霉素超标的动物性食品，对人体危害较大。依据《中华人民共和国农业农村部公告第250号》，氯霉素为禁止使用药物。

氯霉素被滥用在水产品（虾贝类）的情况相对突出，可能是由于水产品（虾贝类）在养殖及运输过程中养殖密度大，容易感染各种细菌性疾病，而氯霉素作为一种广谱抗生素，价格低廉，经常被不法商家大量非法使用于水产品（虾贝类）的病害防治和保鲜，从而导致水产品中氯霉素残留严重超标。由于氯霉素项目的阳性品种均为贝类，建议在今后专项抽检工作中可将贝类作为重点抽检品种。

4.工作对策建议

① 加强并规范商户索证索票工作；
② 快检与执法监管有效结合，提高监管效能；
③ 加强阳性高发类别监测；
④ 对异常数据进行分析并及时调整监管方向，全面把控食品安全风险；
⑤ 定期开展质量安全专项宣传；
……

示例：

某区食用农产品快速检测项目分析总结报告

（2020年7月）

一、总体情况

2020年7月共检测样品19368批次，检出125批次阳性样品，阳性率为0.65%。其中，检测种植业产品18026批次，检出123批次阳性样品，阳性率为0.68%；检测水产品1342批次，检出2批次阳性样品，阳性率为0.15%。

二、检测产品类别分析

（一）种植业产品情况

种植业产品具体检测及阳性情况见表2-4-2、图2-4-1。

表2-4-2　种植业产品检测及阳性情况

产品类别	检测批次	各类样品占总检测样品比例 /%	阳性样品批次	阳性样品检出率 /%	阳性样品占总阳性样品比例 /%
鳞茎类	1827	10.1	6	0.33	4.9
芸薹属类	2388	13.2	5	0.21	4.1
叶菜类	10804	59.9	76	0.70	61.8
茄果类	463	2.6	0	0.00	0.0
瓜类	272	1.5	0	0.00	0.0
豆类	2156	12.0	34	1.58	27.6
茎类	2	0.1	0	0.00	0.0
根茎类和薯芋类	62	0.3	0	0.00	0.0
水生类	9	0.1	0	0.00	0.0
芽菜类	2	0.1	0	0.00	0.0
调味料蔬菜	41	0.2	2	4.88	1.6
合计	18026	—	123	0.68	—

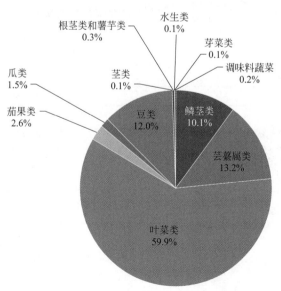

图2-4-1　种植业产品检测情况

（二）水产品情况

水产品具体检测及阳性情况见表2-4-3、图 2-4-2。

表2-4-3　水产品检测及阳性情况

产品类别	检测批次	各类样品占总检测样品比例 /%	阳性样品批次	阳性样品检出率 /%	阳性样品占总阳性样品比例 /%
鱼类	772	57.5	1	0.13	50.0
虾类	347	25.9	0	0.00	0.0
贝类	223	16.6	1	0.45	50.0
合计	1342	—	2	0.15	—

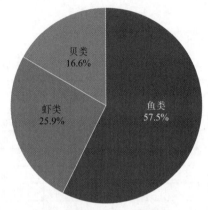

图2-4-2　水产品检测情况

三、抽检场所分析

（一）种植业产品情况

按抽检场所类型统计，种植业产品具体检测及阳性情况见表 2-4-4、图 2-4-3。

表2-4-4　各抽检场所种植业产品检测及阳性情况

检测场所	检测批次	各场所检测批次占总批次比例 /%	阳性样品批次	阳性样品检出率 /%	阳性样品占总阳性样品比例 /%
蔬菜批发市场	900	5.0	0	0.00	0.0
综合性批发市场	4176	23.2	32	0.77	26.0
零售市场	12950	71.8	91	0.70	74.0
总计	18026		123	0.68	—

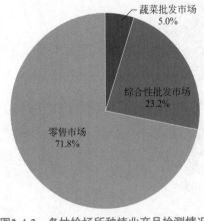

图2-4-3　各抽检场所种植业产品检测情况

2020 年 7 月共检测种植业产品 18026 批次，其中蔬菜批发市场检测 900 批次，综合性批发市场检测 4176 批次，零售市场检测 12950 批次。

本次种植业产品检测出阳性样品的市场有 45 家，占抽检市场的 86.5%（45/52），其中阳性率高于 1.00% 的市场有 15 个，占抽检市场的 28.8%（15/52）；阳性率最高的 ×× 综合市场，阳性率为 2.49%（7/281）；其次是 ××× 市场，阳性率为 2.14%（6/281）。

（二）水产品情况

按抽检场所类型统计，水产品具体检测及

阳性情况见表 2-4-5、图 2-4-4。

表2-4-5　各抽检场所水产品检测及阳性情况

检测场所	检测批次	各场所检测批次占总批次比例 /%	阳性样品批次	阳性样品检出率 /%	阳性样品占总阳性样品比例 /%
综合性批发市场	414	30.8	0	0.00	0.0
零售市场	928	69.2	2	0.22	100.0
合计	1342	—	2	0.15	—

2020 年 7 月共检测水产品 1342 批次，其中综合性批发市场检测 414 批次，零售市场检测 928 批次。

本次水产品检测出阳性样品的市场有 2 家，分别是 ××× 市场和 ×× 市场，占抽检市场的 3.9%（2/51），阳性率均为 4.8%（1/21）。

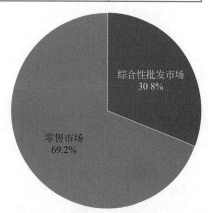

图2-4-4　各抽检场所水产品检测情况

四、阳性情况分析

（一）具体检测产品及项目情况

见表 2-4-6。

表2-4-6　检测产品及项目情况

产品类别	检测项目	项目总数	阳性项目数	阳性样品检出率 /%	各类别阳性项目占总阳性项目比例 /%
种植业产品	农药残留	8985	110	1.22	89.4
	啶虫脒	410	1	0.24	0.8
	氟虫腈	1661	2	0.12	1.6
	甲基异柳磷	1661	7	0.42	5.7
	克百威	1610	0	0.00	0.0
	水胺硫磷	1665	2	0.12	1.6
	毒死蜱	1661	1	0.06	0.8
	三唑磷	373	0	0.00	0.0
	合计	18026	123	0.68	—
水产品	孔雀石绿	378	1	0.26	50.0
	氯霉素	475	1	0.21	50.0
	呋喃西林代谢物	207	0	0.00	0.0
	呋喃唑酮代谢物	160	0	0.00	0.0
	喹乙醇代谢物	122	0	0.00	0.0
	合计	1342	2	0.15	—
总计		19368	125	0.65	—

（二）阳性样品情况

见表 2-4-7。

表2-4-7 检测批次及阳性情况

产品类别	统计项目	统计数据
种植业产品	检测批次	18026
	阳性批次	123
	阳性样品检出率/%	0.68
	销毁重量/kg	191.564
水产品	检测批次	1342
	阳性批次	2
	阳性样品检出率/%	0.15
	销毁重量/kg	1.455

（三）种植业产品质量情况

2020年7月种植业产品检测18026批次，检出123批次阳性样品，阳性率为0.68%，共销毁种植业阳性样品191.564kg。

从2020年7月种植业品种的阳性率中可见（见表2-4-2），本次抽检在5个蔬菜类别中检出阳性样品；其中，调味料蔬菜阳性检出率最高，为4.88%，占总阳性样品的1.6%，检出的2批次阳性样品均为香菜；其次是豆类蔬菜，阳性检出率为1.58%，占总阳性样品的27.6%，检出阳性数量较多的是青豆角和白豆角；叶菜类蔬菜阳性检出率为0.70%，占总阳性样品的61.8%；鳞茎类蔬菜阳性检出率为0.33%，占总阳性样品的4.9%；芸薹属类蔬菜阳性检出率为0.21%，占总阳性样品的4.1%；茄果类、瓜类、茎类、根茎类和薯芋类、水生类及芽菜类检测结果均为阴性。

从检测项目分析，阳性率最高的检测项目是农药残留，阳性率为1.22%（110/8985）。蔬菜胶体金项目中阳性率最高的是甲基异柳磷，阳性率为0.42%（7/1661）。

（四）水产品质量情况

2020年7月水产品检测1342批次，检出2批次阳性样品，阳性率为0.15%，销毁阳性样品1.455kg。其中贝类样品阳性检出率最高，为0.45%，占总阳性样品的50.0%，检出的1批次阳性样品为沙白；鱼类样品阳性检出率为0.13%，占总阳性样品的50.0%，检出的1批次阳性样品为黄骨鱼；虾类检测结果均为阴性。

五、工作建议

本次检测工作中，蔬菜共检出123批次阳性样品，对比汇总表检测批次大于600的蔬菜发现，白豆角阳性率最高，为2.55%（16/627）；杭白菜次之，阳性率为1.90%（12/630）。另外，小白菜、青豆角的阳性率较高，均大于1.70%，建议监管部门将上述品种作为重点监管对象，加强监管力度，必要时开展专项检测，对种植、流通等环节实施全过程检测，形成可持续防止风险食品入侵的食品安全系统网。

××××× 单位
2020年8月3日

第三篇

食品快速检测项目实训

项目一

面粉中吊白块的快速检测

结果记录与评价表单

 任务描述

现某检测室收到一批面粉样品，客户要求采用分光光度法对此批面粉中吊白块实施快速检测并进行结果报告，请你根据上述要求完成相应检测工作。

 任务解析

1. 检测依据

吊白块的快速检测试剂盒说明书。

2. 检测原理

吊白块在使用过程中可分解甲醛和二氧化硫，先用亚硫酸品红分光光度法测定样品中甲醛含量，再用盐酸副玫瑰苯胺法测定二氧化硫的含量，从而判断吊白块的存在。

 任务准备

1. 试剂准备

除另有规定外，本方法所用试剂均为分析纯，水为 GB/T 6682 规定的二级水。

① 甲醛（HCHO）。

② 碱性品红（$C_{20}H_{20}ClN_3$）。

③ 无水亚硫酸钠（Na_2SO_3）。

④ 硫酸（H_2SO_4）。

⑤ 甲醛标准储备液（100mg/L）：冷藏、避光、干燥条件下保存，保存期为 6 个月。

⑥ 硫酸溶液（0.5mol/L）：量取 27.2mL 硫酸，小心缓缓加入 400mL 水中，后加水至 1000mL，混匀。

⑦ 品红亚硫酸溶液（1g/L）：碱性品红 0.2g，80℃热蒸馏水 100mL，溶解后冷却、过滤，加 10% 亚硫酸钠水溶液 20mL。再加酸 2mL 与适量蒸馏水，定容到 200mL。放置暗处，静置 24h 后，加 0.25~0.5g 活性炭摇荡 1min，过滤，溶液呈无色，装入棕色瓶中塞紧瓶塞，保存在冰箱内（0~4℃），用前预先取出，使之恢复至室温后再用。如溶液呈粉红色就已不能用，须重配。

⑧ 吊白块（$NaHSO_2 \cdot CH_2O \cdot 2H_2O$）。

⑨ 四氯汞钠吸收液：称取 13.6g 氯化汞和 6g 氯化钠溶于水，并稀释至 1000mL，放

置过夜，过滤后备用。

⑩ 甲醛溶液（2g/L）：吸取 0.55mL 无聚合沉淀的甲醛（36%），加水稀释至 100mL，混匀。

⑪ 盐酸副玫瑰苯胺溶液：称取 0.1g 盐酸副玫瑰苯胺（$C_{19}H_{18}N_2Cl \cdot 4H_2O$）于研钵中，加少量水研磨使之溶解并稀释至 100mL，取出 20mL 置于 100mL 容量瓶中，加盐酸（1+1），使溶液由红变黄，加水稀释至刻度，混匀备用。

2. 仪器设备准备

① 分光光度计。

② 天平：感量为 0.01g。

③ 超声波清洗器。

3. 检测环境准备

环境条件：温度 15~35℃，湿度 ≤ 80%。

 任务实施

（一）甲醛测定

1. 样品处理

准确称取 5g 面粉样品，放入 100mL 容量瓶中，加蒸馏水至 100mL 刻度线上，混匀。将容量瓶置于沸水浴中超声波振荡提取 15min 后，冷却至室温，向容量瓶内加入蒸馏水至刻度线，混匀待用。

2. 测定步骤

（1）标准曲线绘制　取 10mL 比色管 7 支，分别加入 100mg/L 甲醛标准液 0、0.05mL、0.10mL、0.15mL、0.20mL、0.25mL、0.30mL，于各管加 1mL 0.5mol/L 硫酸、5mL 1g/L 品红亚硫酸溶液，加蒸馏水至刻度，混匀，置于 85℃ 水浴，超声振荡提取 3min，加样于 1cm 比色皿中，在波长 590nm 处测定吸光度，绘制甲醛标准曲线。

（2）样品液的测定　取上清液经过微滤膜过滤后，准确吸取 2mL 上清液于 10mL 比色管中，分别加入 0.5mol/L 硫酸 1mL、1g/L 亚硫酸品红 5mL，蒸馏水稀释至刻度，混匀，按照标准曲线法处理并测定。

3. 质控试验

（1）空白试验　称取空白试样，与样品同法操作。

（2）加标质控试验　称取 5g 面粉样品，放入 100mL 容量瓶中，加入检出限水平（5μg）的甲醛标准溶液，其余操作按照样品同法操作。

（二）二氧化硫的测定

1. 样品处理

准确称取 5g 面粉样品，放入 100mL 容量瓶中，加蒸馏水至 100mL 刻度线上，混匀。将容量瓶置于沸水浴中超声波振荡提取 15min 后，冷却至室温，向容量瓶内加入蒸馏水至刻度线，混匀待用。

2. 测定步骤

（1）标准曲线绘制 取 25mL 比色管 6 支，分别加入 122mg/L 吊白块标准液 0、0.05mL、0.10mL、0.15mL、0.20mL、0.25mL（相当于亚硫酸钠 0、5μg、10μg、15μg、20μg、25μg），于各管加四氯汞钠吸收液稀释至 10mL 刻度，加入 0.5mL 2.0g/L 甲醛溶液，再加入 1.5mL 盐酸副玫瑰苯胺使用液，混匀，室温 20~25℃放置 20min 后 1cm 比色皿中于波长 550nm 处测定吸光度，绘制标准曲线。

（2）样品液的测定 取上清液经过微滤膜过滤后，准确吸取 2mL 上清液于 25mL 比色管中，按照标准曲线法处理并测定。

3. 质控试验

（1）空白试验 称取空白试样，与样品同法操作。

（2）加标质控试验 称取空白样品 5g，加入检出限水平（约 6.1μg）的吊白块，其余操作按照样品同法操作。

结果记录与报告

结果记录见表 3-1-1。

表 3-1-1　面粉中吊白块的快速检测原始记录

抽样单编号			样品名称		样品状态	
检测依据			检测项目		检测地点	
标准溶液批号			仪器名称/编号		环境条件	
样品编号	甲醛含量/（g/kg）		二氧化硫含量/（g/kg）		检验结论	
	1	2	1	2		
计算公式	$X=A×$ 稀释倍数 $/m$			式中：X 为样品中所测含量，g/kg；A 为仪器所测浓度值；m 为样品质量		
说明	《食品安全国家标准 食品添加剂使用标准》（GB 2760—2014）中，吊白块未被列入食品添加剂范围，吊白块不得在食品中使用。 阳性结果的样品需要重复检验 2 次以上。 空白试验测定结果为阴性，加标质控试验测定结果均为阳性。					
检测人员/日期：			复核人员/日期：			

注意事项

① 若第一步甲醛检测结果阴性，则不必再进行第二步二氧化硫的测定。

② 除国家标准明确限定外，其他食品中二氧化硫残留最高限值应在 0.1g/kg 以下，当检测结果大于这一限值（参考二氧化硫的快速检测），甲醛检测又显阳性时，通常可

判断样品中含有吊白块成分，可送实验室进一步确定。

 任务评价

任务评价见表 3-1-2。

表3-1-2　面粉中吊白块的快速检测评价表

考核内容（100分）	考核重点	得分
实验准备（20分）	检查仪器、试剂、材料（5分）	
	正确配制试剂或标准品（10分）	
	正确进行质控加标（5分）	
样品处理（15分）	正确使用天平和移液器（5分）	
	正确制备待测液（5分）	
	样品处理操作规范（5分）	
样品测试（25分）	正确进行标准曲线绘制（10分）	
	正确进行加标试验（5分）	
	正确读取数据（5分）	
	样品测试操作规范（5分）	
数据处理（25分）	准确规范填写记录（10分）	
	结果精密度（5分）	
	正确判定测定结果（10分）	
职业素养（15分）	合理着装（2分）	
	废弃物处理合理，清洁操作台（5分）	
	操作安全（5分）	
	操作熟练，按时完成（3分）	
总分		

项目二

白酒中甲醇的快速检测

 任务描述

结果记录与评价表单

　　现某检测室收到一批白酒样品，客户要求采用变色酸法对此批白酒中的甲醇实施快速检测并进行结果报告，请你根据上述要求完成相应检测工作。

 任务解析

1. 检测依据

白酒中甲醇的快速检测（KJ201912）。

2. 检测原理

　　样品中的甲醇在磷酸溶液中被高锰酸钾氧化为甲醛，用偏重亚硫酸钠除去过量的高锰酸钾。甲醛在硫酸条件下与变色酸反应生成蓝紫色化合物。通过与甲醇对照液比较，对样品中甲醇含量进行判定。

 任务准备

1. 试剂准备

除另有规定外，本方法所用试剂均为分析纯，水为 GB/T 6682 规定的二级水。

① 高锰酸钾（$KMnO_4$）。

② 磷酸（H_3PO_4）。

③ 偏重亚硫酸钠（$Na_2S_2O_5$）。

④ 硫酸（H_2SO_4）。

⑤ 变色酸钠（$C_{10}H_6Na_2O_8S_2$）。

⑥ 乙醇（C_2H_6O）。

⑦ 75% 乙醇（体积分数）：吸取乙醇 75mL，置于 100mL 容量瓶，加水稀释至刻度。

⑧ 高锰酸钾 - 磷酸溶液（30g/L）：称取 3.0g 高锰酸钾，溶于 100mL 磷酸 - 水（15+85）溶液。

⑨ 偏重亚硫酸钠溶液（100g/L）：称取 10.0g 偏重亚硫酸钠，溶于 100mL 水。

⑩ 变色酸显色剂：称取 0.1g 变色酸钠溶于 25mL 水中，缓慢加入 75mL 硫酸，并用玻璃棒不断搅拌，放冷至室温。

⑪ 甲醇参考物质中文名称、英文名称、CAS 登录号、分子式、分子量见表 3-2-1，

纯度 ≥ 99%。

表3-2-1　甲醇中文名称、英文名称、CAS登录号、分子式、分子量

中文名称	英文名称	CAS 登录号	分子式	分子量
甲醇	Methanol	67-56-1	CH_3OH	32.04

⑫ 甲醇标准溶液（1g/L）：称取 0.1g（精确至 0.001g）甲醇参考物质于 100mL 容量瓶中，用 5% 乙醇稀释至刻度，混匀。

2.仪器设备准备

① 电子天平：感量 0.001g。

② 量筒：50mL；100mL。

③ 移液器：1mL；5mL。

④ 酒精计：分度值为 1% vol。

⑤ 旋涡混合器。

⑥ 水浴锅。

⑦ 分光光度计。

3.检测环境准备

环境条件：温度 15~30℃，湿度 ≤ 80%。

 任务实施

1.样品处理

（1）酒精度的测定　取洁净、干燥的 100mL 量筒，注入 100mL 样品，静置数分钟，待酒中气泡消失后，放入洁净、擦干的酒精计，轻轻按一下，不应接触量筒，平衡约 5min，水平观测，读取与弯月面相切处的刻度示值。

（2）样品稀释　根据酒精计示值吸取对应体积的样品，置于 10mL 比色管中，补水至 10mL（参见表 3-2-2），混匀。

表3-2-2　不同酒精度样品吸取体积表

酒精计示值 /% vol	样品吸取体积 /mL	补水体积 /mL
18~22	2.5	7.5
23~27	2.0	8.0
28~32	1.7	8.3
33~36	1.5	8.5
37~41	1.3	8.7
42~45	1.2	8.8
46~53	1.0	9.0
54~60	0.9	9.1
61~68	0.8	9.2

2. 测定步骤

（1）对照液测试　根据待测样品的分类（粮谷类或其他类），吸取对应体积（参见表 3-2-3）的甲醇标准溶液，置于 10mL 比色管中，补 5% 乙醇至 10mL，混匀。吸取上述溶液 1.0mL，置于 10mL 比色管中，加入高锰酸钾 - 磷酸溶液 0.5mL，混匀，密塞，静置 15min。加入 0.3mL 偏重亚硫酸钠溶液，混匀，使试液完全褪色。沿比色管壁缓慢加入 5mL 变色酸显色剂，密塞，混匀，置于 70℃水浴中，显色 20min 后取出，迅速冷却至室温，制得甲醇对照液。

表3-2-3　标准溶液吸取体积表

待测样品分类	标准溶液吸取体积 /mL
粮谷类	0.3
其他类	1.0

（2）样品液的测定　吸取稀释后的样品溶液 1.0mL，置于 10mL 比色管中，加入高锰酸钾 - 磷酸溶液 0.5mL，混匀，密塞，静置 15min。加入 0.3mL 偏重亚硫酸钠溶液，混匀，使试液完全褪色。沿比色管壁缓慢加入 5mL 变色酸显色剂，密塞，混匀，置于 70℃水浴中，显色 20min 后取出，迅速冷却至室温，即得待测液。

（3）结果判定　观察待测液颜色，与甲醇对照液比较判读样品中甲醇的含量。颜色深于对照液者为阳性，浅于对照液者为阴性。为尽量避免出现假阴性结果，判读时遵循就高不就低的原则。当目视不能判定颜色深浅时，可采用分光光度计测定待测液与甲醇对照液在 570nm 处的吸光度进行比较判定。

3. 质控试验

（1）空白试验　称取空白试样，与样品同法操作。

（2）加标质控试验　吸取稀释后的空白样品溶液 1.0mL，加入检出限水平（0.4g/L）的甲醇标准溶液振摇混匀，其余操作按照样品同法操作。

 **结果记录与报告**

结果记录见表 3-2-4。

表3-2-4　白酒中甲醇的快速检测原始记录

抽样单编号		样品名称		样品状态	
检测依据		检测项目		检测地点	
标准溶液批号		仪器名称 / 编号		环境条件	
样品编号	颜色 / 吸光度			样品精密度	检验结论
	对照液	样品 1	样品 2		
说明	进行目视比色时，进行平行试验的两次判读结果应一致。 空白试验测定结果为阴性，加标质控试验测定结果均为阳性。				
检测人员 / 日期：			复核人员 / 日期：		

注意事项

① 为减少乙醇量对显色的干扰，本方法中待测液和对照液的乙醇量为5%。

② 本方法中采用的高锰酸钾 - 磷酸溶液、变色酸显色剂久置会变色失效，建议方法使用者考察稳定性或临用新配。

③ 采用本方法，酒精度为非整数的样品，为避免出现假阴性结果，建议参照表3-2-2吸取酒精度整数部分对应体积。

 任务评价

任务评价见表3-2-5。

表3-2-5　白酒中甲醇的快速检测评价表

考核内容（100分）	考核重点	得分
实验准备（20分）	检查仪器、试剂、材料（5分）	
	正确配制试剂或标准品（10分）	
	正确计算质控加标量（5分）	
样品处理（15分）	正确使用天平和移液器（5分）	
	正确制备待测液（5分）	
	样品处理操作规范（5分）	
样品测试（20分）	正确进行对照液制备（5分）	
	正确进行加标试验（5分）	
	正确读取数据（5分）	
	样品测试操作规范（5分）	
数据处理（30分）	准确规范填写记录（10分）	
	正确进行结果判读（5分）	
	结果精密度（5分）	
	正确判定测定结果（10分）	
职业素养（15分）	合理着装（2分）	
	废弃物处理合理，清洁操作台（5分）	
	操作安全（5分）	
	操作熟练，按时完成（3分）	
总分		

项目三

食品中糖精钠的快速检测

结果记录与评价表单

 任务描述

现某检测室收到一批饮料样品，客户要求采用分光光度法对此批饮料中糖精钠实施快速检测并进行结果报告，请你根据上述要求完成相应检测工作。

 任务解析

1. 检测依据

糖精钠快速检测试剂说明书。

2. 检测原理

在一定条件下，次甲基蓝能够与糖精钠反应生成憎水性离子缔合物，该缔合物被三氯甲烷定量萃取，用分光光度法测定糖精钠的含量。

 任务准备

1. 试剂准备

除另有规定外，本方法所用试剂均为分析纯，水为 GB/T 6682 规定的二级水。

① 硫酸（H_2SO_4）。

② 三氯甲烷（$CHCl_3$）。

③ 次甲基蓝（$C_{16}H_{18}N_3ClS$）。

④ 糖精钠 ($C_6H_4CONNaSO_2$，CAS 登录号：128-44-9)，纯度 ≥ 99%，或经国家认证并授予标准物质证书的标准物质，冷藏、避光、干燥条件下保存。

⑤ 糖精钠标准储备液（1000mg/L）：冷藏、避光、干燥条件下保存，保存期为 6 个月。

⑥ 糖精钠系列标准溶液：分别移取 0、0.2mL、0.4mL、0.6mL、1.0mL、1.5mL 糖精钠标准储备液，加水定容于 100mL 容量瓶中。

⑦ 硫酸溶液（0.2mol/L）：量取 10.8mL 硫酸小心缓缓加入 400mL 水中，后加水至 1000mL，混匀。

⑧ 次甲基蓝溶液（0.04mol/L）：称取 1.3g 次甲基蓝，加水溶解定容于 100mL 容量瓶中。

2. 仪器设备准备

① 分光光度计。

② 移液器。

③ 天平：感量为 0.01g。

④ 旋涡振荡器。

3. 检测环境准备

环境条件：温度 15~35℃，湿度 ≤ 80%。

 任务实施

1. 样品处理

取均匀饮料样品（若样品中含有 CO_2，应先排除 CO_2 气体）10.0mL 于 100mL 容量瓶中，加水稀释至刻度，混匀定容，备用。

2. 测定步骤

（1）标准曲线绘制　分别移取 10mL 糖精钠系列标准溶液于分液漏斗中，加入 0.2mol/L 硫酸溶液 2.5mL，0.04mol/L 次甲基蓝溶液 2mL，混匀。加三氯甲烷 10mL，振荡萃取 5min，取有机相溶液于比色皿中，于 540nm 波长处测定吸光度。以糖精钠质量浓度为横坐标，吸光为纵坐标，绘制标准曲线。

（2）样品液的测定　取样品处理液 10mL 于分液漏斗中，按照上述试验方法进行处理，于 540nm 波长处测定吸光度。

3. 质控试验

（1）空白试验　称取空白试样，与样品同法操作。

（2）加标质控试验　直接移取空白样品 10mL 于分液漏斗中，加入检出限水平（0.1mg/L）的糖精钠标准溶液，其余操作按照样品同法操作。

 结果记录与报告

结果记录见表 3-3-1。

表3-3-1　食品中糖精钠的快速检测原始记录

抽样单编号		样品名称		样品状态		
检测依据		检测项目		检测地点		
标准溶液批号		仪器名称/编号		环境条件		
样品编号	样品浓度/（g/L）			结果/（g/L）		检验结论
	1		2			
计算公式	$C=C_x×$ 稀释倍数			式中：C 为样品中糖精钠的含量，g/L；C_x 为仪器所测浓度值。		
说明	结果按照《食品安全国家标准 食品添加剂使用标准》（GB 2760—2014）中糖精钠（以糖精计）的限量标准进行判定，阳性结果的样品需要重复检验 2 次以上。 《食品安全国家标准 食品添加剂使用标准》（GB 2760—2014）取消了糖精钠在饮料中的使用。 空白试验测定结果为阴性，加标质控试验测定结果均为阳性。					
检测人员/日期：			复核人员/日期：			

注意事项

① 三氯甲烷有毒，并具有很强的挥发性，使用后需及时盖上瓶盖，以免挥发。
② 振荡萃取时，注意防止漏液。

 任务评价

任务评价见表 3-3-2。

表 3-3-2　食品中糖精钠的快速检测评价表

考核内容（100 分）	考核重点	得分
实验准备（20 分）	检查仪器、试剂、材料（5 分）	
	正确配制试剂或标准品（10 分）	
	正确计算质控加标量（5 分）	
样品处理（15 分）	正确使用天平和移液器（5 分）	
	正确制备待测液（5 分）	
	样品处理操作规范（5 分）	
样品测试（20 分）	正确进行标准曲线绘制（5 分）	
	正确进行加标试验（5 分）	
	正确读取数据（5 分）	
	样品测试操作规范（5 分）	
数据处理（30 分）	准确规范填写记录（10 分）	
	正确进行结果判读（5 分）	
	结果精密度（5 分）	
	正确判定测定结果（10 分）	
职业素养（15 分）	合理着装（2 分）	
	废弃物处理合理，清洁操作台（5 分）	
	操作安全（5 分）	
	操作熟练，按时完成（3 分）	
总分		

项目四

动物源性食品中喹诺酮类物质的快速检测

结果记录与评价表单

 任务描述

现某检测室收到一批猪肉样品，客户要求采用胶体金免疫层析快速检测技术对猪肉中喹诺酮类物质实施快速检测并进行结果报告，请你根据上述要求完成相应检测工作。

 任务解析

1. 检测依据

动物源性食品中喹诺酮类物质的快速检测 胶体金免疫层析法（KJ201906）。

2. 检测原理

本方法采用竞争抑制免疫层析原理。样品中的喹诺酮类物质与胶体金标记的特异性抗体结合，抑制了抗体和检测线（T线）上抗原的结合，从而导致检测线颜色深浅的变化，通过检测线与控制线（C线）颜色深浅比较，对样品中喹诺酮类物质进行定性判定。

 任务准备

1. 试剂准备

① 乙腈。

② 甲酸。

③ 分散固相萃取剂Ⅰ：分别称取硫酸镁18g、醋酸钠4.5g，放于研钵中研碎。

④ 分散固相萃取剂Ⅱ：分别称取硫酸镁27g、N-丙基乙二胺（PSA）4.5g，放于研钵中研碎。

⑤ 甲酸-乙腈溶液：98mL乙腈中加入2mL甲酸，混匀。

⑥ 甲醇。

⑦ 稀释液：脱脂奶粉：水（1∶10）。

⑧ 参考物质：喹诺酮类参考物质的中文名称、英文名称、CAS登录号、分子式、分子量见表3-4-1，纯度≥99%。

表3-4-1　喹诺酮类参考物质的中文名称、英文名称、CAS登录号、分子式、分子量

序号	中文名称	英文名称	CAS 登录号	分子式	分子量
1	洛美沙星	Lomefloxacin	98079-51-7	$C_{17}H_{19}F_2N_3O_3$	351.35
2	培氟沙星	Pefloxacin	70458-92-3	$C_{17}H_{20}FN_3O_3$	333.36
3	氧氟沙星	Ofloxacin	82419-36-1	$C_{18}H_{20}FN_3O_4$	361.37
4	诺氟沙星	Norfloxacin	70458-96-7	$C_{16}H_{18}FN_3O_3$	319.33
5	达氟沙星	Danofloxacin	112398-08-0	$C_{19}H_{20}FN_3O_3$	357.38
6	二氟沙星	Difloxacin	98106-17-3	$C_{21}H_{19}F_2N_3O_3$	339.40
7	恩诺沙星	Enrofloxacin	93106-60-6	$C_{19}H_{22}FN_3O_3$	359.40
8	环丙沙星	Ciprofloxacin	85721-33-1	$C_{17}H_{18}FN_3O_3$	331.34
9	氟甲喹	Flumequine	42835-25-6	$C_{14}H_{12}FNO_3$	261.25
10	噁喹酸	Oxolinic Acid	14698-29-4	$C_{13}H_{11}NO_5$	261.23

注：或等同可溯源物质。

⑨ 喹诺酮类标准物质储备液（1mg/mL）：分别精密称取喹诺酮类参考物质适量，置于 50mL 烧杯中，加入适量甲醇超声溶解后，用甲醇转入 10mL 容量瓶中，定容至刻度，摇匀，配制成浓度为 1mg/mL 的喹诺酮标准储备液。

⑩ 喹诺酮类标准物质中间液（1μg/mL）：分别吸取喹诺酮类标准储备液（1mg/mL）100μL 于 100mL 容量瓶中，用甲醇稀释至刻度，摇匀，配制成浓度为 1μg/mL 的喹诺酮类标准中间液。

2. 仪器设备准备

① 移液器：100μL；200μL；1mL。

② 旋涡混合器。

③ 离心机：转速 ≥ 4000r/min。

④ 电子天平：感量为 0.01g。

⑤ 孵育器：可调节时间、温度，控温精度 ±1℃。

⑥ 读数仪。

⑦ 氮吹仪。

3. 检测环境准备

环境条件：温度 15~35℃，湿度 ≤ 80%（采用孵育器与读数仪时可不要求环境温度）。

 任务实施

1. 试样制备

猪肉、猪肝、猪肾用组织捣碎机等搅碎后备用。

2. 试样的提取

准确称取（2.5±0.01）g 均质后的组织样品于 15mL 离心管中，加入 5mL 甲酸 - 乙腈溶液，旋涡混合 1min，振荡 5min，4000r/min 离心 5min。将上清液 2mL 转入 10mL 离心管中，加入 0.6g 分散固相萃取剂Ⅰ旋涡混合 1min、再加入 0.6g 分散固相萃取剂Ⅱ后旋涡混合 1min，静置分层后取 1mL 于 10mL 离心管中，氮吹仪 60℃吹干后用 1mL 样

品稀释液溶解，作为待测液。

3. 测定步骤

（1）检测卡测定步骤

① 将检测卡平放入孵育器中，小心撕开检测卡的薄膜至指示线处，避免提起检测卡和海绵。

② 用移液器取待测液 300μL，避免产生泡沫和气泡。竖直缓慢地滴加至检测卡两侧任意一侧的凹槽中，将粘箔重新粘好。

③ 盖上孵育器的盖子，孵育器上的计时器自动开始计时，红灯闪烁，孵育 3min。

④ 取出检测卡，不要挤压样品槽，放于读数仪中，读数前保持样品槽一端朝下，直到在读数仪上读取出结果；或从孵育器上取出后直接目视法进行结果判定。

（2）试剂条与金标微孔测定步骤　吸取 300μL 待测液于金标微孔中，抽吸 5~10 次使混合均匀，将试剂条吸水海绵端垂直向下插入金标微孔中，孵育 5~8min，从微孔中取出试剂条，进行结果判定。

注：试剂条（或检测卡）具体检测步骤可参考相应的说明书操作。

4. 质控试验

每批样品应同时进行空白试验和加标质控试验。

（1）空白试验　称取空白试样，按照测定步骤与样品同法操作。

（2）加标质控试验　准确称取空白试样（精确至 0.01g）置于具塞离心管中，加入一定体积的诺氟沙星标准中间液，使诺氟沙星终浓度为 6μg/kg，按照测定步骤与样品同法操作。

 结果记录与报告

结果记录见表 3-4-2。

表3-4-2　动物源性食品中喹诺酮类物质的快速检测原始记录

抽样单编号		样品名称		样品状态	
检测依据		检测项目		检测地点	
标准溶液批号		试剂盒批号		仪器名称/编号	
环境条件					
样品编号	平行样检测结果				检验结论
	平行 1		平行 2		
	□阴性　□阳性　□无效		□阴性　□阳性　□无效		
	□阴性　□阳性　□无效		□阴性　□阳性　□无效		
	□阴性　□阳性　□无效		□阴性　□阳性　□无效		
	□阴性　□阳性　□无效		□阴性　□阳性　□无效		
	□阴性　□阳性　□无效		□阴性　□阳性　□无效		
	□阴性　□阳性　□无效		□阴性　□阳性　□无效		
说明	阳性结果的样品需要重复检验 2 次以上。 空白试验测定结果应为阴性，加标质控试验测定结果应均为阳性				
检测人员/日期：			复核人员/日期：		

注意事项

① 所有试剂、材料、试纸条应在室温（约25℃）下使用。如果试纸条在4℃保存，应提前将试纸条回到室温（约25℃）后再进行加样。

② 试纸条的最佳保存条件是4℃阴凉、避光、干燥处，以保持抗体等蛋白质的稳定性。检测人员根据样品的需要取用试纸条，用多少取多少，切忌随意丢弃和堆放。在使用过程中，先做样品的采集和预处理，然后打开试纸条的包装，并且开封即用。

③ 加样时试纸条应水平放置，按照要求的加样量悬空加样。如果样品吸收过量，可以待样品部分吸收后再逐次滴加。禁止拿着试纸条直接接样品，或者加完样后拿着试纸条左右翻看。

④ 在规定时间进行结果判读。超过规定时间后，由于金标的扩散等原因可能会观察到假信号。

 任务评价

任务评价见表3-4-3。

表3-4-3　动物源性食品中喹诺酮类物质的快速检测评价表

任务环节（100分）	评价内容	评价重点	得分
实验准备（15分）	器材准备（5分）	清点试剂、仪器、材料（2分）	
		合理进行实验标记和摆放（3分）	
	试剂配制（10分）	正确计算试剂用量（5分）	
		正确配制试剂和标准溶液（5分）	
样品处理（20分）	称量（5分）	正确使用天平（5分）	
	提取（15分）	正确选择提取方法（5分）	
		样品处理操作规范（10分）	
样品检测（20分）	样品测试（10分）	正确准备检测卡（3分）	
		检测卡操作规范（7分）	
	质控试验（10分）	正确设置空白试验（5分）	
		正确设置加标质控试验（5分）	
结果报告（30分）	数据记录（10分）	记录准确、及时、规范（10分）	
	结果判定（20分）	正确进行质控试验结果判读（5分）	
		正确进行样品测定结果判读（5分）	
		正确判定检测结果（10分）	
职业素养（15分）	着装（2分）	按规定着装（2分）	
	整理（3分）	废弃物处理合理，清洁操作台（3分）	
	安全操作（4分）	操作安全、规范（4分）	
	熟练度（2分）	操作熟练，按时完成（2分）	
	其他（4分）	无试剂浪费（2分）	
		及时填写仪器使用记录（2分）	
总分			

水产品中硝基呋喃类代谢物的快速检测

结果记录与评价表单

 任务描述

现某检测室收到一批鱼肉样品，客户要求采用胶体金免疫层析快速检测技术对鱼肉中硝基呋喃类代谢物实施快速检测并进行结果报告，请你根据上述要求完成相应检测工作。

 任务解析

1. 检测依据

水产品中硝基呋喃类代谢物的快速检测 胶体金免疫层析法（KJ201705）。

2. 检测原理

样品中硝基呋喃类代谢物经衍生处理后，其衍生物与胶体金标记的特异性抗体结合，抑制抗体和检测卡 / 试纸条中检测线（T 线）上硝基呋喃类代谢物 -BSA 偶联物的免疫反应，从而导致检测线颜色深浅的变化。通过检测线与控制线（C 线）颜色深浅比较，对样品中硝基呋喃类代谢物进行定性判定。

 任务准备

1. 试剂准备

除另有规定外，本方法所用试剂均为分析纯，水为 GB/T 6682 规定的二级水。

① 盐酸。

② 三水合磷酸氢二钾。

③ 氢氧化钠。

④ 甲醇。

⑤ 乙醇。

⑥ 乙腈。

⑦ 邻硝基苯甲醛。

⑧ 三羟甲基氨基甲烷。

⑨ 乙酸乙酯。

⑩ 正己烷。

⑪ 邻硝基苯甲醛溶液（10mmol/L）：准确称取 0.150g 邻硝基苯甲醛，用甲醇溶解并定容至 100mL。

⑫ 磷酸氢二钾溶液（0.1mol/L）：准确称取 22.822g 三水合磷酸氢二钾，用水溶解并定容至 1000mL。

⑬ 氢氧化钠溶液（1mol/L）：准确称 39.996g 氢氧化钠，用水溶解并稀释至 1000mL。

⑭ 盐酸溶液（1mol/L）：取 10mL 盐酸加入 110mL 水中。

⑮ 三羟甲基氨基甲烷溶液（10mmol/L）：准确称取 1.211g 三羟甲基氨基甲烷，溶于 80mL 水中，加入盐酸（约 42mL）调 pH 至 8.0 后用水定容至 1L。

⑯ 参考物质：硝基呋喃类代谢物参考物质的中文名称、英文名称、CAS 登录号、分子式、分子量见表 3-5-1，纯度≥99%。

表3-5-1 硝基呋喃类代谢物参考物质的中文名称、英文名称、CAS登录号、分子式、分子量

中文名称	英文名称	CAS 登录号	分子式	分子量
3-氨基-2-恶唑烷酮	3-anmino-2-oxazolidinone，AOZ	80-65-9	$C_3H_6N_2O_2$	102.09
5-甲基吗啉-3-氨基-2-唑烷基酮	5-morpholine-methyl-3-amino-2-oxazolidinone，AMOZ	43056-63-9	$C_8H_{15}N_3O_3$	201.22
1-氨基-2-乙内酰脲盐酸盐	1-Aminohydantoinhydrochloride，AHD	2827-56-7	$C_3H_5N_3O_2 \cdot HCl$	151.55
氨基脲盐酸盐	semicarbazidhydrochloride，SEM	563-41-7	$NH_2CONHNH_2 \cdot HCl$	111.53

注：或等同可溯源物质。

⑰ 标准储备液：分别准确称取适量参考物质（精确至 0.0001g），用乙腈溶解，配制成 100mg/L 的标准储备液。

⑱ 混合中间标准溶液：准确移取标准储备液各 1mL 于 100mL 容量瓶中，用乙腈定容至刻度，配制成浓度为 1mg/L 的混合中间标准溶液。

⑲ 混合标准工作溶液：准确移取 0.1mL 混合中间标准溶液于 10mL 容量瓶中，用乙腈定容至刻度，配制成浓度为 0.01mg/L 的混合标准工作溶液。

2. 仪器设备准备

① 电子天平：感量分别为 0.1g；0.0001g。

② 均质器。

③ 水浴箱。

④ 离心机。

⑤ 氮吹仪或空气吹干仪。

⑥ 移液枪：10μL；100μL；1000μL；5000μL。

⑦ 旋涡混合器。

⑧ 胶体金读数仪（可选）。

⑨ 固相萃取装置（可选）。

3. 检测环境准备

环境条件：温度 15~35℃，湿度 ≤ 80%。

任务实施

1. 试样制备

称取一定量具有代表性样品可食部分，备用。

2. 试样的提取和净化

称取适量的匀浆样品（依试剂盒操作说明书要求来定，精确至 0.01g）于 50mL 离心管。

（1）方法一（液液萃取法） 称取（2±0.05）g 均质组织样品于 50mL 离心管中，依次加入 4mL 去离子水、5mL 1mol/L 盐酸和 0.2mL 10mmol/L 邻硝基苯甲醛溶液，充分振荡 3min；将上述离心管在 60℃ 水浴下孵育 60min；依次加入 5mL 0.1mol/L 磷酸氢二钾溶液、0.4mL 1mol/L 氢氧化钠溶液、乙酸乙酯 6mL，充分混合 3min，在室温（20~25℃）下 4000r/min 离心 5min；移取离心后的上层液体 3mL 于 5mL 离心管中，60℃ 下氮气 / 空气吹干；向吹干的离心管中加入 2mL 正己烷，振荡 1min，然后加入 0.5mL 10mmol/L 三羟甲基氨基甲烷溶液，充分混匀 30s，室温下 4000r/min 离心 3min（或静置至明显分层），下层溶液即为待测液。

（2）方法二（固相萃取法） 称取（6±0.05）g 均质组织样品于 50mL 离心管中，依次加入 4mL 去离子水、5mL 1mol/L 盐酸和 0.2mL 10mmol/L 邻硝基苯甲醛溶液，充分振荡 3min；将上述离心管在 60℃ 水浴下孵育 60min；依次加入 5mL 0.1mol/L 磷酸氢二钾溶液、0.4mL 1mol/L 氢氧化钠溶液、乙酸乙酯 6mL，充分混合 3min，在室温（20~25℃）下 4000r/min 离心 5min；移取离心后的上层液体 3mL 于 15mL 离心管中，加入 10mL 10% 乙酸乙酯 - 乙醇溶液，上下颠倒混合 4~5 次，4000r/min 离心 1min（底部会有部分沉淀）。连接好固相萃取装置，并在固相萃取柱上方连接 30mL 注射器针筒，将上述上清液全部倒入 30mL 针筒中，用手缓慢推压注射器活塞，控制液体流速约 1 滴 /s，使注射器中的液体全部流过固相萃取柱，再重复推压注射器活塞 2 次，以尽可能将固相萃取柱中的溶液去除干净。将固相萃取柱下方的接液管更换为洁净的离心管，再向固相萃取柱中加 1mL 10mmol/L 三羟甲基氨基甲烷溶液。用手缓慢推压注射器活塞，控制液体流速约 1 滴 /s，使固相萃取柱中的液体全部流至离心管中后，离心管中的液体即为待测液。

3. 测定步骤

（1）试纸条与金标微孔测定步骤 吸取适量样品待测液于金标微孔中，抽吸 5~10 次混合均匀，室温（20~25℃）温育 5min，将试纸条吸水海绵端垂直向下插入金标微孔中，温育 3~6min，从微孔中取出试纸条，进行结果判定。

（2）检测卡测定步骤 吸取适量样品待测液于检测卡的样品槽中，室温（20~25℃）温育 5~10min，直接进行结果判定。

4. 质控试验

每批样品应同时进行空白试验和加标质控试验。

（1）空白试验 称取空白试样，按照测定步骤与样品同法操作。

（2）加标质控试验 准确称取空白样品适量（精确至 0.01g）置于 50mL 具塞离心管中，加入适量硝基呋喃类代谢物标准工作液，使其浓度为 0.5μg/kg，按照测定步骤与样品同法操作。

 结果记录与报告

结果记录见表 3-5-2。

表3-5-2　水产品中硝基呋喃类代谢物的快速检测原始记录

抽样单编号		样品名称		样品状态	
检测依据		检测项目		检测地点	
标准溶液批号		试剂盒批号		仪器名称/编号	
环境条件					
样品编号	平行样检测结果				检验结论
	平行1		平行2		
	□阴性　□阳性　□无效		□阴性　□阳性　□无效		
	□阴性　□阳性　□无效		□阴性　□阳性　□无效		
	□阴性　□阳性　□无效		□阴性　□阳性　□无效		
	□阴性　□阳性　□无效		□阴性　□阳性　□无效		
	□阴性　□阳性　□无效		□阴性　□阳性　□无效		
	□阴性　□阳性　□无效		□阴性　□阳性　□无效		
说明	阳性结果的样品需要重复检验2次以上。 空白试验测定结果应为阴性，加标质控试验测定结果应均为阳性				
检测人员/日期：			复核人员/日期：		

 注意事项

① 所有试剂、材料、试纸条应在室温（约25℃）下使用。如果试纸条在4℃保存，应提前将试纸条平衡到室温（约25℃）后再进行加样。

② 试纸条的最佳保存条件是4℃阴凉、避光、干燥处，以保持抗体等蛋白质的稳定性。检测人员根据样品的需要取用试纸条，用多少取多少，切忌随意丢弃和堆放。在使用过程中，先做样品的采集和预处理，然后打开试纸条的包装，并且开封即用。

③ 加样时试纸条应水平放置，按照要求的加样量悬空加样。如果样品吸收过量，可以待样品部分吸收后再逐次滴加。禁止拿着试纸条直接接样品，或者加完样后拿着试纸条左右翻看。

④ 在规定时间进行结果判读。超过规定时间后，由于金标的扩散等原因可能会观察到假信号。

任务评价

任务评价见表 3-5-3。

表3-5-3　水产品中硝基呋喃类代谢物的快速检测评价表

任务环节（100分）	评价内容	评价重点	得分
实验准备（15分）	器材准备（5分）	清点试剂、仪器、材料（2分）	
		合理进行实验标记和摆放（3分）	
	试剂配制（10分）	正确计算试剂用量（5分）	
		正确配制试剂和标准溶液（5分）	
样品处理（20分）	称量（5分）	正确使用天平（5分）	
	提取（15分）	正确选择提取方法（5分）	
		样品处理操作规范（10分）	
样品检测（20分）	样品测试（10分）	正确准备检测卡（3分）	
		检测卡操作规范（7分）	
	质控试验（10分）	正确设置空白试验（5分）	
		正确设置加标质控试验（5分）	
结果报告（30分）	数据记录（10分）	记录准确、及时、规范（10分）	
	结果判定（20分）	正确进行质控试验结果判读（5分）	
		正确进行样品测定结果判读（5分）	
		正确判定检测结果（10分）	
职业素养（15分）	着装（2分）	按规定着装（2分）	
	整理（3分）	废弃物处理合理，清洁操作台（3分）	
	安全操作（4分）	操作安全、规范（4分）	
	熟练度（2分）	操作熟练，按时完成（2分）	
	其他（4分）	无试剂浪费（2分）	
		及时填写仪器使用记录（2分）	
总分			

项目六

鸡蛋中氟苯尼考的快速检测

结果记录与评价表单

 任务描述

现某检测室收到一批鸡蛋样品，客户要求采用胶体金免疫层析快速检测技术对鸡蛋中氟苯尼考实施快速检测并进行结果报告，请你根据上述要求完成相应检测工作。

任务解析

1. 检测依据

氟苯尼考快速检测盒（蛋类）使用说明书。

2. 检测原理

方法采用竞争抑制免疫层析原理。硝酸纤维素膜（NC）为载体，利用了微孔膜的毛细管作用，将样本滴加在胶体金检测条样品垫一端，使液体慢慢向吸水纸另一端渗移。在样本移动的过程中，会发生相应的抗原抗体反应，并通过免疫金的颜色而显示出来。禽蛋类样品中的氟苯尼考与胶体金标记的特异性抗体结合，抑制了抗体和硝酸纤维素膜检测线（T线）上抗原的结合，从而导致检测线颜色深浅的变化，通过检测线与控制线（C线）颜色深浅比较，对禽蛋类样品中氟苯尼考进行定性判定。

 任务准备

1. 试剂准备

除另有规定外，本方法所用试剂均为分析纯，水为 GB/T 6682 规定的二级水。

① 甲醇。

② 氟苯尼考参考物质的中文名称、英文名称、CAS 登录号、分子式、分子量见表 3-6-1，纯度 ≥ 95%。

表3-6-1　氟苯尼考的中文名称、英文名称、CAS登录号、分子式、分子量

中文名称	英文名称	CAS 登录号	分子式	分子量
氟苯尼考	Florfenicol	73231-34-2	$C_{12}H_{14}Cl_2FNO_4S$	358.21

③ 氟苯尼考标准储备液（1mg/mL）：准确称取氟苯尼考标准品100mg，用甲醇稀释至 100mL，摇匀，配制成 1mg/mL 的标准储备液。

④ 氟苯尼考中间标准溶液（10mg/L）：准确移取 1.0mL 氟苯尼考标准储备液（1mg/mL），

用甲醇稀释配制成 100mL，摇匀，配制成 10mg/L 的中间标准溶液。

⑤ 氟苯尼考标准工作溶液（100μg/L）：准确移取 1.0mL 氟苯尼考工作液（10mg/L），用甲醇稀释至 100mL，摇匀，配制成 100μg/L 的标准工作溶液。

2. 仪器设备准备

① 电子天平：感量分别为 0.1g，0.0001g。

② 均质器。

③ 旋涡混合器。

④ 计时器。

⑤ 微量移液枪：200μL，1000μL。

⑥ 胶体金读数仪（可选）。

3. 检测环境准备

环境条件：温度 20~30℃，湿度 ≤ 80%。

 任务实施

1. 试样制备

将新鲜的鸡蛋打碎至 100mL 烧杯内，用均质器充分搅匀蛋清和蛋黄。

2. 试样的提取和净化

称取 0.2g 搅匀的鸡蛋样品于 2mL 离心管中，并加入 1.2mL 氟苯尼考样品稀释液。盖紧管盖，旋涡混合 1min，或上下剧烈振荡 1min 后，用滴管用力吹打离心管中的液体（吹打次数不少于 10 次），使样品与稀释液充分混匀，混匀后的液体即为样品待测液。

3. 测定步骤

（1）试纸条与金标微孔测定步骤　吸取适量样品待测液于金标微孔中，抽吸 5~10 次混合均匀，室温（20~30℃）温育 5min，将试纸条吸水海绵端垂直向下插入金标微孔中，温育 5~8min，从微孔中取出试纸条，进行结果判定。

（2）检测卡测定步骤　将检测卡（不要打开铝箔袋）及待测的样本恢复至室温（20~30℃）。打开铝箔袋取出相应数量的检测卡板（打开后请立即使用），平置于检测台上。用移液枪移取 150μL 样品待测液直接滴加到检测卡板的加样孔（S）中。加样后开始计时，温育 5~8min，直接进行结果判定。

4. 质控试验

每批样品应同时进行空白试验和加标质控试验。

（1）空白试验　称取空白试样，按照测定步骤与样品同法操作。

（2）加标质控试验　准确称取空白样品适量（精确至 0.01g）于 2mL 离心管中，加入适量氟苯尼考标准工作液，使其浓度为 5μg/kg，并加入 1.2mL 氟苯尼考样品稀释液，按照测定步骤与样品同法操作。

 结果记录与报告

结果记录见表 3-6-2。

表3-6-2 鸡蛋中氟苯尼考的快速检测原始记录

抽样单编号		样品名称		样品状态	
检测依据		检测项目		检测地点	
标准溶液批号		试剂盒批号		仪器名称/编号	
环境条件					
样品编号	平行样检测结果				检验结论
	平行1		平行2		
	☐阴性 ☐阳性 ☐无效		☐阴性 ☐阳性 ☐无效		
	☐阴性 ☐阳性 ☐无效		☐阴性 ☐阳性 ☐无效		
	☐阴性 ☐阳性 ☐无效		☐阴性 ☐阳性 ☐无效		
	☐阴性 ☐阳性 ☐无效		☐阴性 ☐阳性 ☐无效		
	☐阴性 ☐阳性 ☐无效		☐阴性 ☐阳性 ☐无效		
	☐阴性 ☐阳性 ☐无效		☐阴性 ☐阳性 ☐无效		
说明	阳性结果的样品需要重复检验2次以上。空白试验测定结果应为阴性,加标质控试验测定结果应均为阳性				
检测人员/日期:			复核人员/日期:		

💡 注意事项

① 所有试剂、材料、试纸条应在室温(约25℃)下使用。如果试纸条在4℃保存,应提前将试纸条平衡至室温(约25℃)后再进行加样。

② 试纸条的最佳保存条件是4℃阴凉、避光、干燥处,以保持抗体等蛋白质的稳定性。检测人员根据样品的需要取用试纸条,用多少取多少,切忌随意丢弃和堆放。在使用过程中,先做样品的采集和预处理,然后打开试纸条的包装,并且开封即用。

③ 加样时试纸条应水平放置,按照要求的加样量悬空加样。如果样品吸收过量,可以待样品部分吸收后再逐次滴加。禁止拿着试纸条直接接样品,或者加完样后拿着试纸条左右翻看。

④ 在规定时间进行结果判读。超过规定时间后,由于金标的扩散等原因可能会观察到假信号。

📋 任务评价

任务评价见表3-6-3。

表3-6-3 鸡蛋中氟苯尼考的快速检测评价表

任务环节(100分)	评价内容	评价重点	得分
实验准备(20分)	器材准备(10分)	清点试剂、仪器、材料(5分)	
		合理进行实验标记和摆放(5分)	
	试剂配制(10分)	正确计算试剂用量(5分)	
		正确配制试剂和标准溶液(5分)	

续表

任务环节（100分）	评价内容	评价重点	得分
样品处理（15分）	称量（5分）	正确使用天平（5分）	
	提取（10分）	正确制备待测液（5分）	
		样品处理操作规范（5分）	
样品检测（25分）	样品测试（15分）	正确准备检测卡（5分）	
		检测卡操作规范（10分）	
	质控试验（10分）	正确设置空白试验（5分）	
		正确设置加标质控试验（5分）	
结果报告（20分）	数据记录（10分）	记录准确、及时、规范（10分）	
	结果判定（10分）	正确进行质控试验结果判读（3分）	
		正确进行样品测定结果判读（3分）	
		正确判定检测结果（4分）	
职业素养（20分）	着装（2分）	按规定着装（2分）	
	整理（5分）	废弃物处理合理，清洁操作台（5分）	
	安全操作（5分）	操作安全、规范（5分）	
	熟练度（3分）	操作熟练，按时完成（3分）	
	其他（5分）	无试剂浪费（2分）	
		及时填写仪器使用记录（3分）	
总分			

项目七

粮食中重金属镉的快速检测

结果记录与评价表单

任务描述

某公司在湖南某地收购稻米，由于该地农田土壤中镉含量较高，存在稻米中镉含量超标的风险，所以公司要求收购稻米时对稻米中的镉含量进现场快速定量检测并进行结果报告，请你根据上述要求完成相应检测工作。

任务解析

1. 检测依据

谷物中镉、铅、铜、砷含量的快速测定 阳极溶出伏安法（DB45/T 1546—2017）。

2. 检测原理

在一定的电解质溶液中，以修饰电极作工作电极，以银-氯化银电极作参比电极，以铂丝电极作对电极，在一定的预电解电位下，样品中重金属离子被还原富集于工作电极上。静止一段时间后，工作电极上电位按一定速率从负向正扫描，使重金属离子自电极溶出，得到溶出过程的电流-电位曲线。根据重金属离子溶出峰电位和峰高，用标准加入法定量计算被测物的含量。

任务准备

1. 试剂准备

除另有规定外，所用试剂均为分析纯，水为 GB/T 6682 规定的二级水。

① 检测底液：醋酸-醋酸铵缓冲溶液（1mol/L）。

② 镀膜液：氯化汞溶液（0.01mol/L）。

③ 提取液：硝酸（优级纯）。

④ 镉标准溶液：镉标准溶液采用有证标准溶液或按照 GB/T 603—2002 进行配制，其浓度为 0.5mg/L。

⑤ 高氯酸：优级纯。

2. 仪器设备准备

① 便携式重金属快速检测仪。

② 天平：感量为 0.1g。

③ 超声波清洗仪。

④ 谷物粉碎机。

⑤ 电热板。

3.检测环境准备

环境条件：温度 5~40℃，湿度 ≤ 85%。

任务实施

1.样品处理

取约 100g 大米粉碎 50s，准确称取 0.4g 大米粉末于 50mL 离心管中。加入 1mL 检测底液、1mL 纯净水和 4 滴样品提取液，混匀。将离心管置于超声波清洗仪中超声（振荡器及手动振摇亦可）5min（稻谷、糙米 7min）。取下离心管，加入 18mL 纯净水，混匀后静置约 1min。取上清液经过滤器过滤，收集滤液作为样品处理液（滤液应大于 10g）。

2.镀膜

向检测杯中加入 1mL 的镀膜液、9mL 纯净水，将组装好的电极模块插入上述检测杯中，点击"镀膜"键，设置电位 -1500mV，时间 180s。

3.样品检测

一次扫描：称取 10g 样品处理液于检测杯，将完成镀膜的电极模块插入上述检测杯中，点击" 一次扫描 "。

二次扫描：向检测杯中加入 100μL 镉标准溶液（0.5mg/L），点击" 二次扫描 "，扫描结束即可得到检测结果。

4.质控试验

（1）空白试验　称取空白试样，与样品同法操作。

（2）加标质控试验　以 Cd（食品镉）或 Cd（镉）项目标准品进行验证，具体操作如下：

① 镀膜：取一检测杯，加入 1mL 镀膜液 A、9mL 纯净水，检测杯上机。将组装好的电极模块连接仪器，打开检测软件，选择项目镉，点击" 镀膜 "键，设置电压 -1500mV，时间 180s，点击" 确定 "开始镀膜。

② 一次扫描（检测）：取 1mL 镉检测底液于检测杯中，加入 8.9mL 水，再加入 100μL 的镉标准溶液（0.5mg/L）。将电极换到此检测杯中，点击" 一次扫描（检测）"键，扫描结束后记录一次扫描镉峰电位 - 电流数据。

③ 二次扫描（加标）：再次向检测杯中加入 100μL 的镉标准溶液（0.5mg/L），点击"二次扫描（加标）"键，扫描结束后记录二次扫描镉峰电位 - 电流数据。

④ 检测结果：检测完成后，结果显示在" 检测结果 "栏，记录检测结果。

结果记录与报告

结果记录见表 3-7-1。

表3-7-1 粮食中重金属镉的快速检测原始记录

抽样单编号		样品名称		样品状态	
检测依据		检测项目		检测地点	
标准溶液批号		仪器名称/编号		环境条件	
样品编号		镉浓度值		检验结论	
结果判定	依据 GB 2762—2017《食品安全国家标准 食品中污染物限量》对检测结果进行判定。GB 2762—2017 规定：谷物中镉的含量应 ≤ 0.1mg/kg，稻谷，糙米及大米中镉的含量应 ≤ 0.2mg/kg				
检测人员/日期：			复核人员/日期：		

注意事项

① 电极镀膜后，不可长期裸露空气中，否则影响电极灵敏度；

② 一个电极片镀膜一次可检测 5~7 个样品，更换新的电极片后都需要镀膜后再开始样品处理液的检测流程；

③ 稀释好的镀膜液当天都可重复使用进行镀膜操作。

任务评价

任务评价见表 3-7-2。

表3-7-2 粮食中重金属镉的快速检测评价表

考核环节（100分）	考核内容	考核重点	得分
实验准备（15分）	试剂配制（10分）	正确计算试剂用量（5分）	
		正确配制试剂（5分）	
	仪器准备（5分）	仪器预热（3分）	
		比色皿清洗（2分）	
预处理（20分）	称量（5分）	正确使用天平（5分）	
	提取（15分）	正确选择提取方法（5分）	
		提取操作规范（10分）	
上机操作（40分）	仪器操作（20分）	正确设置测定参数（5分）	
		正确安装使用电极模块（10分）	
		正确录入样品信息（5分）	
	样品测试（20分）	选择正确的提取方法（5分）	
		样品前处理准确（5分）	
		样品测试操作规范（10分）	

考核环节（100分）	考核内容	考核重点	得分
数据处理（15分）	数据记录（10分）	记录准确、及时、规范（10分）	
	结果判定（5分）	正确判定测定结果（5分）	
职业素养（10分）	着装（2分）	按规定着装（2分）	
	整理（3分）	废弃物处理合理，清洁操作台（3分）	
	安全操作（2分）	操作安全（2分）	
	其他（3分）	操作熟练，按时完成（3分）	
总分			

酶联免疫法（ELISA）快速检测猪肉中瘦肉精

结果记录与评价表单

 任务描述

现某检测室收到一批动物组织样品，客户要求使用多功能肉类安全测定仪及配套 ELISA 试剂盒对组织中盐酸克伦特罗实施快速检测并进行结果分析、报告，请你根据上述要求完成相应检测工作。

 任务解析

1. 检测依据

动物组织中盐酸克伦特罗的残留测定——酶联免疫吸附法（DB34/T 823—2008）。

2. 检测原理

ELISA 法测定的基础是抗原抗体反应。检测原理是微孔板上预先包被克伦特罗合成抗原，将克伦特罗标准品或样品与酶标记克伦特罗抗体加到小孔中，经过孵育及洗涤步骤后，样品中游离的克伦特罗与包被的克伦特罗抗原竞争酶标记的克伦特罗抗体，未结合的酶标记克伦特罗抗体在清洗步骤中被除去，将显色液加入孔中并且孵育，已结合的酶标记克伦特罗抗体将无色的显色液转化为蓝色的产物。加入反应终止液后使颜色由蓝色转为黄色。在 450nm 处测量，吸光强度与样品的克伦特罗浓度成反比。

 任务准备

1. 试剂盒

厂家提供相应"瘦肉精"盐酸克伦特罗 ELISA 检测试剂盒，包括以下物质。

① 微量测试孔：1×96 孔板（12 条 × 8 孔），预先包被克伦特罗合成抗原。

② 克伦特罗标准品溶液 ×6 瓶：0、0.1ng/L、0.3ng/L、0.9ng/L、2.7ng/L、8.1ng/L。

③ 克伦特罗高浓度标准品 ×1 瓶：100ng/L。

④ 酶标记物。

⑤ 抗体工作液。

⑥ 底物溶液。

⑦ 底物显色液。

⑧ 终止液。

⑨ 20× 浓缩洗涤液。

2. 自备试剂

除另有规定外，本方法所用试剂均为分析纯，水为 GB/T 6682 规定的二级水。

包括乙腈、甲醇、正己烷、无水硫酸钠、去离子水。

3. 仪器设备准备

① 96 通道多功能肉类安全测定仪。

② 8 通道可调移液器（50~300μL）。

③ 8 通道可调移液器（5~50μL）。

④ 单通道移液器（20~200μL）。

⑤ 单通道移液器（5mL）。

⑥ 旋转蒸发仪。

⑦ 氮气吹干装置。

⑧ 均质器。

⑨ 振荡器。

⑩ 涡旋仪。

⑪ 离心机。

⑫ 天平：感量 0.1g。

4. 检测环境准备

环境条件：温度 20~25℃，湿度 ≤ 80%。

 任务实施

1. 试样的提取

样本处理前须知，处理任何样本时，都必须注意：

① 实验中必须使用一次性吸头，在吸取不同的试剂时要更换吸头；

② 实验前须检查各种实验器具是否干净，必要时可对实验器具进行清洁，以避免污染干扰实验结果。

（1）组织样本的处理方法一

① 称 2g±0.1g 组织，加入 6mL 去离子水，充分振荡 2min，室温 4000r/min 以上离心 10min。

注：若组织样本中油脂含量较高，可在振荡后放入 85℃ 水浴，10min 后再离心。

② 取 50μL 上清液进行分析。

样本稀释倍数：3

（2）组织样本（肌肉和肝脏）处理方法二

① 称取均匀后的组织样本 2g±0.1g，加入 6mL 乙腈溶液，充分振荡 2min。4000r/min 以上，15℃ 离心 10min。

② 取上清液 4mL 在 56℃ 条件下氮气或空气流吹至完全干燥。

a. 肉样本：加入 1mL 去离子水混合振荡 30s，取 50μL 用于分析。

肉样本稀释倍数：1

b. 肝脏样本：加入 2mL 正己烷振荡溶解，再加入 1mL 去离子水混合振荡 30s。4000r/min 以上 15℃ 离心 5min，去除上层；取 50μL 下层与 50μL 去离子水混匀；取 50μL 用于分析。

肝脏样本稀释倍数：2

2. 检测

（1）测定前应须知

① 使用之前将所有试剂和需用板条的温度回升至室温（20~25℃）。

② 使用之后立即将所有试剂放回 2~8℃ 环境保存。

③ ELISA 分析中的再现性，很大程度上取决于洗板的一致性，正确的洗板操作是 ELISA 测定程序中的要点。

④ 在所有恒温孵育过程中避免光线照射，用盖板膜盖住微孔板。

（2）操作步骤

① 将所需试剂从冷藏环境中取出，置室温（20~25℃）平衡 30min 以上，注意每种液体试剂使用前均须摇匀。

② 按板架及需要取出微孔条，将不用的微孔放入自封袋，保存于 2~8℃。

③ 洗涤工作液在使用前也需回温。

④ 仪器软件设置：在主操作界面选取测定类型"克伦特罗"，通过主菜单的"功能测定参数设置"项，设定测定波长为 450nm，系数设为：

方法一处理的组织样品系数（稀释倍数）：4；

方法二处理的组织样品系数（稀释倍数）：肉为 1；肝为 2。

⑤ 编号：将样本和标准品对应微孔按序编号每个样本和标准品做 2 孔平行，并记录标准孔和样本孔所在的位置。

⑥ 加标准品 / 样本：加标准品 / 样本 50μL/ 孔，然后加酶标记物 50μL/ 孔，再加入抗体工作液 50μL/ 孔。轻轻振荡混匀，用盖板膜盖板，25℃ 环境反应 30min。

⑦ 洗板：取出检测板，将孔内液体甩干，用洗涤液按每孔 250μL 洗板 4~5 次，每次浸泡 15~30s，用吸水纸拍干（拍干后未被清除的气泡可用干净的枪头刺破）。

⑧ 显色：每孔加入底物溶液 50μL，再加显色液 50μL，轻轻振荡混匀，25℃ 环境避光显色 15min。

⑨ 测定：每孔加入终止液 50μL，轻轻振荡混匀完成后，把检测板放进仪器，点击计算机软件中的"样品测定"键，最快 1min 可得检测样品实际浓度。

3. 质控试验

（1）空白试验　移取空白待测试样，与样品同法操作。

（2）加标质控试验　移取空白待测试样，加入一定浓度克伦特罗标准溶液，与样品同法操作。

4. 结果记录与报告

结果记录见表 3-8-1。

表3-8-1　组织中盐酸克伦特罗的ELISA快速检测原始记录

抽样单编号		样品名称			样品状态	
检测依据		检测项目			检测地点	
标准溶液批号		仪器名称/编号			环境条件	
标准系列	浓度（　）					
	吸光度OD					
	回归方程					

样品编号	平行样1浓度（　）	平行样2浓度（　）	平均浓度（　）	判断	备注

说明	注意：在重复性条件下获得的两次独立测定结果的绝对差值不得超过算术平均值的20%。猪肉中盐酸克伦特罗标准：加拿大和WHO是40ng/L，而联合国粮农组织则是10ng/L。中国、日本和新西兰规定该国生产不许使用盐酸克伦特罗，但进口猪肉中则允许有小于10ng/L的残留。空白试验测定结果为阴性，加标质控试验测定结果均为阳性

检测人员/日期：　　　　　　　　　复核人员/日期：

注意事项

① 使用前将所有试剂温度回升至室温（20~25℃）。试剂及标本没有回到室温（20~25℃），会导致所有标准的OD值偏低。

② 在洗板过程中如果出现板孔干燥的情况，则会伴随着出现标准曲线不成线性、重复性不好的现象。所以洗板拍干后应立即进行下一步操作。

③ 混合要均匀，否则会出现重复性不好的现象。

④ 反应终止液为2mol/L硫酸，避免接触皮肤。

⑤ 不要使用过了有效日期的试剂盒，稀释或掺杂使用会引起灵敏度、OD值的变化。不要交换使用不同批号的盒中试剂。

⑥ 不用的微孔板放进入封袋密封；标准物质和无色的发色剂对光敏感，因此要避免直接暴露在光线下。

⑦ 显色液若有任何颜色表明变质，应当弃之。0标准的吸光度值小于0.5个单位（$OD_{450} < 0.5$）时，表示试剂可能变质。

⑧ 该试剂盒最佳反应温度为25℃，温度过高或过低将导致检测吸光度值和灵敏度发生变化。

任务评价

任务评价见表3-8-2。

表3-8-2 酶联免疫法快速检测猪肉中"瘦肉精"评价表

任务环节（100分）	评价内容	评价重点	得分
实验准备（15分）	试剂配制（10分）	正确计算试剂用量（5分）	
		正确配制试剂（5分）	
	仪器耗材准备（5分）	仪器预热（3分）	
		正确计算微孔板使用孔数（2分）	
预处理（20分）	称量（5分）	正确使用天平（5分）	
	提取（15分）	正确选择提取方法（5分）	
		提取操作规范（10分）	
上机操作（25分）	仪器操作（5分）	正确设置参数和录入样品信息（3分）	
		正确放置样品板（2分）	
	样品测试（20分）	正确添加标准品/样品（5分）	
		正确进行洗板操作（5分）	
		样品测试操作规范（10分）	
数据处理（30分）	数据记录（10分）	记录准确、及时、规范（10分）	
	数据计算（15分）	正确书写计算公式（5分）	
		按有效数字保留计算结果（5分）	
		结果精密度（5分）	
	结果判定（5分）	正确判定测定结果（5分）	
职业素养（10分）	着装（2分）	按规定着装（2分）	
	整理（3分）	废弃物处理合理，清洁操作台（3分）	
	安全操作（2分）	操作安全（2分）	
	其他（3分）	操作熟练，按时完成（3分）	
总分			

拉曼光谱法快速检测保健食品中西地那非和他达拉非

结果记录与评价表单

任务描述

现某检测室收到一批保健品样品，客户要求采用拉曼光谱法对保健品中西地那非、他达拉非实施快速检测并进行结果报告，请你根据上述要求完成相应检测工作。

任务解析

1. 检测依据

《食品中那非类物质的测定》（BJS 201805）。

本方法规定了抗疲劳保健食品中西地那非和他达拉非的快速测定方法。本方法适用于保健酒、胶囊、片剂、粉剂、药酒、保健口服液等抗疲劳保健食品。

2. 检测原理

样品经碱化、溶剂提取后用酸性试剂反萃取，加表面增强拉曼光谱试剂对目标分子的拉曼信号进行增强。用拉曼光谱仪采集样品的拉曼光谱信号进行分析，以那非类特有的拉曼特征峰作为那非类定性基准峰，以基质中稳定存在的拉曼峰为内标峰，根据那非类特征峰与内标峰的相对强度和那非类的浓度绘制标准曲线，内置后进行定性、定量判别。

任务准备

1. 试剂准备

除另有规定外，本方法所用试剂均为分析纯，水为 GB/T 6682 规定的二级水。

① 乙酸乙酯：HPLC 级。

② 甲醇：HPLC 级。

③ 氢氧化钠溶液（2mmol/L）：准确称取氢氧化钠（AR）0.08g 于 1L 容量瓶中，用水溶解并定容至刻度，混匀后备用。

④ 醋酸溶液（0.1%）：准确称取醋酸（AR）1g 于 1L 容量瓶中，用水溶解并定容至刻度，混匀后备用。

⑤ 表面增强试剂 A：纳米胶体金或胶体银，或增强性能相当的其他纳米材料。

表面增强试剂 Au（胶体金增强试剂）：向已清洗干净的三口烧瓶中加入 1mL 质量分数为 1% 的氯金酸钾水溶液，再加入二次蒸馏水 99mL，磁力搅拌下加热。待溶液开始沸腾时（开始有气泡产生），迅速加入适量体积的 1% 柠檬酸三钠水溶液，待其变色后继续加热 30min，得红色胶体金溶液，冷却至室温备用。增强试剂配制用水为 GB/T 6682 规定的一级水。

表面增强试剂 Ag（胶体银增强试剂）：向已清洗干净的三口烧瓶中加入 1mL 质量分数为 1% 的硝酸银水溶液，再加入二次蒸馏水 99mL，磁力搅拌下加热。待溶液开始沸腾时（开始有气泡产生），迅速加入适量体积的 1% 柠檬酸三钠水溶液，待其变色后继续加热 30min，得灰绿色胶体银溶液，冷却至室温备用。增强试剂配制用水为 GB/T 6682 规定的一级水。

⑥ 表面增强试剂 B：称取 0.12g 氯化钾，溶于 100mL 水中，摇匀，备用，或配制成其他相当的无机盐溶液。

⑦ 标准物质

西地那非（sildenafil，CAS 登记号：139755-83-2，分子式：$C_{22}H_{30}N_6O_4S$）标准品：纯度 ≥ 99%。

他达拉非（tadalafil，CAS 登记号：171596-29-5，分子式：$C_{22}H_{19}N_3O_4$）标准品：纯度 ≥ 99%。

⑧ 标准溶液配制

西地那非、他达拉非标准储备液（1.0mg/mL）：准确上述标准品适量，分别置于 100mL 容量瓶中，用甲醇溶解并稀释至刻度，摇匀。于 4℃ 避光保存，有效期 1 个月。

西地那非、他达拉非标准工作液（0.01mg/mL）：准确称取上述标准储备液适量，分别置于 100mL 容量瓶中，用甲醇溶解并稀释至刻度，摇匀。于 4℃ 避光保存，有效期 7 天。

2.仪器设备准备

① 拉曼光谱仪：便携式或手持式或其他型式，配备稳频激光光源，发射波长为 785nm±1nm，线宽 < 0.1nm，能量不少于 100mW；分辨率 ≤ 10cm^{-1}；光谱响应范围 250~1800cm^{-1} 或更宽范围；需支持位移和 Y 轴校正功能。

配光谱采集软件或分析软件，应内置上述那非类化合物的辨识数据库及定性识别算法；应支持标准曲线绘制，并支持定量校正因子。

② 移液器。

③ 超声波发生器。

④ 旋涡混合器。

⑤ 离心机：转速 ≥ 10000r/min。

⑥ 电子天平：感量为 0.01g。

⑦ 塑料具塞离心管：2mL 和 10mL。

3.检测环境准备

环境条件：温度 15~35℃，湿度 ≤ 80%。

任务实施

1. 试样的提取

液体样本直接摇匀后均分成两份，分别用洁净容器分装后密封，标记备用，0~4℃保存。准确称取 1.0g 试样于 10mL 塑料具塞离心管中，加入 0.1mL 氢氧化钠溶液和 4mL 乙酸乙酯，超声提取 2min，取出冷却后将样品全部转移至 2mL 塑料具塞离心管中，离心 10s；合并离心后的上清液至另一洁净的 2mL 塑料具塞离心管中，加入 0.5mL 醋酸溶液，涡旋振荡 10s 后，静置待其分层，下层清液待测。

2. 测定步骤

（1）拉曼光谱仪器参考条件　激光能量 200mW，数据采集时间 2.5s。

（2）测定　在仪器样品池中依次加入 200μL 增强试剂 A，100μL 待测下层清液，再加入 100μL 增强试剂 B，涡旋振荡 3s 后，立即置于检测仓中进行检测。

3. 质控试验

每批样品应同时进行空白试验和加标质控试验。

（1）空白试验　准确称取空白试样 5.0g 或 5.0mL 置于 10mL 具塞离心管中，与样品测定同法操作。

（2）加标质控试验　准确称取空白试样 5.0g 或 5.0mL 置于 10mL 具塞离心管中，加入 100μL 西地那非等标准工作液（0.01mg/mL），使那非类物质的浓度为 0.2mg/kg，与样品测定同法操作。

结果记录与报告

结果记录见表 3-9-1。

表3-9-1　拉曼光谱法快速检测保健食品中西地那非和他达拉非原始记录

抽样单编号		样品名称			样品状态	
检测依据		检测项目			检测地点	
标准溶液批号		仪器名称/编号			环境条件	
样品编号	特征峰				检验结论	
	他达拉非		西地那非			

说明	1. 谱图分析和结果判定 　　仪器软件将测试结果与标准谱图库中的那非类物质谱图进行匹配计算，根据样品的特征拉曼光谱及内置匹配算法对样品中的那非类物质进行结果判定：显示测试结果并判定阴性或阳性。阴性代表该样品不含有那非类物质或低于 0.2mg/kg，阳性则代表该样品含有那非类物质且大于等于 0.2mg/kg。保健食品中那非类物质表面增强拉曼光谱图参见图 3-9-1。定性判断条件及特征峰信息参见附录 A（本页下方）。 　　还可选取样本中稳定存在的拉曼特征峰峰为内标峰，根据各种那非类物质的特征峰与内标峰的相对强度和化合物的浓度绘制标准曲线，内置后进行定性、定量判别。 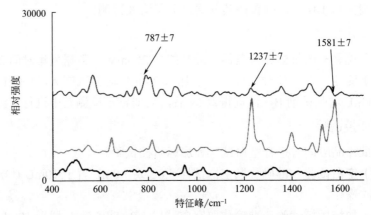 图 3-9-1　保健食品中西地那非等那非类物质表面增强拉曼光谱图 自下而上：空白、西地那非、他达拉非 2. 质控试验要求 空白试样测定结果应为阴性，加标质控样品测定结果应为阳性。 3. 确证 本方法为初筛方法，当检测结果为阳性时，应采用标准方法对样品检测结果进行确证。本方法做定量判别时，可根据样品实际出峰选取内标峰进行定量曲线绘制。 4. 其他 本方法所述表面增强试剂 Au、表面增强试剂 Ag 及增强试剂 B 种类、配制方法和操作步骤仅供参考，在使用本方法时不做限定。方法使用者在使用替代试剂或操作步骤前，须对其进行考察，应满足本方法规定的各项性能指标。 本方法参比标准为《食品中那非类物质的测定》（BJS201805）。 附录 A <table><tr><td rowspan="2">化合物</td><td colspan="2">特征峰 [a]/cm⁻¹</td></tr><tr><td>特征峰</td><td>定性特征峰 [b]</td></tr><tr><td>西地那非</td><td>447,642,810,1232,1528,1581</td><td>1232,1528,1581</td></tr><tr><td>他达拉非</td><td>574,787,812,1231,1358,1550</td><td>812,1231,1358</td></tr></table>西地那非和他达拉非的部分特征峰参数 a. 上述化合物在不同增强试剂、不同制式的拉曼光谱仪上特征峰出峰位置可能有差异，此表中数据供实验人员参考； b. 定性特征峰信息供参考，实验人员可根据使用的试剂、设备择优选取定性特征峰及定量特征峰。

检测人员 / 日期：　　　　　　　　　　　　　　复核人员 / 日期：

任务评价

任务评价见表3-9-2。

表3-9-2　拉曼光谱法快速检测保健食品中西地那非和他达拉非评价表

任务环节（100分）	评价内容	评价重点	得分
实验准备（15分）	试剂配制（10分）	正确计算试剂用量（5分）	
		正确配制试剂（5分）	
	仪器准备（5分）	仪器开机检查（3分）	
		样品池清洗（2分）	
预处理（30分）	称量（5分）	正确使用天平（5分）	
	提取（25分）	正确选择提取方法（5分）	
		提取操作规范（20分）	
上机操作（25分）	仪器操作（25分）	正确设置测定参数（5分）	
		正确使用样品池（5分）	
		正确录入样品信息（5分）	
		样品测试操作规范（10分）	
数据处理（20分）	数据记录（10分）	记录准确、及时、规范（10分）	
	结果判定（10分）	正确判定测定结果（10分）	
职业素养（10分）	着装（2分）	按规定着装（2分）	
	整理（3分）	废弃物处理合理，清洁操作台（3分）	
	安全操作（2分）	操作安全（2分）	
	其他（3分）	操作熟练，按时完成（3分）	
总分			

便携质谱法快速检测多菌灵农药残留量

 任务描述

结果记录与评价表单

现某检测室收到一批蔬菜样品，客户要求采用质谱法对蔬菜中多菌灵实施快速检测并进行结果报告，请你根据上述要求完成相应检验工作。

 任务解析

电喷雾离子化（ESI）是目前应用最广泛地用于液体样品电离的常压离子化源，由 J. B. Fenn 在 1984 年首次提出。它的出现极大地推动了质谱在生物大分子检测方面的应用，因此获得了 2002 年的诺贝尔化学奖。电喷雾离子化过程的原理如图 3-10-1 所示，在毛细管末端出口处加一高电压，使极性溶液液滴在强电场中积累电荷，并使流出的液体雾化形成细小的带电液滴。随着溶剂的蒸发，液滴的直径变小，表面所带的电荷密度增加。对于带电液滴，存在着一个雷利稳定限（Raleigh limit），即：

$$q = 8\pi(\varepsilon_0 \gamma R^3)^{\frac{1}{2}}$$

其中，q 为小液滴电荷数；ε_0 为真空介电常数；R 为液滴半径；γ 为溶液表面张力。当液滴表面电荷达到雷利稳定限时，库仑斥力大于表面张力，导致液滴破裂成较小的液滴，再蒸发溶剂，再次达到雷利稳定限，再一次破裂，如此循环，当溶剂从小液滴中完全蒸发后，最终形成气相离子。

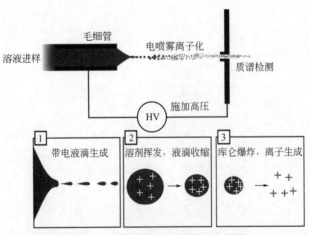

图3-10-1 电喷雾离子化原理示意图

离子生成后，在气流场作用下被引入到质谱仪真空腔内，经过离子透镜的传输到达质量分析器。本项目使用的是离子阱分析器，这是一种动态存储、陷阱型的分析器装置，通过施加一定的射频高压在阱内构建四极场，控制离子存储和出射两个过程。在离子检测阶段，通过在原有射频电场上叠加特定的辅助波形，就能实现共振激发出射功能，使离子将按质量数的大小被逐一激发并到达检测器，产生原始的离子信号，经过单位转换和标定后就产生质谱图。通过质谱图上谱峰的质荷比及强度就能测得溶液中各组分的种类和含量，实现定性及定量分析。

离子阱分析器的另一个优势是可以利用单一器件实现时间上的串级质谱分析，即选定目标物离子，利用碰撞诱导解离的方式将其破碎，并对碎裂后的离子碎片进行质谱分析，进而完成对目标物离子结构的鉴定，以达到更高的检测准确度。本实验即利用自吸式电喷雾离子化的方式配合离子阱小型质谱仪的二级串级质谱分析，实现蔬菜中多菌灵农药残留的快速检测。

 任务准备

1. 试剂准备

① QuEChERS 提取盐包：1.6g 无水硫酸镁，0.4g 氯化钠，0.4g 柠檬酸钠，0.2g 柠檬酸二钠盐。

② QuEChERS 净化瓶，含净化包：300mg 硫酸镁，75mg PSA（N- 丙基乙二胺）吸附剂，5mg GCB（石墨化炭黑）吸附剂。

③ 氧化锆均质子：规格 3mm/22 颗。

④ 乙腈：HPLC 级。

⑤ 0.5mL、50mL 离心管。

⑥ 针头式尼龙滤膜（孔径 0.22μm，滤膜直径 13mm），通用型滤膜。

2. 仪器设备准备

① 便携式质谱。

② 电子秤。

③ 旋涡振荡器。

④ 离心机。

3. 检测环境准备

环境条件：温度 15~35℃，湿度 ≤ 80%。

 任务实施

1. 试样的提取

将待测蔬菜切至 0.3~0.5cm 小块，称取 4g 样品于 50mL 离心管中，依次加入 4mL 乙腈、氧化锆均质子及 QuEChERS 提取盐包，在旋涡混合器上涡旋 1min；然后 4000r/min 离心 5min。

转移 2mL 上清液于装有 QuEChERS 净化包的净化瓶中，在旋涡混合器上涡旋 / 或大力摇晃 1min，使用 0.22μm 尼龙滤膜过滤，装于 0.5mL 离心管中，待上机测试。

2. 测定步骤

① 将小质谱电源线接通电源；

② 打开小质谱机械泵开关约 10min 后，打开小质谱分子涡轮泵开关；

③ 打开小质谱平板电脑，在任务栏右下角连接小质谱 WIFI；

④ 打开小质谱工作站（专家版）；

⑤ 检查真空，真空值为正常后（0.07~0.15）即可进行测试；

⑥ 在测试方法菜单中选中多菌灵的测试方法，将待测样品放入测试位，点击测试。

3. 质控试验

每批样品应同时进行空白试验和加标质控试验。

（1）空白试验　称取空白试样，提取步骤与样品同方法操作。

（2）加标质控试验　准确称取空白蔬菜试样 4g（精确至 0.01g）置于 50mL 离心管中，加入 20μL 标准中间液（100μg/mL），使多菌灵浓度为 500μg/kg，提取步骤与样品同法操作。

 结果记录与报告

结果记录见表 3-10-1。

表3-10-1　便携质谱法快速检测蔬菜中多菌灵农药残留量原始记录

抽样单编号		样品名称		样品状态	
检测依据		检测项目		检测地点	
标准溶液批号		仪器名称/编号		环境条件	
样品编号		检测结果			
	□ 阴性　<500μg/kg　　□ 阳性　≥500μg/kg				
	□ 阴性　<500μg/kg　　□ 阳性　≥500μg/kg				
	□ 阴性　<500μg/kg　　□ 阳性　≥500μg/kg				
结果判定	仪器软件将测试结果与标准谱图库中的多菌灵进行匹配计算，对样品中的多菌灵进行结果判定，显示测试结果并判定阴性或阳性。阴性代表该样品不含有多菌灵或低于 500μg/kg，阳性则代表该样品含有多菌灵且大于等于 500μg/kg。多菌灵 MS1&MS2 谱库图谱如图 3-10-2 所示。 图 3-10-2　多菌灵 MS1&MS2 谱库图谱

续表

结果判定	① 阳性结果 样品二级质谱图与标准物质二级质谱图相匹配，表明样品中多菌灵高于方法检测限，判定为阳性。 ② 阴性结果 样品二级质谱图与标准物质二级质谱图不匹配，表明样品中多菌灵低于方法检测限，判定为阴性。
说明	① 结果判定为阳性，阳性结果的样品需要重复检验 2 次以上。 ② 空白试验测定结果应为阴性，加标质控试验测定结果应均为阳性。
检测人员 / 日期：	复核人员 / 日期：

注意事项

　　在测试实际样品前，或测试到阳性样品后，应使用空白溶剂样品上机测试，当测试结果为阴性时，方可进行下一个样品的测试。

任务评价

　　任务评价见表 3-10-2。

表3-10-2　便携质谱法快速检测蔬菜中多菌灵农药残留量评价表

任务环节（100 分）	评价内容	评价重点	得分
实验准备（15 分）	试剂配制（10 分）	正确计算试剂用量（5 分）	
		正确配制试剂（5 分）	
	仪器准备（5 分）	仪器开机步骤（5 分）	
预处理（30 分）	称量（5 分）	正确使用天平（5 分）	
	提取（25 分）	正确选择提取方法（5 分）	
		提取操作规范（20 分）	
上机操作（25 分）	仪器操作（25 分）	正确设置测定参数（5 分）	
		正确录入样品信息（5 分）	
		样品测试操作规范（15 分）	
数据处理（20 分）	数据记录（10 分）	记录准确、及时、规范（10 分）	
	结果判定（10 分）	正确判定测定结果（10 分）	
职业素养（10 分）	着装（2 分）	按规定着装（2 分）	
	整理（3 分）	废弃物处理合理，清洁操作台（3 分）	
	安全操作（2 分）	操作安全（2 分）	
	其他（3 分）	操作熟练，按时完成（3 分）	
总分			

KESHI SHIPIN KUAISU JIANYAN
ZHIYE JINENG JIAOCAI （GAOJI）

可食食品快速检验职业技能教材

（高级）

销售分类建议：食品/1+X

ISBN 978-7-122-42055-8

9 787122 420558 >

定价：79.00元

化学工业出版社 教学资源网
www.cipedu.com.cn
专业教学服务支持平台

职业技能等级考试统一试卷

可食食品快速检验（高级）理论知识 模拟试卷01号

注 意 事 项

1. 考试时间：90分钟。

2. 本试卷依据《可食食品快速检验职业技能等级标准》命制。

3. 请首先按要求在试卷的标封处填写您的姓名、准考证号和学校的名称。

4. 请仔细阅读各种题目的回答要求，在规定的位置填写您的答案。

5. 不要在试卷上乱写乱画，不要在标封区填写无关的内容。

	一	二	三	总分
得 分				

得 分	
评分人	

一、单选题（选择一个正确的答案填入下表答案中。每题 1.5 分，共 60 分）

题号	1	2	3	4	5	6	7	8	9	10
答案										
题号	11	12	13	14	15	16	17	18	19	20
答案										
题号	21	22	23	24	25	26	27	28	29	30
答案										
题号	31	32	33	34	35	36	37	38	39	40
答案										

1. 以下不是现场快速检测方法特点的是（　　　）。

A. 操作简单　　　　　B. 快速　　　　　　C. 筛选的手段　　　　D. 前处理复杂

2. 下列不是生物传感器功能特点的是（　　　）。

A. 微型化　　　　　　B. 智能化　　　　　C. 高灵敏性　　　　　D. 高成本

3. 下列不是按照检测技术手段分类的快速检测方法的是（　　　）。

A. 生物传感器　　　　　　　　　　　　　B. 纳米技术

C. 免疫学技术　　　　　　　　　　　　　D. 实验室快速检测

4. 纸色谱是指以色谱滤纸作为（　　　）的色谱。

A. 介质　　　　　　　B. 流动相　　　　　C. 固定相　　　　　　D. 吸附剂

5. 电化学分析方法是利用待测目标分子直接或间接在电极表面发生（　　　）反应。

A. 光化学　　　　　　B. 离子解离　　　　C. 色谱　　　　　　　D. 电化学

6. "瘦肉精"盐酸克伦特罗 ELISA 检测试剂盒微量测试孔里的成分是（　　　）。

A. 蛋白　　　　　　　　　　　　　　　　B. 克伦特罗

C. 克伦特罗合成抗原　　　　　　　　　　D. 抗体

7. 食品快速检测实验室应设应急照明装置且可维持照明（　　）以上。

A. 10min　　　　　　B. 30min　　　　　　C. 50min　　　　　　D. 70min

8. 酶生物传感器的基本结构单元是由（　　）和信号转换器组成。

A. 基体电极　　　　B. 物质识别元件　　　C. 酶电极　　　　　D. 玻璃电极

9. 对新分配、新调入及转岗人员组织的培训叫（　　）。

A. 方式方法培训　　B. 聘用培训　　　　　C. 岗前培训　　　　D. 安全防护培训

10. 酶联免疫法（ELISA）用水为 GB/T 6682 规定的（　　）。

A. 一级水　　　　　B. 二级水　　　　　　C. 三级水　　　　　D. 去离子水

11. 通过对已知结果的样品或盲样样品进行检测来进行考核叫（　　）。

A. 盲样测试　　　　　　　　　　　　　　B. 检查记录

C. 疑难问答　　　　　　　　　　　　　　D. 直接观察实际操作

12.（　　）是评估员工是否具备解决问题能力的有效手段，可以通过笔试或口试方式进行。

A. 检查记录　　　　　　　　　　　　　　B. 直接观察实际操作

C. 疑难问答　　　　　　　　　　　　　　D. 盲样测试

13. 快检实验室人员考核合格标准为盲样测试结果正确率大于（　　）。

A. 85%　　　　　　B. 90%　　　　　　　C. 95%　　　　　　D. 98%

14. 快检实验室人员考核合格标准为盲样测试结果小于实验室允许（　　）范围。

A. 偏差　　　　　　B. 极差　　　　　　　C. 总误差　　　　　D. 方差

15. 免疫胶体金试纸条检测喹诺酮类物质，结果判读时，（　　）可以判定为阳性。

A. 检测线（T线）比对照线（C线）颜色深

B. 检测线（T线）比对照线（C线）颜色浅

C. 检测线（T线）与对照线（C线）颜色相当

D. 对照线（C线）未出现

16. 按照预先规定的条件，在统一实验室内部对相同或相似的物品进行测量或检测的组织、实施和评价叫做（　　）。

A. 实验室间比对　　B. 留样再检　　　　　C. 能力验证　　　　D. 实验室内比对

17. 利用电化学分析法检测重金属含量时，样品中重金属离子被还原富集于（　　）上。

A. 参比电极　　　　B. 工作电极　　　　　C. 铂丝电极　　　　D. 对电极

18. 局部排气罩的（　　）是指排风管从下一层吊顶穿过楼板，接实验台上的"万向"排风罩。

A. 上排风　　　　　B. 下排风　　　　　　C. 风扇　　　　　　D. 以上都对

19. 对于快检实验室的测量设备（　　）。

A. 只有经授权的人才可操作设备

B. 只有实验室主任才可操作设备

C. 进入实验室的人，只要按照说明要求都可操作设备

D. 各实验室组长都可操作设备

20. 进行检定 / 校准的仪器设备主要是（　　）测量仪器。

A. 使用频率高的　　　B. 新购买的　　　　　C. 出问题的　　　　　D. 定性定量

21. 合同评审的工作程序是（　　）。

A. 合同初评审→合同评审验证→合同评审提交

B. 合同评审验证→合同初评审→合同评审提交

C. 合同评审验证→合同评审提交→合同初评审

D. 合同初评审→合同评审提交→合同初评审

22. 根据《中华人民共和国民法典》（　　）规定，合同是民事主体之间设立、变更、终止民事法律关系的协议。

A. 第二条　　　　　B. 第三条　　　　　C. 第四百六十四条　D. 第四百六十五条

23. 用于校正决定性方法，评价及校正参考方法的标准品为（　　）。

A. 一级标准品　　　B. 二级标准品　　　C. 三级标准品　　　D. 控制物

24. 合同评审验证中，应注意（　　）。

A. 合同的签订　　　B. 合同的制定　　　C. 合同的更改　　　D. 合同的确认

25. 实验室中所有可能影响检验检测活动的人员，无论是内部还是外部人员，均应行为公正，受到（　　），胜任工作，并按照管理体系要求履行职责。

A. 监控　　　　　　B. 监督　　　　　　C. 控制　　　　　　D. 监管

26. （　　）应确保在检验检测机构内部建立适宜的沟通机制，就管理体系有效性的事宜进行沟通。

A. 最高管理者　　　B. 质量负责人　　　C. 内审员　　　　　D. 技术负责人

27. 实验室对质量管理体系运行全面负责的人是（　　）。

A. 最高管理者　　　B. 质量负责人　　　C. 技术负责人　　　D. 质量监督员

28. 实验室管理体系的有效运行主要靠（　　）。

A. 监督　　　　　　B. 日常检查　　　　C. 内部审核　　　　D. 内部质量控制

29. 实验室应建立、实施和保持与（　　）相适应的管理体系。

A. 客户要求　　　　B. 监管机构要求　　C. 自身活动范围　　D. 提供承认的组织

30. 实验室作业指导书是管理体系文件中的一类，它包括（　　）。

A. 方法的实施细则、仪器设备的操作规程等

B. 期间核查记录

C. 管理评审报告

D. 内部审核报告

31. 关于实验室管理体系文件的管理，以下描述错误的是（　　）。

A. 实验室管理体系文件不得擅自涂改或增删，应由更改人提出申请，文件的更改由原审核和批准人进行审核和批准

B. 实验室内部检验检测人员可以借阅和复印管理体系文件

C. 实验室所有执行检测的规范和标准都必须转化成内部受控文件

D. 对实验室外来文件应实施受控管理，并跟踪查新，确保文件版本最新、有效

32. 纠正措施应（　　）实施。

A. 立刻 　　　　　　　　　　　　　B. 在商定的时间内

C. 在下次审核前 　　　　　　　　　D. 在下次评审前

33. 管理体系文件的补充和修改由（　　）进行补充和修改。

A. 原起草人或授权修改人 　　　　　B. 质量负责人

C. 技术负责人 　　　　　　　　　　D. 资料管理员

34. ELISA 检测试剂盒空白试验测定结果为（　　）。

A. 阴性 　　　　B. 阳性 　　　　C. 阴性或阳性 　　　　D. 无法判断

35. 管理评审（　　）进行。

A. 在内部审核前 　　　　　　　　　B. 在内部审核后

C. 与内部审核同时 　　　　　　　　D. 在接到客户投诉时

36. 高锰酸钾在白光下显示紫红色的原因是（　　）。

A. 白色光大部分被吸收 　　　　　　B. 红色光大部分被吸收

C. 黄色光大部分被吸收 　　　　　　D. 绿色光大部分被吸收

37. 食品中重金属污染物的限量应依据（　　）对检测结果进行判定。

A. GB 2760—2014 　　　　　　　　B. GB 2760—2017

C. GB 2762—2014 　　　　　　　　D. GB 2762—2017

38. 丝网印刷电极（电极芯片）的优点不包括（　　）。

A. 无须打磨 　　　B. 无须维护 　　　C. 可反复多次使用 　　　D. 价格便宜

39. 糖精钠属于（　　）。

A. 防腐剂 　　　　B. 着色剂 　　　　C. 甜味剂 　　　　D. 增稠剂

40. ELISA 检测试剂盒试剂及标本没有回升至所要求温度，会导致所有标准的 OD 值（　　）。

A. 偏低 　　　　B. 不变 　　　　C. 偏高 　　　　D. 无法判断

得　分	
评分人	

二、多选题（在每小题列出的选项中至少两个是符合题目要求的。全选对得 2 分，有选错、漏选或多选均不得分。请将答案填写在下列表格中。每题 2 分，共 20 分）

题号	1	2	3	4	5	6	7	8	9	10
答案										

1. 随着高新技术的不断应用，目前的食品安全现场快速检测主要呈现（　　）趋势。

A. 检测灵敏度越来越高 　　　　　　B. 检测速度不断加快

C. 选择性不断提高 　　　　　　　　D. 检测仪器向小型化、便携化方向发展

2. 在洗板过程中如果出现板孔干燥的情况，则会伴随着出现（　　）的现象。

A. 无影响 　　　　　　　　　　　　B. 吸光度值下降

C. 重复性不好　　　　　　　　　　　　　　D. 标准曲线不成线性

3. 食品快检人员培训的有效性评价中，检查记录包括（　　　）。

A. 实验原始记录　　　　　　　　　　　　B. 质控记录

C. 标液配制记录　　　　　　　　　　　　D. 试剂使用记录

4. 免疫荧光技术包括（　　　）。

A. 底物标记荧光测定法　　　　　　　　B. 荧光偏振免疫测定法

C. 酶联免疫测定法　　　　　　　　　　D. 荧光增强免疫测定法

5. 对一些精密、贵重仪器设备，要求提供（　　　）的电源。

A. 稳压　　　　　　　B. 恒流　　　　　　　C. 稳频　　　　　　　D. 抗干扰

6. 进出快检室的液体和气体管道系统应牢固、（　　　）、耐腐蚀。

A. 不渗透　　　　　　B. 防锈　　　　　　C. 耐压　　　　　　D. 耐温（冷或热）

7. 合同评审的要求包括（　　　）。

A. 是否满足招标方要求　　　　　　　　B. 风险规避

C. 合同评审的重要性　　　　　　　　　D. 留存记录

8. 实验室建立管理体系的作用包括（　　　）。

A. 能够对所有影响实验室质量的活动进行有效和连续的控制

B. 能够注重并且能够采取预防措施，减少或避免问题的发生

C. 一旦发现问题能够及时做出反应并加以纠正

D. 编制管理体系文件

9. 实验室管理体系应覆盖的场所和设施包括（　　　）。

A. 固定设施　　　　　　　　　　　　　B. 离开固定场所的设施

C. 相关的临时设施　　　　　　　　　　D. 移动的设施

10. 免疫层析快速检测技术检测硝基呋喃类代谢物，样品的提取和净化的方法有（　　　）。

A. 超声萃取法　　　　B. 液液萃取法　　　　C. 固相萃取法　　　　D. 蒸馏法

得　分	
评分人	

三、判断题（对的打"√"，错的打"×"。请将答案填写在下列表格中。每题1分，共20分）

题号	1	2	3	4	5	6	7	8	9	10
答案										
题号	11	12	13	14	15	16	17	18	19	20
答案										

1. 在相对较短的时间内、采用相对简单方便且价格低廉的操作方式，或使用便携式设备等即可获得食品中某种或几种特性量的信息，这种方法就可以被称为快速检测方法。（　　　）

2. 电化学分析方法是利用待测目标分子直接或间接在电极表面发生光化学反应产生光信号，从而实现对目标物进行定量或定性分析测量的一项技术。（　　　）

3. 实验室应在现场为其检测人员配备与其业务有关的有效标准文本。（　　　）

4. 进行内部校准的检验检测设备应当是强制检定的，并满足计量溯源要求。（　　　）

5. 在《质量管理体系基础术语》（GB/T 19000—2016）中对"要求"的解释为：必须履行的需求或期望。（　　　）

6. 标书即投标书，是指招标方向投标人提供的为进行投标工作而告知和要求性的书面性材料，包括满足招标文件的所有响应材料。（　　　）

7. 检验检测实验室应确定全权负责的管理层，管理层应履行其对管理体系的领导作用和承诺。（　　　）

8. 管理体系应覆盖实验室在固定设施内进行的工作，不需要覆盖在临时的或可移动的设施中进行的工作。（　　　）

9. 对于主要是在可移动的设施或临时的设施开展检测工作的检验检测机构，可以不具备固定的工作场所。（　　　）

10. 实验室发放新版本的管理体系文件时，对于旧版本的体系文件不需要作废和回收。（　　　）

11. 技术管理是检验检测机构工作的主线，质量管理是技术管理的保证，行政管理是技术管理资源的保障。（　　　）

12. 免疫胶体金试纸条检测硝基呋喃类代谢物，原理是样品中硝基呋喃类代谢物直接与胶体金标记的特异性抗体结合，抑制抗体和检测卡 / 试纸条中检测线（T线）上硝基呋喃类代谢物 -BSA 偶联物的免疫反应，从而导致检测线颜色深浅的变化。（　　　）

13. 通过外部培训方式学习相关业务知识，如《质量手册》《程序文件》《作业指导书》等的培训。（　　　）

14. 胶体金免疫层析法快速检测硝基呋喃类代谢物，加入邻硝基苯甲醛溶液的作用是，与硝基呋喃类代谢物反应形成衍生物。（　　　）

15. 两种光以适当比例混合而产生白光感觉时，则这两种光的颜色互为补色。（　　　）

16. 实验室实施管理评审时，应对以往管理评审所采取措施的情况进行评审。（　　　）

17. 为了保证质量管理体系持续的适宜性、充分性、有效性，以实现规定的质量目标和满足客户的需求，实验室定期（通常周期为 1 年）对质量管理体系进行管理评审。（　　　）

18. 喹诺酮类物质免疫胶体金快速检测试结果判定情况有阳性、阴性、无效。（　　　）

19. 管理评审的目的是为了评价管理体系的适宜性、充分性和有效性。（　　　）

20. 在内部审核时，即使未发现重大问题，也要安排管理评审。（　　　）

参考答案

可食食品快速检验（高级）理论知识 模拟试卷02号

注 意 事 项

1. 考试时间：90分钟。

2. 本试卷依据《可食食品快速检验职业技能等级标准》命制。

3. 请首先按要求在试卷的标封处填写您的姓名、准考证号和学校的名称。

4. 请仔细阅读各种题目的回答要求，在规定的位置填写您的答案。

5. 不要在试卷上乱写乱画，不要在标封区填写无关的内容。

	一	二	三	总 分
得 分				

得 分	
评分人	

一、单选题（选择一个正确的答案填入下表答案中。每题 1.5 分，共 60 分）

题号	1	2	3	4	5	6	7	8	9	10
答案										
题号	11	12	13	14	15	16	17	18	19	20
答案										
题号	21	22	23	24	25	26	27	28	29	30
答案										
题号	31	32	33	34	35	36	37	38	39	40
答案										

1. 酶联免疫吸附测定法具有高特异性、准确性、快速等优点，使用的仪器主要是（   ）。

A. 酶标仪　　　　　　B. 电位滴定仪　　　　　　C. 生物传感　　　　　　D. 生物芯片

2. 喹诺酮类标准物质储备液用（   ）进行稀释，然后用于喹诺酮类的免疫层析快速检测。

A. 超纯水　　　　　　B. 乙腈　　　　　　C. 甲醇　　　　　　D. 甲酸 - 乙腈溶液

3. 下列不是按照检测技术手段分类的快速检测方法是（   ）。

A. 化学比色分析技术　　　　　　　　B. 酶抑制技术

C. 免疫学技术　　　　　　　　　　　D. 现场快速检测

4. 纸色谱是指以（   ）作为固定相的色谱。

A. 色谱滤纸　　　　　　B. 二氧化硅　　　　　　C. C18　　　　　　D. C8

5. 拉曼光谱分析技术是以（   ）效应为基础建立起来的分子结构表征检测技术。

A. 红外　　　　　　B. 拉曼　　　　　　C. 紫外　　　　　　D. 电子

6. 酶抑制技术是利用（   ）和氨基甲酸酯类农药抑制胆碱酯酶 (ChE) 的特异性生

化反应进行分析的。

A. 有机氯类　　　　　B. 拟除虫菊酯　　　　C. 苯氧羧酸类　　　　D. 有机磷类

7. 有机磷类和氨基甲酸酯类农药对胆碱酯酶的正常功能有抑制作用，其抑制率在一定范围内与农药浓度呈（　　）相关。

A. 不确定　　　　　　B. 正　　　　　　　　C. 负　　　　　　　　D. 线性

8. ELISA 检测试剂盒测试结果，0 标准的吸光度值小于（　　）时，表示试剂可能变质。

A. 0.5 个单位（$OD_{450} < 0.5$）　　　　　　B. 0.6 个单位（$OD_{450} < 0.6$）

C. 0.7 个单位（$OD_{450} < 0.7$）　　　　　　D. 0.8 个单位（$OD_{450} < 0.8$）

9. 对于精密、有暴露伤害、操作要求较高的仪器设备，实验室应对技术人员进行（　　）培训。

A. 岗前　　　　　　　B. 方法应用能力　　　C. 设备操作　　　　　D. 安全防护

10. 通过讨论、经验交流的方式解决一些实验室管理体系运行中实际遇到的问题与争议叫（　　）。

A. 外部培训　　　　　B. 内部培训　　　　　C. 宣贯培训　　　　　D. 讨论交流

11. 快检实验室还要对发现的问题进行分析总结，例如将（　　）等相关内容也应列入培训计划。

A. 设备操作培训　　　　　　　　　　　　B. 法律法规培训

C. 安全防护培训　　　　　　　　　　　　D. 发生的不符合项、纠正和预防措施

12.（　　）方法是一个比较直接有效的确定员工能否有能力完成岗位任务的方法。

A. 直接观察实际操作　　　　　　　　　　B. 检查记录

C. 疑难问答　　　　　　　　　　　　　　D. 盲样测试

13. 对于食品添加剂限量，应符合下列哪个标准？（　　）

A. GB 2760　　　　B. GB 2761　　　　C. GB 2762　　　　D. GB 2763

14. 检测结果在临界状态时、发生质量仲裁或质量鉴定时要进行（　　）。

A. 常规监督　　　　　B. 专项监督　　　　　C. 员工培训　　　　　D. 小组讨论

15. 对一些可以留存的样品，在检测之后保留一定的时间再进行重复检测，叫做（　　）。

A. 留样再检　　　　　B. 实验室间比对　　　C. 能力验证　　　　　D. 实验室内比对

16. 使用（　　）时，检验员不用戴防护手套和防护面具。

A. 有毒有害试剂　　　B. 腐蚀性试剂　　　　C. 标准品　　　　　　D. 糖类化学纯药品

17. 快速检测实验室若操作刺激或腐蚀性物质，要求应在（　　）内设置应急洗眼装置。

A. 10m　　　　　　　B. 30m　　　　　　　C. 50m　　　　　　　D. 100m

18. 下列属于食品添加剂的是（　　）。

A. 苏丹红 I　　　　　B. 甲醇　　　　　　　C. 三聚氰胺　　　　　D. 糖精钠

19. 不属于风险和机遇方面所做的策划是（　　）。

A. 应对风险和机遇的措施

B. 策划如何在管理体系中整合并实施这些措施

C. 如何评价这些措施的有效性

D. 管理体系变更的策划

20. 合同评审提交在（　　　）。

A. "要求、标书和合同"的准备阶段　　　　B. "要求、标书和合同"的开始阶段

C. "要求、标书和合同"的关闭阶段　　　　D. "要求、标书和合同"的运行阶段

21. 合同评审是（　　　）进行的系统活动。

A. 招标方　　　　　B. 供方　　　　　C. 第三方　　　　D. 政府部门

22. 合同初评审由专人负责业务受理，受理人依据招投标文件或委托协议要求，对（　　　）进行初步确认，避免因服务过程中出现解决不了的问题而影响合同履约。

A. 服务能力、服务内容　　　　　　　　B. 标书内容

C. 存在的风险　　　　　　　　　　　　D. 招标方资质

23. 在要求、标书、合同评审过程中，评审人员应经过专门培训，具备良好的沟通协调和应急能力，熟悉相关法律知识与业务流程，并具有（　　　）的能力。

A. 识别、防范风险　　B. 识别、抗风险　　C. 承担风险　　　D. 识别风险

24. 最高管理者应将满足客户的要求和法定要求的重要性传达到实验室（　　　），并被其理解和执行。

A. 技术人员　　　　B. 管理人员　　　　C. 全体人员　　　　D. 有关人员

25. 纠正措施应与（　　　）相适应。

A. 管理体系　　　　　　　　　　　　　B. 问题的严重性和风险程度

C. 预防措施　　　　　　　　　　　　　D. 实验室规模

26. 快速检验检测实验室的原始记录、报告、证书的保存期限为（　　　）。

A. 不少于 1 年　　　B. 不少于 2 年　　　C. 不少于 3 年　　　D. 不少于 4 年

27. 实验室内部审核的目的是（　　　）。

A. 评价管理体系是否符合自身和相关标准的要求、是否得到有效的实施和保持

B. 改进和完善管理体系

C. 对管理评审的补充和完善

D. 确认质量方针、目标和管理体系的适应性和有效性

28. 实验室每年应进行至少（　　　）涵盖全部要素的内审。

A. 1 次　　　　　　B. 2 次　　　　　　C. 3 次　　　　　　D. 4 次

29. 校准或检测所用的每台设备应（　　　）。

A. 上锁　　　　　　B. 加以校准标识　　C. 用彩色编号　　　D. 加以唯一性标识

30. 仪器设备调试好后，经过一段时间的试用，应由仪器设备（　　　）确认仪器设备是否合格。

A. 授权管理人员　　B. 领导　　　　　　C. 负责人　　　　　D. 以上全不对

31. RM 是（　　　）的英文缩写。

A. 标准溶液　　　　B. 标准试剂　　　　C. 标准样品生产者　　D. 标准物质

32. 化学比色法快速测定糖精钠时，糖精钠与亚甲基蓝反应生成（　　）物质。

A. 黄色　　　　　B. 蓝色　　　　　C. 紫色　　　　　D. 红色

33. 食品快速检测实验室的实验区，主要进行（　　）。

A. 样品的接收　　　　　　　　　　B. 实验样品前处理及检测

C. 样品的核对　　　　　　　　　　D. 样品出具检测结果

34. 溶液的吸光度与（　　）无关。

A. 溶液的浓度　　B. 溶液的质量　　C. 入射光波长　　D. 溶液液层厚度

35. 胶体金免疫层析快速检测应用于小分子检测时，因为小分子不能同时结合一个以上的抗体，所以一般采用（　　）。

A. 双抗体夹心法　　B. 间接法　　　C. 竞争抑制法　　　D. 直接法

36. 酶联免疫法（ELISA）测定的基础是（　　）。

A. 酶　　　　　　B. 显色反应　　　C. 催化反应　　　D. 抗原抗体反应

37. 酶联免疫法（ELISA）所用试剂均为（　　）。

A. 分析纯　　　　B. 化学纯　　　　C. 试验试剂　　　D. 优级纯

38. ELISA 检测试剂盒中标准物质和无色的显色剂对（　　）敏感，因此要避免直接暴露在光线下。

A. 电　　　　　　B. 热　　　　　　C. 光　　　　　　D. 温度

39. 快检实验室的环境检查记录表要（　　）检查一次。

A. 每天　　　　　B. 每周　　　　　C. 每月　　　　　D. 每季度

40. 能否交换使用不同批号的 ELISA 试剂盒中试剂？（　　）

A. 可以　　　　　B. 不可以　　　　C. 无法判断　　　D. 视具体情况使用

得　分	
评分人	

二、多选题（在每小题列出的选项中至少两个是符合题目要求的。全选对得 2 分，有选错、漏选或多选均不得分。请将答案填写在下列表格中。每题 2 分，共 20 分）

题号	1	2	3	4	5	6	7	8	9	10
答案										

1. 常用的快速检测技术有（　　）。

A. 化学比色技术　　　　　　　　　B. 分子生物学技术

C. 免疫学技术　　　　　　　　　　D. 生物传感器技术

2. 标准物质 / 标准样品主要用于（　　）。

A. 仪器设备校准　　　　　　　　　B. 测量过程的质量控制和质量评价

C. 为材料赋值　　　　　　　　　　D. 方法确认

3. 食品快检人员通常由（　　）组成。

A. 快检技术员　　B. 快检工程师　　C. 快检组长　　　D. 快检领导

4. ELISA 试剂盒最佳反应温度为 25℃，温度过高或过低将导致（　　　）。

A. 检测吸光度值变化　　　　　　　　B. 灵敏度变化

C. 重复性变化　　　　　　　　　　　D. 精密度变化

5. 食品快速检测实验室的办公区，主要进行（　　　）。

A. 样品的接收　　　　　　　　　　　B. 样品的核对

C. 样品的登记　　　　　　　　　　　D. 出具样品检测结果

6. 食品快速检测实验室设备的配置要求有（　　　）。

A. 用于检测、抽样的设备及其软件应达到要求的准确度，并符合检测相应的规范要求

B. 设备应由经过授权的人员操作

C. 用于检测并对结果有影响的每一设备及其软件，均应加以唯一性标识

D. 实验室应保存对检测具有重要影响的每一设备及其软件的档案

7. 合同初评审包括（　　　）。

A. 业务受理　　　　B. 组织合同初评审　　　C. 风险规避　　　　D. 合同评审验证

8. 实验室管理层和员工不应受到不正当的压力和影响，能独立开展检验检测活动，确保检验检测数据、结果的（　　　）。

A. 真实性　　　　　　B. 客观性　　　　　C. 准确性　　　　　D. 稳定性

9. 免疫荧光技术包括（　　　）。

A. 底物标记荧光测定法　　　　　　　B. 荧光偏振免疫测定法

C. 酶联免疫测定法　　　　　　　　　D. 荧光增强免疫测定法

10. 实验室应建立和保持程序来控制构成其管理体系的文件，包括（　　　）。

A. 公开出版的各种现行有效标准

B. 内部保密的管理体系文件

C. 受程序控制的本单位使用的所有现行有效文件

D. 检验检测机构需要最高管理者审批的保密文件

得　分	
评分人	

三、判断题（对的打"√"，错的打"×"。请将答案填写在下列表格中。每题 1 分，共 20 分）

题号	1	2	3	4	5	6	7	8	9	10
答案										
题号	11	12	13	14	15	16	17	18	19	20
答案										

1. 糖精钠除了在味觉上引起甜的感觉外，对人体无任何营养价值。（　　　）

2. 酶抑制技术是利用农药抑制葡萄糖氧化酶的特异性生化反应。（　　　）

3. 近红外和傅立叶变换红外光谱法是利用红外光线比较强的穿透能力，试样中的含氧基团对不同频率的近红外光存在选择性吸收，通过光密度就能确定该组分的含量。（　　）

4. 对食品快速检测实验室人员的培训计划应不需要经过批准，可以直接实施。（　　）

5. 食品快速检测实验室人员培训的记录，如《学习培训记录表》《员工培训历史记录表》等培训文件都要进行归档。（　　）

6. 年度监督计划是专项监督。（　　）

7. 利用实验室间比对，按照预先制定的准则评价参加者的能力叫做能力验证。（　　）

8. 快检室的室内供水总阀门不应该设在易操作的显著位置。（　　）

9. 食品快速检测实验室的下水应有防回流设计。（　　）

10. 试管比色测定，根据待测成分与标准试管所显的颜色比较，对待测成分定性或半定量。（　　）

11. 合同的制订应充分响应、满足招标方的所有需求，招标方的要求或标书与合同之间如果存在任何差异，应及时发现并在工作开始之前得到解决。（　　）

12. 只要不是危化品，有机物和无机物可以一起存放。（　　）

13. 实验室管理体系是动态的，通过对全体人员持续进行管理体系的培训、日常的质量管理和监督、内部审核和管理评审、改进和纠正措施的实施等，使管理体系不断完善、持续改进。（　　）

14. 原始记录应体现充分性、原始性、规范性，出现差错允许校核人员更改；而检验报告出现差错不能更改，需重新发布全新的报告。（　　）

15. 禽蛋打碎后，分离出蛋黄，经提取和净化，再用免疫胶体金试纸条检测其中氟苯尼考，结果准确可靠。（　　）

16. 食品中的糖精钠与亚甲基蓝反应生成蓝色物质，被三氯甲烷萃取至上层。（　　）

17. 记录的修改只可划改，不能涂改、描改，记录的修改可以追溯到前一个版本或原始观察结果，且划改处应有改动人的签名或盖章。（　　）

18. ELISA 法，加标质控试验测定结果均为阳性。（　　）

19. 拉曼光谱法，加表面增强拉曼光谱试剂对目标分子的拉曼信号进行增强。（　　）

20. 便携质谱法测试到阳性样品后，可直接进行下一个样品的测试。（　　）

参考答案

可食食品快速检验（高级）理论知识 模拟试卷03号

注 意 事 项

1. 考试时间：90分钟。

2. 本试卷依据《可食食品快速检验职业技能等级标准》命制。

3. 请首先按要求在试卷的标封处填写您的姓名、准考证号和学校的名称。

4. 请仔细阅读各种题目的回答要求，在规定的位置填写您的答案。

5. 不要在试卷上乱写乱画，不要在标封区填写无关的内容。

	一	二	三	总 分
得 分				

得 分	
评分人	

一、单选题（选择一个正确的答案填入下表答案中。每题 1.5 分，共 60 分）

题号	1	2	3	4	5	6	7	8	9	10
答案										
题号	11	12	13	14	15	16	17	18	19	20
答案										
题号	21	22	23	24	25	26	27	28	29	30
答案										
题号	31	32	33	34	35	36	37	38	39	40
答案										

1. 糖精钠属于（　　）。

A. 防腐剂　　　　　　B. 着色剂　　　　　　C. 甜味剂　　　　　　D. 增稠剂

2. 酶联免疫法（ELISA）测定的基础是（　　）。

A. 酶　　　　　　　　B. 显色反应　　　　　C. 催化反应　　　　　D. 抗原抗体反应

3. 溶液的吸光度与（　　）无关。

A. 溶液的浓度　　　　B. 溶液的质量　　　　C. 入射光波长　　　　D. 溶液液层厚度

4. 化学比色法快速测定糖精钠时，糖精钠与亚甲基蓝反应生成（　　）物质。

A. 黄色　　　　　　　B. 蓝色　　　　　　　C. 紫色　　　　　　　D. 红色

5. 管理评审（　　）进行。

A. 在内部审核前　　　　　　　　　　　B. 在内部审核后

C. 与内部审核同时　　　　　　　　　　D. 接到客户投诉时

6. 高锰酸钾在白光下显示紫红色的原因是（　　）。

A. 白色光大部分被吸收　　　　　　　　B. 红色光大部分被吸收

C. 黄色光大部分被吸收　　　　　　　　D. 绿色光大部分被吸收

7. 管理体系文件的补充和修改由（　　）进行补充和修改。

A. 原起草人或授权修改人　　　　　　　B. 质量负责人

C. 技术负责人　　　　　　　　　　　　D. 资料管理员

8. 纠正措施应（　　）实施。

A. 立刻　　　　　　B. 在商定的时间内　　C. 在下次审核前　　D. 在下次评审前

9. 实验室每年应进行至少（　　）涵盖全部要素的内审。

A. 1 次　　　　　　B. 2 次　　　　　　C. 3 次　　　　　　D. 4 次

10. 仪器设备调试好后，经过一段时间的试用，应由仪器设备（　　）确认仪器设备是否合格。

A. 授权管理人员　　B. 领导　　　　　　C. 负责人　　　　　　D. 以上全不对

11. 快速检验检测实验室的原始记录、报告、证书的保存期限为（　　）。

A. 不少于 1 年　　　B. 不少于 2 年　　　C. 不少于 3 年　　　D. 不少于 4 年

12. 实验室应建立、实施和保持与（　　）相适应的管理体系。

A. 客户要求　　　　B. 监管机构要求　　　C. 自身活动范围　　　D. 提供承认的组织

13. 实验室对质量管理体系运行全面负责的人是（　　）。

A. 最高管理者　　　B. 质量负责人　　　　C. 技术负责人　　　　D. 质量监督员

14. 合同评审的工作程序是（　　）。

A. 合同初评审→合同评审验证→合同评审提交

B. 合同评审验证→合同初评审→合同评审提交

C. 合同评审验证→合同评审提交→合同初评审

D. 合同初评审→合同评审提交→合同评审验证

15. 合同评审验证中，应注意（　　）。

A. 合同的签订　　　B. 合同的制定　　　　C. 合同的更改　　　　D. 合同的确认

16. 检测结果在临界状态时、发生质量仲裁或质量鉴定时要进行（　　）。

A. 常规监督　　　　B. 专项监督　　　　　C. 员工培训　　　　　D. 小组讨论

17. 使用（　　）时，检验员不用戴防护手套和防护面具。

A. 有毒有害试剂　　B. 腐蚀性试剂　　　　C. 标准品　　　　　　D. 糖类化学纯药品

18. 合同评审提交在（　　）进行。

A. "要求、标书和合同"的准备阶段　　　B. "要求、标书和合同"的开始阶段

C. "要求、标书和合同"的关闭阶段　　　D. "要求、标书和合同"的运行阶段

19. 快速检测实验室若操作刺激或腐蚀性物质，要求应在（　　）内设置应急洗眼装置。

A. 10m　　　　　　B. 30m　　　　　　C. 50m　　　　　　D. 100m

20. 对于精密、有暴露伤害、操作要求较高的仪器设备，实验室应对技术人员进行（　　）培训。

A. 岗前　　　　　　B. 方法应用能力　　　C. 设备操作　　　　　D. 安全防护

21. 通过讨论、经验交流的方式解决一些实验室管理体系运行中实际遇到的问题与争议叫（　　）。

A. 外部培训　　　　　B. 内部培训　　　　　C. 宣贯培训　　　　　D. 讨论交流

22. 对于快检实验室的测量设备（　　）。

A. 只有经授权的人才可操作设备

B. 只有实验室主任才可操作设备

C. 进入实验室的人，只要按照说明要求都可操作设备

D. 各实验室组长都可操作设备

23. 电化学分析方法是利用待测目标分子直接或间接在电极表面发生（　　）反应。

A. 光化学　　　　　B. 离子解离　　　　　C. 色谱　　　　　D. 电化学

24. 食品快速检测实验室应设应急照明装置且可维持照明（　　）以上。

A. 10min　　　　　B. 30min　　　　　C. 50min　　　　　D. 70min

25. 酶生物传感器的基本结构单元是由（　　）和信号转换器组成。

A. 基体电极　　　　　B. 物质识别元件　　　　　C. 酶电极　　　　　D. 玻璃电极

26. （　　）不是按照检测技术手段分类的快速检测方法。

A. 生物传感器　　　　　B. 纳米技术　　　　　C. 免疫学技术　　　　　D. 实验室快速检测

27. 不是生物传感器功能特点的是（　　）。

A. 微型化　　　　　B. 智能化　　　　　C. 高灵敏性　　　　　D. 高成本

28. 喹诺酮类标准物质储备液用（　　）进行稀释，然后用于喹诺酮类的免疫层析快速检测。

A. 超纯水　　　　　B. 乙腈　　　　　C. 甲酸 - 乙腈溶液　　　　D. 甲醇

29. 酶联免疫吸附测定法具有高特异性、准确性、快速等优点，使用的仪器主要是（　　）。

A. 酶标仪　　　　　B. 电位滴定仪　　　　　C. 生物传感　　　　　D. 生物芯片

30. 快检实验室还要对发现的问题进行分析总结，例如将（　　）等相关内容也应列入培训计划。

A. 设备操作培训　　　　　　　　　　B. 法律法规培训

C. 安全防护培训　　　　　　　　　　D. 发生的不符合项、纠正和预防措施

31. 合同初评审由专人负责业务受理，受理人依据招投标文件或委托协议要求，对（　　）进行初步确认，避免因服务过程中出现解决不了的问题而影响合同履约。

A. 服务能力、服务内容　　　　　　　B. 标书内容

C. 存在的风险　　　　　　　　　　　D. 招标方资质

32. 合同评审是（　　）进行的系统活动。

A. 招标方　　　　　B. 供方　　　　　C. 第三方　　　　　D. 政府部门

33. 最高管理者应将满足客户的要求和法定要求的重要性传达到实验室（　　），并被其理解和执行。

A. 技术人员　　　　　B. 管理人员　　　　　C. 全体人员　　　　　D. 有关人员

34. （　　）是评估员工是否具备解决问题能力的有效手段，可以通过笔试或口试方式进行。

A. 检查记录　　　　　　　　　　　　B. 直接观察实际操作

C. 疑难问答　　　　　　　　　　　　D. 盲样测试

35. 快检实验室人员考核合格标准为盲样测试结果小于实验室允许（　　）范围。

A. 偏差　　　　　B. 极差　　　　　C. 总误差　　　　　D. 方差

36. 按照预先规定的条件，在统一实验室内部对相同或相似的物品进行测量或检测的组织、实施和评价叫做（　　）。

A. 实验室间比对　　B. 留样再检　　C. 能力验证　　D. 实验室内比对

37. 局部排气罩的（　　）是指排风管从下一层吊顶穿过楼板，接实验台上的"万向"排风罩。

A. 上排风　　　　B. 下排风　　　　C. 风扇　　　　D. 以上都对

38. ELISA 检测试剂盒测试结果，0 标准的吸光度值小于（　　）时，表示试剂可能变质。

A. 0.5 个单位（$OD_{450}<0.5$）　　　　　B. 0.6 个单位（$OD_{450}<0.6$）

C. 0.7 个单位（$OD_{450}<0.7$）　　　　　D. 0.8 个单位（$OD_{450}<0.8$）

39. 酶抑制技术是利用（　　）和氨基甲酸酯类农药抑制胆碱酯酶（ChE）的特异性生化反应。

A. 有机氯类　　　B. 有机磷类　　　C. 苯氧羧酸类　　　D. 拟除虫菊酯

40. 进行检定 / 校准的仪器设备主要是（　　）测量仪器。

A. 使用频率高的　　B. 新购买的　　　C. 出问题的　　　D. 定性定量

得　分	
评分人	

二、多选题（在每小题列出的选项中至少两个是符合题目要求的。全选对得 2 分，有选错、漏选或多选均不得分。请将答案填写在下列表格中。每题 2 分，共 20 分）

题号	1	2	3	4	5	6	7	8	9	10
答案										

1. 实验室应建立和保持程序来控制构成其管理体系的文件，包括（　　）。

A. 公开出版的各种现行有效标准

B. 内部保密的管理体系文件

C. 受程序控制的本单位使用的所有现行有效文件

D. 检验检测机构需要最高管理者审批的保密文件

2. 合同评审的要求包括（　　）。

A. 是否满足招标方要求　　　　　　　B. 风险规避

C. 合同评审的重要性　　　　　　　　D. 留存记录

3. 合同初评审包括（　　）。

A. 业务受理　　B. 组织合同初评审　　C. 风险规避　　D. 合同评审验证

4. 随着高新技术的不断应用，目前的食品安全现场快速检测主要呈现（　　）趋势。

A. 检测灵敏度越来越高

B. 检测速度不断加快

C. 选择性不断提高

D. 检测仪器向小型化、便携化方向发展

5. 标准物质 / 标准样品主要用于（　　）。

A. 仪器设备校准　　　　　　　　　　　B. 测量过程的质量控制和质量评价

C. 为材料赋值　　　　　　　　　　　　D. 方法确认

6. 免疫荧光技术包括（　　）。

A. 底物标记荧光测定法　　　　　　　　B. 荧光偏振免疫测定法

C. 酶联免疫测定法　　　　　　　　　　D. 荧光增强免疫测定法

7. 在洗板过程中如果出现板孔干燥的情况，则会伴随着出现（　　）的现象。

A. 无影响　　　　　　　　　　　　　　B. 吸光度值下降

C. 重复性不好　　　　　　　　　　　　D. 标准曲线不成线性

8. ELISA 试剂盒最佳反应温度为 25℃，温度过高或过低将导致（　　）。

A. 检测吸光度值变化　　　　　　　　　B. 灵敏度变化

C. 重复性变化　　　　　　　　　　　　D. 精密度变化

9. 食品快速检测实验室的办公区，主要进行（　　）。

A. 样品的接收　　　　　　　　　　　　B. 样品的核对

C. 样品的登记　　　　　　　　　　　　D. 出具样品检测结果

10. 免疫层析快速检测技术检测硝基呋喃类代谢物，样品的提取和净化的方法有（　　）。

A. 超声萃取法　　　B. 液液萃取法　　　C. 固相萃取法　　　D. 蒸馏法

得　分	
评分人	

三、判断题（对的打"√"，错的打"×"。请将答案填写在下列表格中。每题 1 分，共 20 分）

题号	1	2	3	4	5	6	7	8	9	10
答案										
题号	11	12	13	14	15	16	17	18	19	20
答案										

1. 食品中的糖精钠与亚甲基蓝反应生成蓝色物质，被三氯甲烷萃取至上层。（　　）

2. 实验室应在现场为其检测人员配备与其业务有关的有效标准文本。（　　）

3. 原始记录应体现充分性、原始性、规范性，出现差错允许校核人员更改；而检验报告出现差错不能更改，需重新发布全新的报告。（　　）

4. ELISA 法，加标质控试验测定结果均为阳性。（   ）

5. 便携质谱法测试到阳性样品后，可直接进行下一个样品的测试。（   ）

6. 检验检测实验室应确定全权负责的管理层，管理层应履行其对管理体系的领导作用和承诺。（   ）

7. 年度监督计划是专项监督。（   ）

8. 对于主要是在可移动的设施或临时的设施开展检测工作的检验检测机构，可以不具备固定的工作场所。（   ）

9. 在《质量管理体系基础术语》（GB/T 19000—2016）中"要求"的解释为：必须履行的需求或期望。（   ）

10. 在相对较短的时间内、采用相对简单方便且价格低廉的操作方式、或使用便携式设备等即可获得食品中某种或几种特性量的信息，这种方法就可以被称为快速检测方法。（   ）

11. 食品快速检测实验室人员培训的记录，如《学习培训记录表》《员工培训历史记录表》等培训文件都要进行归档。（   ）

12. 利用实验室间比对，按照预先制定的准则评价参加者的能力叫做能力验证。（   ）

13. 技术管理是检验检测机构工作的主线，质量管理是技术管理的保证，行政管理是技术管理资源的保障。（   ）

14. 食品快速检测实验室的下水道应有防回流设计。（   ）

15. 酶抑制技术是利用农药抑制葡萄糖氧化酶的特异性生化反应。（   ）

16. 糖精钠除了在味觉上引起甜的感觉外，对人体无任何营养价值。（   ）

17. 在内部审核时，即使未发现重大问题，也要安排管理评审。（   ）

18. 为了保证质量管理体系持续的适宜性、充分性、有效性，以实现规定的质量目标和满足客户的需求，实验室应定期（通常周期为 1 年）对质量管理体系进行管理评审。（   ）

19. 两种光以适当比例混合而产生白光感觉时，则这两种光的颜色互为补色。（   ）

20. 胶体金免疫层析法检测硝基呋喃类代谢物，加入邻硝基苯甲醛溶液的作用是与硝基呋喃类代谢物反应形成衍生物。（   ）

参考答案

可食食品快速检验

职业技能教材 （高级）

活页工单

 化学工业出版社

 全彩印刷

活页工作单使用说明：

各项目工作单以国家标准文件作为操作方法指引。为更好实现"活学活用"的目的，活页工作单内另配有基于企业一线工作场景的实操视频及该项目试剂盒说明书，并将根据食品快速检测市场发展及1＋X可食食品快速检验职业技能等级证书能力要求不定期更新迭代，以供广大读者随时学习。

水产品中氯霉素的快速检测（胶体金免疫层析法）

【检测准备】

乙酸乙酯、正己烷、氯化钠、丙酮 - 正己烷（1+9）、丙酮 - 正己烷（6+4）、复溶液、氯霉素标准液（1mg/mL）、LC-Si 硅胶小柱、搅拌机、天平（感量 0.01g）、低速离心机、计时器、移液器、氮吹仪或空气吹干仪、旋涡混合器、氯霉素试剂盒等。

操作视频

【检测操作】

1. 取具有代表性样品约500g，充分粉碎混匀。称取试样6g置于50mL具塞离心管中。	2. 加入 1mL 水和 8mL 乙酸乙酯。	3. 涡旋振荡 5min。	4. 4000r/min 离心 5min。

5. 转移全部乙酸乙酯层于50mL 具塞离心管中，加入正己烷25mL、氯化钠1g涡旋混匀。4000r/min 离心 1min，上清液待净化。	6. 用 5mL 丙酮 - 正己烷（1+9）淋洗 LC-Si 硅胶小柱，弃去淋洗液，将待净化溶液转移到固相萃取小柱上，弃去流出液，用 5mL 丙酮 - 正己烷（6+4）洗脱，收集洗脱液。	7. 洗脱液于 40℃氮气吹干。	8. 精密加入 600μL 复溶液（磷酸盐缓冲液）。

9. 涡旋混合 1min，作为待测液。	10. 从包装中取出检测卡，恢复至室温。	11. 用移液枪吸取 150μL 样品待测液滴加到检测卡上的加样孔中。	12. 液体流动时开始计时，室温温育 5～8min 后，进行结果判定或上快检仪器进行判读。

【质控试验】

每批样品应同时进行空白试验和加标质控试验。

◎ 空白试验：称取空白试样，与样品同法操作。

◎ 加标质控试验：准确称取空白样品 6g 或适量（精确至 0.01g）置于 15mL 具塞离心管中，加入适量氯霉素标准工作液（0.01μg/mL），使氯霉素浓度为 0.3μg/kg，一式两份，与样品同法操作。

【结果判定】

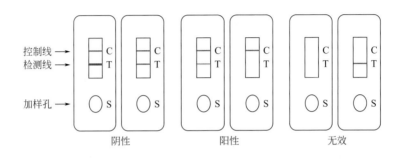

无效：控制线（C 线）不显色，无论检测线（T 线）是否显色，表示操作不正确或检测卡已失效。

阴性结果：试样检测线（T 线）出现红色条带，且颜色比控制线（C 线）深或一样深，结果为阴性。

阳性结果：试样检测线（T 线）出现红色条带，但颜色比控制线（C 线）浅；或检测线（T 线）未出现红色条带，结果为阳性。

【注意事项】

1. 本方法参照《水产品中氯霉素的快速检测 胶体金免疫层析法》（KJ201905）。
2. 本方法适用于水产品中氯霉素的快速测定，氯霉素检出限为 0.1μg/kg。
3. 检测卡（条）在室温下一次性使用，切勿使用过期的试纸条。
4. 使用过程中尽量不要接触试纸条中央的白色膜面。避免阳光直射或风扇直吹。
5. 出现阳性结果，建议复检一次。
6. 试纸条储存条件为 2~8℃密封、干燥、避光；切勿冷冻。
7. 本方法参比标准为 GB/T 22338—2008《动物源性食品中氯霉素类药物残留量测定》。

食品中呕吐毒素的快速检测（胶体金免疫层析法）

【检测准备】

提取液或水、呕吐毒素标准液（0.10mg/mL）、电子天平（感量 0.01g）、移液器、样品筛（0.9mm）、中速定性滤纸、旋涡混合器、0.45μm 水相滤膜、计时器、呕吐毒素胶体金免疫层析检测卡等。

操作视频

【检测操作】

1. 准确称取粉碎混匀过 0.9mm 筛的样品 5.0g 于离心管中。	2. 加入 25.0mL 水或专用提取液。	3. 涡旋混合提取 5min，静置 1min。

4. 中速定性滤纸过滤。	5. 滤液用 0.45μm 水相滤膜过滤，备用待测。	6. 吸取150μL上述待测液加入检测卡中，恒温反应 6min 后进行结果判定或上快检仪器进行判读。

【质控试验】

每批样品应同时进行空白试验和加标质控试验。

◎ 空白试验：称取空白试样，与样品同法操作。

◎ 加标质控试验：准确称取空白试样 5.0g（精确至 0.01g）置于离心管中，加入适量呕吐毒素标准液（0.10mg/mL），使呕吐毒素浓度为 1.0mg/kg，与样品同法操作。

【结果判定】

根据控制线（C线）和检测线（T线）颜色变化进行结果判定，比色法判定原则如下：

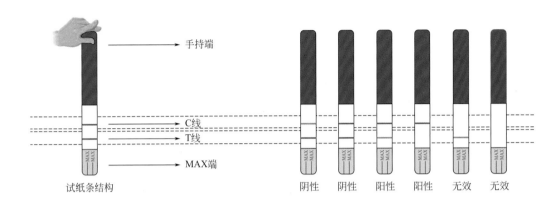

无效：控制线（C线）不显色，无论检测线（T线）是否显色，表示操作不正确或检测卡已失效。

阳性结果：控制线（C线）显色，检测线（T线）显色明显浅于控制线（C线），判为阳性。

阴性结果：控制线（C线）显色，检测线（T线）比控制线（C线）显色深或显色基本一致，判为阴性。

当检测结果为阳性时，应对结果进行复测确证。

【注意事项】

1. 本方法参照《食品中呕吐毒素的快速检测 胶体金免疫层析法》（KJ201702）。

2. 本方法适用于谷物加工品及谷物碾磨加工品中呕吐毒素的快速测定，呕吐毒素检出限为1.0mg/kg、判定限为0.9mg/kg。

3. 本方法参比方法为GB 5009.111—2016《食品安全国家标准 食品中脱氧雪腐镰刀菌烯醇及其乙酰化衍生物的测定》。

4. 检测环境需保持在温度15～30℃、湿度≤80%范围内。

5. 样品需过0.9mm样品筛，以保证提取的效率。

蔬菜中毒死蜱残留的快速检测（胶体金免疫层析法）

【检测准备】

样品处理液（含 10% 甲醇和 0.5% 吐温的 0.15mol/L 磷酸盐缓冲液）、毒死蜱标准工作液（1μg/mL）、电子天平（感量 0.01g）、旋涡混合器、离心机、移液器、计时器、剪刀、速测卡等。

操作视频

【检测操作】（整体法）

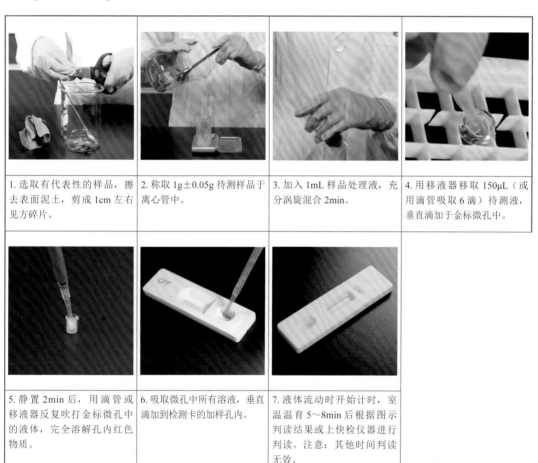

1. 选取有代表性的样品，擦去表面泥土，剪成 1cm 左右见方碎片。	2. 称取 1g±0.05g 待测样品于离心管中。	3. 加入 1mL 样品处理液，充分涡旋混合 2min。	4. 用移液器移取 150μL（或用滴管吸取 6 滴）待测液，垂直滴加于金标微孔中。
5. 静置 2min 后，用滴管或移液器反复吹打金标微孔中的液体，完全溶解孔内红色物质。	6. 吸取微孔中所有溶液，垂直滴加到检测卡的加样孔内。	7. 液体流动时开始计时，室温温育 5～8min 后根据图示判读结果或上快检仪器进行判读。注意：其他时间判读无效。	

【质控试验】

每批试样应同时进行空白试验和加标质控试验。

◎ 空白试验：称取空白试样 1g（精确至 0.01g），与试样同法操作。

◎ 加标质控试验：准确称取空白试样 1g（精确至 0.01g），加入适量毒死蜱标准工作液（1μg/mL），使试样中毒死蜱含量为检出限水平，与试样同法操作。

【结果判定】

通过对比控制线（C 线）和检测线（T 线）的颜色深浅进行结果判定。目视判定示意图如下。结果判定也可根据产品说明书进行。

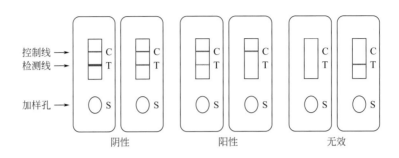

无效：控制线（C 线）不显色，表明不正确操作或试纸条无效。

阴性结果：控制线（C 线）显色，检测线（T 线）颜色比控制线（C 线）颜色深或颜色相当，均表示样品中不含待测组分或含量低于方法检出限，判为阴性。

阳性结果：控制线（C 线）显色，检测线（T 线）颜色比控制线（C 线）颜色明显浅或检测线（T 线）不显色，均表示样品中待测组分含量高于方法检出限，判为阳性。

【注意事项】

1. 本方法参照《全联农业产业商会团体标准 蔬菜水果中毒死蜱的快速检测 胶体金免疫层析法》（T/CAICC 03—2021）。

2. 本方法适用于新鲜蔬菜/水果样品中毒死蜱残留的定性检测，本方法检出限为0.1mg/kg。

3. 试验前如检查发现检测卡铝箔包装袋破损则不可使用，以免出错误结果。从原包装中取出的检测卡，应在 1h 内尽快使用，特别是在室温高于 30℃ 或在高度潮湿的环境中。

4. 胶体金检测卡用于一次性定性检测毒死蜱残留，请勿触摸检测卡中央的白色膜面，同一检测卡不得重复使用，不要使用过期检测卡。

5. 滴加样品的滴管必须一次性使用，防止出现交叉污染。废弃物应妥善处理，切勿误食配备的试剂。

6. 本方法为定性初筛方法，如遇阳性样本，请按照规定标准进行取样，用确证法进行确证分析。

水产品中甲醛的快速检测

【检测准备】

EDTA 溶液（100g/L）、AHMT 溶液（5g/L）、高碘酸钾溶液（15g/L）、亚铁氰化钾溶液（106g/L）、乙酸锌溶液（220g/L）、甲醛标准液（100μg/mL）、电子天平（感量 0.01g）、离心机、移液器、旋涡混合器、计时器、甲醛快速检测试剂盒（AHMT 法 - 比色卡法）等。

操作视频

【检测操作】

1. 准确称取试样 1g 或吸取试样 1.0mL，置于 15mL 离心管中。

2. 加水定容至 10mL。

3. 涡旋提取 1min，静置 5min，取上清液作为提取液。

4. 如上清液浑浊，加入 1mL 亚铁氰化钾溶液和 1mL 乙酸锌溶液。

5. 涡旋混匀，4000r/min 离心 5min 或滤纸过滤，取上清液或滤液作为提取液。

6. 准确移取提取液 2mL 于 5mL 离心管中。加入 0.4mL EDTA 溶液和 0.4mL AHMT 溶液，涡旋混匀后静置 10min。加入 0.1mL 高碘酸钾溶液，涡旋混匀后静置 5min。

7. 立即与标准色阶卡目视比色，10min 内判读结果。

【质控试验】

每批试样应同时进行空白试验和加标质控试验。

◎ 空白试验：称取空白试样 1g（精确至 0.01g）或吸取空白试样 1.0mL，与试样同法操作。

◎ 加标质控试验：准确称取空白试样 1g（精确至 0.01g）或吸取空白试样 1.0mL，置于 15mL 离心管中，加入 0.5mL 甲醛标准工作液（10μg/mL），使试样中甲醛含量为 5mg/kg，与试样同法操作。

【结果判定】

观察检测管中样液颜色，与标准色阶卡比较判读试样中甲醛的含量。颜色浅于检出限（5mg/kg）则为阴性试样；颜色接近或深于 5mg/kg 则为阳性试样。色阶卡见图。

甲醛速测盒						
液体样品/(mg/L)	0.2	0.5	1	2	5	10
固体样品/(mg/kg)	2	5	10	20	50	100

【注意事项】

1. 本方法参照《水发产品中甲醛的快速检测》（KJ201904）。

2. 本方法适用于银鱼、鱿鱼、牛肚、竹笋等水发产品及其浸泡液中甲醛的快速测定，本方法检出限为 5mg/kg（或 mg/L）。

3. 本方法参比标准为 SC/T 3025—2006《水产品中甲醛的测定 液相色谱法》或其他现行有效的甲醛检测标准。

4. 本实验建议进行平行试验，两次测定结果应一致，即显色结果无肉眼可辨识差异。

5. 由于色阶卡目视判读存在一定误差，为尽量避免出现假阴性结果，读数时遵循就高不就低的原则。当测定结果为阳性时，应对结果进行确证。

干制品中二氧化硫的快速检测（速测管比色法）

【检测准备】

氨基磺酸铵溶液、副品红的浓盐酸溶液、亚硫酸钠标准工作液（200μg/mL）、电子天平（感量 0.01g）、研钵、离心机、计时器、移液枪、旋涡混合器等。

操作视频

【检测操作】

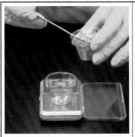

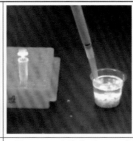

| 1. 准确称取试样 1.0g 于离心管中。 | 2. 加入 20mL 蒸馏水或纯净水溶解，浸泡 10~15min，待测。 | 3. 取 1.0mL 上清液至 2mL 离心管中。 | 4. 在离心管中加入 3 滴氨基磺酸铵溶液，再加入 3 滴副品红的浓盐酸溶液，摇匀。在 5min 后、20min 内观察显色情况。 |

【质控试验】

每批试样应同时进行空白试验和加标质控试验。

◎ 空白试验：称取空白试样 1.0g（精确至 0.01g），与试样同法操作。

◎ 加标质控试验：称取空白试样 1.0g（精确至 0.01g），置于离心管中，加入适量亚硫酸钠标准工作液（200μg/mL），使试样中二氧化硫含量为 50mg/kg，与试样同法操作。

【结果判定】

观察检测管中样液颜色，与标准色阶卡比较判读样品中二氧化硫的含量。当颜色超出标准色阶卡时，可将样品用水进一步稀释，稀释后判读的结果乘以稀释倍数即可。

二氧化硫速测盒						
液体样品/(mg/L)	0.2	0.5	1	2	5	10	20
固体样品/(mg/kg)	2	5	10	20	50	100	200

【注意事项】

1. 本方法是根据 GB/T 5009.34—2016《食品安全国家标准 食品中二氧化硫的测定》改进后的现场半定量快速检测方法，操作相对简单。

2. 本方法适用于银耳、莲子、龙眼、荔枝、虾仁、白糖、冬笋、白瓜子和中西药材等快速检测。

3. 本方法检出限为 50mg/kg。

4. 盐酸具有挥发性和强腐蚀性，使用时应小心谨慎。

食用植物油酸价、过氧化值的快速检测（试纸比色法）

【检测准备】

固化有复合指示剂的酸价试纸、固化有过氧化物酶的过氧化值试纸、恒温水浴锅、计时器、吸水纸等。

操作视频

【检测操作】（酸价）

			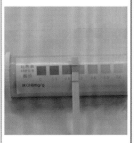
1. 用清洁、干燥的容器量取少量的食用植物油样品。	2. 用恒温水浴锅将样品的温度调整至20～30℃。	3. 将试纸直接插入待测样品中，浸泡5s后取出，静置90s。	4. 从试纸侧面将多余的油样用吸水纸吸掉，与色阶卡进行对比。

【检测操作】（过氧化值）

1. 用清洁、干燥的容器量取少量的食用植物油样品。	2. 用恒温水浴锅将样品的温度调整至20～30℃。	3. 将试纸直接插入待测样品中，浸泡5s后取出，静置90s。	4. 从试纸侧面将多余的油样用吸水纸吸掉，与色阶卡进行对比。

【质控试验】

每次测定应同时进行质控试验。

质控样品：采用典型样品基质或相似样品基质，经参比方法确认为阴性、阳性的质控样品。

取少量质控试样，与样品同法操作。

【结果判定】

观察试纸条的颜色，与标准色阶卡进行比较，判定检测结果。颜色相同或相近的色块下的数值即是本样品的检测值；如试纸的颜色在两色块之间，则取两者的中间值。按 GB 2716 规定，食用植物油酸价颜色深于 3mg/g 则为阳性样品，煎炸过程中的食用植物油酸价颜色深于 5mg/g 则为阳性样品。过氧化值颜色深于 0.25g/100g 则为阳性样品。其他食用植物油的结果判定以所执行的相应标准为准。

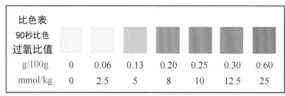

【注意事项】

1. 本方法参照《食用植物油酸价、过氧化值的快速检测》（KJ201911）。

2. 本方法适用于常温下为液态的食用植物油、食用植物调和油和食品煎炸过程中的各种食用植物油的酸价、过氧化值的快速测定。

3. 本方法检出限：酸价为 0.3mg/g，过氧化值为 0.06g/100g。

4. 当检测结果为阳性时，应采用 GB 5009.229—2016《食品安全国家标准 食品中酸价的测定》、GB 5009.227—2016《食品安全国家标准 食品中过氧化值的测定》确证，进一步确定试样中酸价和过氧化值。

5. 色阶卡应确保在试剂盒保质期内不出现褪色或变色的情况。

6. 本方法所述试剂、试剂盒信息及操作步骤是为给方法使用者提供方便，在使用本方法时不做限定。方法使用者在使用替代试剂、试剂盒或操作步骤前，须对其进行考察，应满足本方法规定的各项性能指标。

蔬菜中敌百虫、丙溴磷、灭多威、克百威、敌敌畏残留的快速检测（检测卡法）

【检测准备】

pH 8.0 缓冲溶液、移液器、有机磷和氨基甲酸酯类标准工作液（1μg/mL）、电子天平（感量 0.1g）、便携式农残检测仪等。

操作视频

【检测操作】（整体测定法）

1. 选取有代表性的样品，擦去表面泥土，剪成 1cm² 左右碎片。

2. 称取 3g 样品放入离心管中。

3. 加入 10mL 缓冲溶液。

4. 振摇 50 次，静置 2min 以上。

5. 取农残速测卡，沿卡片中线对折使之成约 120°，揭取速测卡保护膜。

6. 吸取 2 滴左右待测液于白色药片反应区域。

7. 在 37℃ 恒温装置中放置 15min 进行预反应，预反应后的药片表面必须保持湿润。

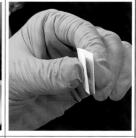

8. 将速测卡对折，手捏 3min 或置于 37℃ 恒温装置 3min，保证红色药片反应区域与白色药片反应区域完全叠合发生反应。根据示意图判定结果。

【质控试验】

每批样品应同时进行空白试验和加标质控试验。

◎ 空白试验：称取空白试样，与样品同法操作。

◎ 加标质控试验：称取空白试样 3g（精确至 0.01g）置于 50mL 离心管中，加入检出限水平的有机磷和氨基甲酸酯类标准工作液（1μg/mL），与样品同法操作。

【结果判定】

白色药片区域干燥，表明取样量偏少，检测结果无效；白色药片区域不变色或略有浅蓝色为阳性结果；白色药片区域变为天蓝色或与空白对照卡相同，为阴性结果。通过对比空白和样品白色药片区域的颜色变化进行结果判定。

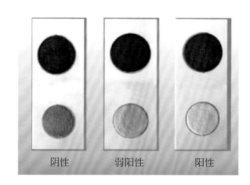

阴性　　　　弱阳性　　　　阳性

【注意事项】

1. 本方法参照《蔬菜中敌百虫、丙溴磷、灭多威、克百威、敌敌畏残留的快速检测》（KJ201710）。

2. 本方法适用于油菜、菠菜、芹菜、韭菜等蔬菜中敌百虫、丙溴磷、灭多威、克百威、敌敌畏残留的快速测定。

3. 本方法检出限：敌百虫为 0.1mg/kg，丙溴磷为 0.5mg/kg，灭多威为 0.2mg/kg，克百威为 0.02mg/kg，敌敌畏为 0.2mg/kg。

4. 葱、蒜、萝卜、韭菜、芹菜、香菜、茭白、蘑菇及番茄汁液中，含有对酶有影响的植物次生物质，容易产生假阳性。对此类蔬菜和叶绿素较高的蔬菜，取整株（体）蔬菜浸提或采用表面测定法。

5. 当温度条件低于 37℃，应延长反应时间。如空白对照卡用手指（体温）捏 3min 时可以变蓝，即可往下操作。

6. 每次检测时可用缓冲溶液代替样品作一个空白测试，作为阴性结果进行对照。

7. 空白对照卡不变色的原因：一是药片表面缓冲溶液加得少，预反应后的药面不够湿润；二是温度太低，需适当保温。

8. 农残速测卡开封后最好在 3 天内用完；如一次用不完可存放在干燥器中，3 天内用完。

9. 本方法参比标准为 NY/T 761—2008《蔬菜和水果中有机磷、有机氯、拟除虫菊酯和氨基甲酸酯类农药残留的测定》。

动物源性食品中克伦特罗的快速检测（胶体金免疫层析法）

【检测准备】

缓冲液（称取磷酸二氢钾 0.3g，磷酸氢二钠 1.5g，溶于约 800mL 水中，充分混匀后用盐酸或氢氧化钠溶液调节 pH 至 7.4，用水稀释至 1000mL，混匀）、克伦特罗标准液（100μg/mL）、电子天平（感量 0.01g）、离心机、移液器、组织粉碎机、水浴锅、计时器、克伦特罗试剂盒 / 检测卡（条）等。

操作视频

【检测操作】

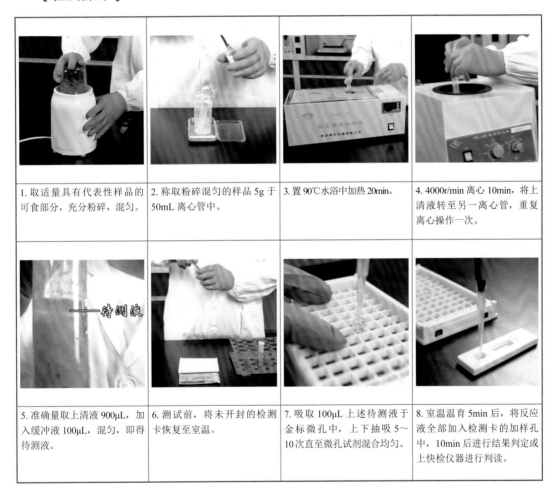

1. 取适量具有代表性样品的可食部分，充分粉碎，混匀。	2. 称取粉碎混匀的样品 5g 于 50mL 离心管中。	3. 置 90℃ 水浴中加热 20min。	4. 4000r/min 离心 10min，将上清液转至另一离心管，重复离心操作一次。
5. 准确量取上清液 900μL，加入缓冲液 100μL，混匀，即得待测液。	6. 测试前，将未开封的检测卡恢复至室温。	7. 吸取 100μL 上述待测液于金标微孔中，上下抽吸 5～10 次直至微孔试剂混合均匀。	8. 室温温育 5min 后，将反应液全部加入检测卡的加样孔中，10min 后进行结果判定或上快检仪器进行判读。

【质控试验】

每批样品应同时进行空白试验和加标质控试验。

◎ 空白试验：称取空白试样，与样品同法操作。

◎ 加标质控试验：称取空白试样 5g 置于 50mL 离心管中，加入 125μL 克伦特罗标准工作液（20ng/mL），使克伦特罗浓度为 0.5μg/kg，与样品同法操作。

【结果判定】

通过对比控制线（C线）和检测线（T线）的颜色深浅进行结果判定。目视判定示意图如下。结果判定也可根据产品说明书进行。

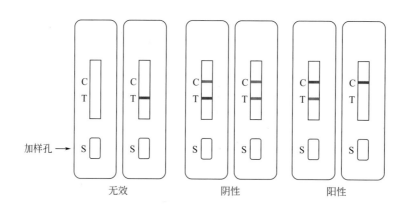

无效：控制线（C线）不显色，表明不正确操作或试纸条无效。

阴性结果：控制线（C线）显色，检测线（T线）颜色比控制线（C线）颜色深或检测线（T线）颜色与控制线（C线）颜色相当，均表示样品中不含待测组分或含量低于方法检出限，判为阴性。

阳性结果：控制线（C线）显色，检测线（T线）颜色比控制线（C线）颜色明显浅或检测线（T线）不显色，均表示样品中待测组分含量高于方法检出限，判为阳性。

【注意事项】

1. 本方法参照《动物源性食品中克伦特罗、莱克多巴胺及沙丁胺醇的快速检测 胶体金免疫层析法》（KJ201706）。

2. 本方法适用于猪肉、牛肉等动物肌肉组织中克伦特罗、莱克多巴胺及沙丁胺醇的快速测定。

3. 本方法克伦特罗、莱克多巴胺、沙丁胺醇检出限均为 0.5μg/kg。

4. 本方法所述试剂、试剂盒信息、操作步骤及结果判定要求是为给方法使用者提供方便，在使用本方法时不做限定。方法使用者在使用替代试剂、试剂盒或操作步骤前，须对其进行考察，应满足本方法规定的各项性能指标。

5. 本方法参比方法为 GB/T 22286—2008《动物源性食品中多种 β-受体激动剂残留量的测定 液相色谱串联质谱法》。

保健食品中西地那非的快速检测（胶体金免疫层析法）

【检测准备】

甲醇、缓冲液（称取 12.1g Tris 碱，加适量水溶解，混匀，用盐酸溶液调节 pH 至 8.0，加入 5.0g 吐温 –20 搅拌均匀，定容至 1000mL）、西地那非标准液（1.0mg/mL）、电子天平（感量 0.01g）、离心机、计时器、移液器、旋涡混合器、西地那非胶体金检测卡（条）等。

操作视频

【检测操作】（胶囊样品）

1. 准确称取去胶囊内容物 0.5g±0.01g 于 15mL 离心管中。	2. 加 1mL 甲醇，涡旋 30s。	3. 4000r/min 离心 2min，或静置 2min。

4. 取 250μL 上清液于 2mL 离心管中，加入 750μL 缓冲液，涡旋 30s，作为待测液。	5. 吸取 200μL 待测液于金标微孔中，抽吸 5～10 次，室温温育 5min。	6. 将金标微孔中全部溶液滴加到检测卡上的加样孔中，温育 5min，进行结果判定或上快检仪器进行判读。

【质控试验】

每批样品应同时进行空白试验和加标质控试验。

◎ 空白试验：准确称取空白试样 0.5g±0.01g 于 15mL 离心管中，与试样同法操作。

◎ 加标质控试验：准确称取空白试样 0.5g±0.01g 于 15mL 离心管中，加入 50μL 西地那非标准工作液（10μg/mL），使西地那非浓度为 1.0μg/g，与试样同法操作。

【结果判定】

通过对比控制线（C线）和检测线（T线）的颜色深浅进行结果判定。目视判定示意图如下。结果判定也可根据产品说明书进行。

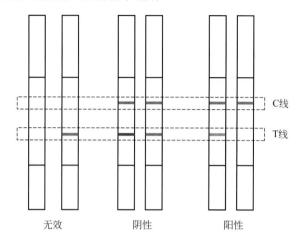

无效：控制线（C线）不显色，表明不正确操作或试纸条无效。

阴性结果：控制线（C线）显色，检测线（T线）颜色比控制线（C线）颜色深或检测线（T线）颜色与控制线（C线）颜色相当，均表示样品中不含待测组分或含量低于方法检出限，判为阴性。

阳性结果：控制线（C线）显色，检测线（T线）颜色比控制线（C线）颜色明显浅或检测线（T线）不显色，均表示样品中待测组分含量高于方法检出限，判为阳性。

【注意事项】

1. 本方法参照《保健食品中西地那非和他达拉非的快速检测 胶体金免疫层析》（KJ201901）。

2. 本方法适用于声称具有抗疲劳、调节免疫等功能的保健食品。

3. 本方法固体样品西地那非检出限为 1.0μg/g。

4. 本方法所述试剂、试剂盒信息及操作步骤是为给方法使用者提供方便，在使用本方法时不做限定。但方法使用者应使用经过验证的满足本方法规定的各项性能指标的试剂、试剂盒。

5. 本方法参比标准为食品补充检验方法 BJS201710《保健食品中 75 种非法添加化学药物的检测》、药品检验补充检验方法 2009030《补肾壮阳类中成药中 PDE-5 型抑制剂的快速检测方法》。

6. 本方法使用西地那非试剂盒可能与那莫西地那非、豪莫西地那非、羟基豪莫西地那非、伪伐地那非、伐地那非、硫代艾地那非存在交叉反应，当结果判定为阳性时，应对结果进行确证。

水产品中孔雀石绿的快速检测（胶体金免疫层析法）

【检测准备】

饱和氯化钠溶液、盐酸羟胺溶液（0.25g/mL）、乙酸盐缓冲液（pH 4.5）、乙腈、无水硫酸钠、中性氧化铝、正己烷、二氯二氰基苯醌溶液、复溶液、孔雀石绿标准液（1mg/mL）、隐色孔雀石绿标准液（1mg/mL）、电子天平（感量0.01g）、离心机、移液器、旋涡混合器、计时器、孔雀石绿胶体金试纸条、红色油性笔等。

操作视频

【检测操作】（水产品）

1. 取适量有代表性样品的可食部分，充分粉碎，混匀。

2. 称取试样 2g 置于 15mL 具塞离心管中，用红色油性笔标记。

3. 依次加入 1mL 饱和氯化钠溶液、0.2mL 盐酸羟胺溶液、2mL 乙酸盐缓冲液及 6mL 乙腈，涡旋提取 2min。

4. 加入 1g 无水硫酸钠、1g 中性氧化铝，涡旋混合 1min，以4000r/min 离心 5min。

5. 准确移取 5mL 上清液于15mL 离心管中，加入 1mL正己烷，充分混匀，以4000r/min 离心 1min。

6. 准确移取 4mL 下层液于15mL 离心管中，加入 100μL二氯二氰基苯醌溶液，涡旋混匀，反应 1min。

7. 于 55℃水浴中氮气吹干。

8. 精密加入 200μL 复溶液，涡旋混合 1min，作为待测液。

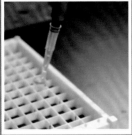

9. 吸取全部样品待测液于金标微孔中，抽吸 5～10 次使混合均匀，室温温育 3～5min。

10. 将金标微孔中全部溶液滴加到检测卡上的加样孔中，温育 5～8min，进行结果判定或上快检仪器进行判读。

【质控试验】

每批样品应同时进行空白试验和加标质控试验。

◎ 空白试验：称取空白试样，与样品同法操作。

◎ 加标质控试验：

① 准确称取空白试样 2g（精确至 0.01g）置于 15mL 具塞离心管中，加入 40μL 孔雀石绿标准工作液（100ng/mL），使孔雀石绿浓度为 2μg/kg，与样品同法操作。

② 准确称取空白试样 2g 或适量（精确至 0.01g）置于 15mL 具塞离心管中，加入 40μL 隐色孔雀石绿标准工作液（100ng/mL），使隐色孔雀石绿浓度为 2μg/kg，与样品同法操作。

【结果判定】

通过对比控制线（C 线）和检测线（T 线）的颜色深浅进行结果判定。目视判定示意图如下。结果判定也可根据产品说明书进行。

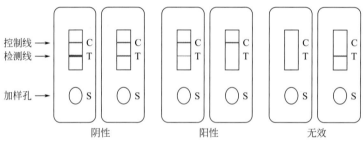

无效：控制线（C 线）不显色，表明不正确操作或试纸条无效。

阴性结果：控制线（C 线）显色，检测线（T 线）颜色比控制线（C 线）颜色深或颜色相当，均表示样品中不含待测组分或含量低于方法检出限，判为阴性。

阳性结果：控制线（C 线）显色，检测线（T 线）颜色比控制线（C 线）颜色明显浅或检测线（T 线）不显色，均表示样品中待测组分含量高于方法检出限，判为阳性。

【注意事项】

1. 本方法参照《水产品中孔雀石绿的快速检测 胶体金免疫层析法》（KJ201701）。

2. 本方法适用于鱼肉及养殖用水中孔雀石绿和隐色孔雀石绿总量的快速测定。

3. 本方法检出限：水产品为 2μg/kg；养殖用水为 2μg/L。

4. 本方法所述试剂、试剂盒信息及操作步骤是为给方法使用者提供方便，在使用本方法时不做限定。方法使用者在使用替代试剂、试剂盒或操作步骤前，须对其进行考察，应满足本方法规定的各项性能指标。

5. 本方法参比标准为 GB/T 19857—2005《水产品中孔雀石绿和结晶紫残留量的测定》或 GB/T 20361—2006《水产品中孔雀石绿和结晶紫残留量的测定 高效液相色谱荧光检测法》。

6. 本实验过程不得使用黑色油性笔做任何记号，因其含有结晶紫，可能会导致结果呈现阳性。

食品中硼酸的快速检测（姜黄素比色法）

【检测准备】

硫酸（1+1）、亚铁氰化钾、乙酸锌、2-乙基-1,3-己二醇 - 三氯甲烷溶液（EHD-CHCl₃ 溶液）、姜黄素 - 冰乙酸溶液、无水乙醇、硼酸标准液（1000μg/mL）、电子天平（感量 0.1g）、离心机、移液器、超声仪、旋涡混合器、氮吹仪或空气吹干仪、计时器等。

操作视频

【检测操作】

1. 取适量样品，充分粉碎，混匀。

2. 准确称取混匀的试样 2g，置于 50mL 离心管中。

3. 准确加水 7mL，加入硫酸溶液 2mL，涡旋提取 1min。

4. 超声提取 15min，期间振摇 2～3 次。

5. 加入 0.5mL 亚铁氰化钾溶液与 0.5mL 乙酸锌溶液，混匀后 4000r/min 离心 5min。

6. 准确吸取 1.0mL 上清液于 2.0mL 离心管中，向离心管中加入 EHD-CHCl₃ 溶液 0.5mL，上下颠倒振摇 15～20 次，静置分层。

7. 将上层溶液去除干净，取下层液体 100μL 于 2.0mL 离心管中，加入 400μL 姜黄素 - 冰乙酸溶液，再加入 20μL 硫酸溶液。

8. 于 60～70℃水浴中氮气（或空气）吹至近干。

9. 加入 1mL 无水乙醇，振摇使残渣全部溶解，作为待测液。

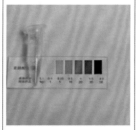

10. 将待测液与标准色阶卡目视比色，15min 内判读结果。

【质控试验】

每批样品应同时进行空白试验和质控样品试验（或加标质控试验）。

◎ 空白试验：称取空白样品，与样品同法操作。

◎ 加标质控试验：准确称取空白试样 2g（精确至 0.1g），加入 50μL 硼酸标准工作液（100μg/mL），使在不同基质样品中硼酸含量为 2.5mg/kg，与样品同法操作。

【结果判定】

观察待测液的颜色，与标准色阶卡比较判读样品中硼酸的含量。颜色浅于检出限（2.5mg/kg）则为阴性样品；颜色深于检出限的，根据颜色的深浅进行判读。

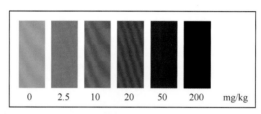

硼酸色阶卡

【注意事项】

1. 本方法参照《食品中硼酸的快速检测 姜黄素比色法》（KJ201909）。

2. 本方法适用于粮食制品、淀粉及淀粉制品、糕点、豆制品、速冻食品（速冻面米食品、肉丸、蔬菜丸）中硼酸的快速测定。

3. 本方法检出限为 2.5mg/kg。

4. 由于色阶卡目视判读存在一定误差，为尽量避免出现假阴性结果，读数时遵循就高不就低的原则。

5. 色阶卡应确保在试剂盒保质期内不出现褪色或变色的情况。

6. 若检测结果大于检出限，需对其进行判读，并采用参比方法确证。

7. 本方法所述试剂、试剂盒信息及操作步骤是为给方法使用者提供方便，在使用本方法时不做限定。方法使用者在使用替代试剂、试剂盒或操作步骤前，须对其进行考察，应满足本方法规定的各项性能指标。

8. 本方法的参比方法为 GB 5009.275—2016《食品安全国家标准 食品中硼酸的测定》。

食品中亚硝酸盐的快速检测（盐酸萘乙二胺法）

【检测准备】

对氨基苯磺酸溶液（4g/L）、盐酸萘乙二胺溶液（2g/L）、亚硝酸钠标准工作液（200μg/mL，以亚硝酸钠计）、电子天平（感量0.01g）、离心机、移液器、超声仪（或旋涡混合器）、计时器、剪刀等。

操作视频

【检测操作】

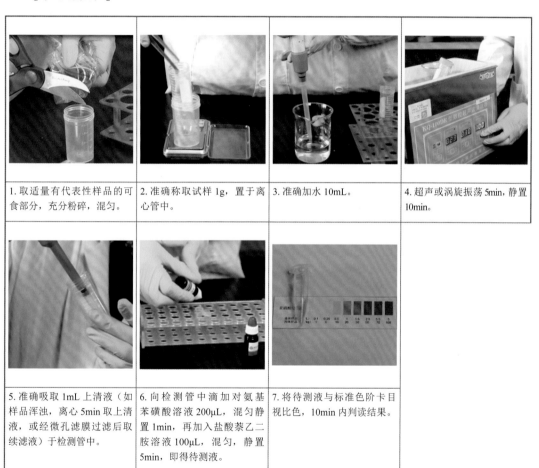

1. 取适量有代表性样品的可食部分，充分粉碎，混匀。

2. 准确称取试样1g，置于离心管中。

3. 准确加水10mL。

4. 超声或涡旋振荡5min，静置10min。

5. 准确吸取1mL上清液（如样品浑浊，离心5min取上清液，或经微孔滤膜过滤后取续滤液）于检测管中。

6. 向检测管中滴加对氨基苯磺酸溶液200μL，混匀静置1min，再加入盐酸萘乙二胺溶液100μL，混匀，静置5min，即得待测液。

7. 将待测液与标准色阶卡目视比色，10min内判读结果。

【质控试验】

每批样品应同时进行空白试验和加标质控试验。

◎ 空白试验：称取空白样品，与样品同法操作。

◎ 加标质控试验：准确称取空白试样 1g（精确至 0.01g），置于离心管中，加入 50μL 亚硝酸钠标准工作液（200μg/mL），使样品中亚硝酸钠含量为 10mg/kg。与样品同法操作。

【结果判定】

观察检测管中样液颜色，与标准色阶卡比较判读样品中亚硝酸盐（以亚硝酸钠计）的含量。

颜色浅于检出限（1mg/kg）则为阴性样品；颜色深于 10mg/kg 则为阳性样品。

颜色接近或深于 1mg/kg，但浅于或接近 10mg/kg 时，则考虑本底污染或带入。

亚硝酸盐速测盒								
液体样品/(mg/L)	0.1	0.25	0.5	1	1.5	2.5	3.5	5
固体样品/(mg/kg)	1	5	10	20	30	50	70	100

【注意事项】

1. 本方法参照《食品中亚硝酸盐的快速检测 盐酸萘乙二胺法》（KJ201704）。

2. 本方法适用于肉及肉制品（餐饮食品）中亚硝酸盐的快速测定。

3. 本方法的检出限为 1mg/kg。

4. 由于色阶卡目视判读存在一定误差，为尽量避免出现假阴性结果，读数时遵循就高不就低的原则。当测定结果大于 10mg/kg 时，应对结果进行确证。

5. 本方法所述试剂、试剂盒信息及操作步骤是为给方法使用者提供方便，在使用本方法时不做限定。方法使用者在使用替代试剂、试剂盒或操作步骤前，须对其进行考察，应满足本方法规定的各项性能指标。

6. 本方法参比方法为 GB 5009.33—2016《食品安全国家标准 食品中亚硝酸盐与硝酸盐的测定》分光光度法（第二法）。

7. 待测样品中若存在高含量的亚硫酸氢钠、抗坏血酸或酱油时，会对本法的显色结果产生一定影响，检测时应予以注意。

蔬菜中有机磷和氨基甲酸酯类农药残留量的快速检测（分光光度法）

【检测准备】

pH 8.0 缓冲溶液、显色剂、底物、乙酰胆碱酯酶、有机磷和氨基甲酸酯类标准液（1000μg/mL）、移液器、电子天平（感量 0.1g）、旋涡混合器、剪刀、水浴锅、离心机、农残检测仪或分光光度计等。

操作视频

【检测操作】（整体测定法）

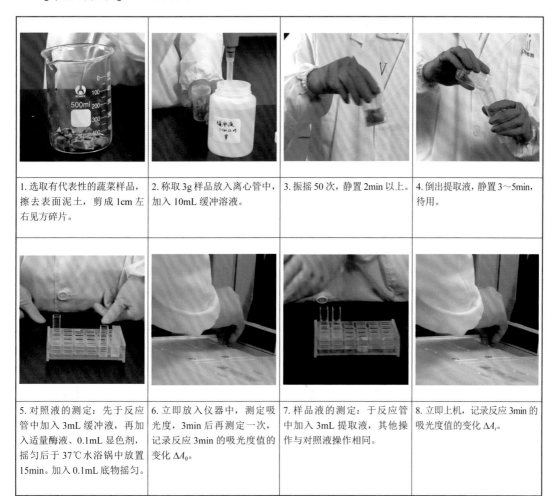

1. 选取有代表性的蔬菜样品，擦去表面泥土，剪成 1cm 左右见方碎片。	2. 称取 3g 样品放入离心管中，加入 10mL 缓冲溶液。	3. 振摇 50 次，静置 2min 以上。	4. 倒出提取液，静置 3～5min，待用。
5. 对照液的测定：先于反应管中加入 3mL 缓冲液，再加入适量酶液、0.1mL 显色剂，摇匀后于 37℃ 水浴锅中放置 15min。加入 0.1mL 底物摇匀。	6. 立即放入仪器中，测定吸光度，3min 后再测定一次，记录反应 3min 的吸光度值的变化 ΔA_0。	7. 样品液的测定：于反应管中加入 3mL 提取液，其他操作与对照液操作相同。	8. 立即上机，记录反应 3min 的吸光度值的变化 ΔA_t。

【质控试验】

每批样品应同时进行空白试验和加标质控试验。

◎空白试验：称取空白样品，与样品同法操作。

◎加标质控试验：取空白试样，擦去表面泥土，剪成1cm左右见方碎片，称取试样3g（精确至0.1g）放入小离心管中，加入检出限水平的有机磷和氨基甲酸酯类标准工作液（1μg/mL）。与样品同法操作。

【结果判定】

结果以酶被抑制的程度（抑制率）表示。

$$抑制率（\%）=\left[(\Delta A_0-\Delta A_t)/\Delta A_0\right]\times100\%$$

当抑制率≥50%时，表示蔬菜中有机磷和氨基甲酸酯类农药残留高于检出限，判定为阳性，阳性结果的样品需要重复检验2次以上。

【注意事项】

1. 本方法参照《蔬菜中敌百虫、丙溴磷、灭多威、克百威、敌敌畏残留的快速检测》（KJ201710）。

2. 本方法适用于油菜、菠菜、芹菜、韭菜等蔬菜中敌百虫、丙溴磷、灭多威、克百威、敌敌畏残留的快速测定。

3. 本方法检出限：敌百虫为0.1mg/kg，丙溴磷为0.5mg/kg，灭多威为0.2mg/kg，克百威为0.02mg/kg，敌敌畏为0.2mg/kg。

4. 葱、蒜、萝卜、韭菜、芹菜、香菜、茭白、蘑菇及番茄汁液中，含有对酶有影响的植物次生物质，容易产生假阳性。处理这类样品时，可采取整株（体）蔬菜浸提。对一些含叶绿素较高的蔬菜，也可采取整株（体）蔬菜浸提的方法，减少色素的干扰。

5. 吸光度变化ΔA_0值应控制在0.2～0.3之间。具体的酶量，应根据产品说明书上标示的使用量测定ΔA_0值，根据测定值，增加或减少酶量。

6. 本方法所述试剂、试剂盒信息及操作步骤是为给方法使用者提供方便，在使用本方法时不做限定。方法使用者在使用替代试剂、试剂盒或操作步骤前，须对其进行考察，应满足本方法规定的各项性能指标。

7. 本方法参比标准为NY/T 761—2008《蔬菜和水果中有机磷、有机氯、拟除虫菊酯和氨基甲酸酯类农药残留的测定》。

肉类水分的快速测定

【检测准备】

DY-6400 肉类水分检测仪。

操作视频

【检测操作】

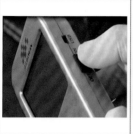			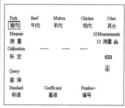
1. 将仪器状态开关拨至【ON】（开），仪器发出蜂鸣声并开启。	2. 设定标准值：在主菜单按向上键或向下键移动光标，选择需要设定标准值的肉种类。	3. 如选择猪肉，将光标移动到【猪肉】处，按【确认】键，即进入猪肉的子菜单。按向下键移动光标至【标准】，按向上键或向下键改变标准值；再按【确认】键确认输入的数值。	4. 测量次数设定：在主菜单按向上键或向下键移动光标，选择待检测品种，按【确认】键进入。

5. 再按移动键将光标移动到【10次测量】，按【确认】键，用户可选择1次采样或10次采样。	6. 测量样品：光标选择【测量】，按【确认】键一次，即进入测量状态。	7. 左手持主机，右手持检测探头手柄，将检测探头针状电极插入被测样品中。	8. 用右手轻扶检测探头手柄，左手大拇指按【确认】键一次，显示器的数字自动加1，变成"2"。

9. 拔出检测探头，重复步骤5~6，直至显示器显示"10"。	10. 此时再按【确认】键一次，仪器自动计算出测量值，并直接显示测量值。		

【结果判定】

合格：测出数据＜标准值。

超标：测出数据≥标准值。

若测量结果超出标准值，测量数值闪烁报警；若此时声控开关为开启状态，则仪器同时伴随声音报警。

【注意事项】

1. 本方法适用于畜禽鲜肉（猪肉、牛肉、羊肉、鸡肉等），水分含量范围为65%～85%。当水分含量范围在70%～78%时，本方法测量误差≤1.0%，重复性误差≤0.5%。

2. 本仪器参考GB 18394—2020《畜禽肉水分限量》，仪器使用过程可参考该标准判断注水肉。但受品种、畜龄、气候、地理、喂养方法等因素的影响，畜禽肉水分值有一定区别，仪器中所用的标准值（畜禽肉水分限量值）仅供参考。

3. 测量采样时，不能将针状电极插入脂肪（肥肉）中，也不能将针状电极插入筋腱、骨头和空气中，只能插入在瘦肉当中。

4. 仪器使用后，请及时清除可能滞留在检测探头针状电极间的残留物。

5. 小心针状探针误伤人，使用后请及时将保护套合上。

6. 仪器使用中，应避免暴晒、雨淋，避免与腐蚀性较强的物质接触。

7. 除非要校正仪器，否则在任何情况下都不能将光标移到【标定】，具体标定方法参见仪器使用说明书。

8. 本方法为肉类水分速测仪方法，检测结果可作为内部质量控制。

食用油中极性组分的快速检测

【检测准备】

食用油油品极性组分测定仪、水浴锅等。

操作视频

【检测操作】

1.测量正在煎炸的油品：从油中取出油炸食物，等待1～5min，再进行以下步骤。	2.测量常温的油品：取约90mL油放入样品杯中，将样品杯放入热水中加热，当油温达到60℃时取出样品杯（注意不要将水溅入样品杯中）。	3.将传感器放入油中，浸入深度为测量探头上标示出的【max】（最高）与【min】（最低）刻度之间，等待约10s。当温度显示没有明显改变时，测量完成。	4.读取仪器显示屏显示的温度和极性组分值。

【质控试验】

每批样品应同时进行空白试验。

◎空白试验：称取空白试样，与样品同法操作。

【注意事项】

1. 本方法参照 GB 5009.202—2016《食品安全国家标准 食用油中极性组分（PC）的测定》。

2. 本方法适用于所有油及脂类的极性组分含量的快速测定。

3. 不要将传感器放在金属部件（例如油炸篮子、锅壁）附近，测量时避免让油品极性组分测定仪的探头碰触金属物，应保持与金属物的最小距离为 1cm。

4. 如果烹饪油中有水，读数将会偏高，应在 5min 后重复测量。

5. 仪器探头应保持干净，无油脂残留。每次测量前后需用干净滤纸轻轻擦拭测量探头。

6. 测量时如操作台附近有感应电煎锅，应关掉，避免电磁场影响测量结果。

餐具洁净度的快速检测

【检测准备】

表面洁净度速测卡、湿润剂、显色剂。

【检测操作】

1. 滴 2 滴湿润剂于被测物体表面。	2. 取出一片表面洁净度速测卡，撕掉上盖膜。	3. 圆形药片向下，于物体表面 10cm×10cm 大小面积范围内交叉来回轻轻擦拭。	4. 将表面洁净度速测卡圆形药片向上平放在台面上，滴 1 滴显色剂到圆形药片上，判读结果。

【空白试验】

每批样品应同时进行空白试验。

◎空白试验：取洁净物体，与样品同法操作。

【结果判定】

绿色表示洁净，灰色表示处于洁净与不洁净的边缘，紫色表示不洁净，深紫色表示重度不洁净。

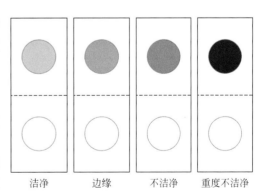

【注意事项】

1. 每片产品只可以使用一次，不可重复使用。

2. 擦拭的关键控制点应考虑从易清洁到难清洁的区域范围，比如平面、接缝、凹陷区域等。

3. 不要用手接触圆形药片，确保药片部位仅与待检测的物体表面接触。

4. 如果检测的控制点有肉眼可见的污垢，就不必浪费速测卡评估其洁净度。产品只用于检测看起来洁净的表面。

5. 如果待检表面有多余液体存在，应待液体稍干燥后再进行检测。

6. 本方法参考《铁路食（饮）具洁净度 ATP 生物发光检测法和分级判定》（TB/T 3121—2005）。

动物源性食品中喹诺酮类物质的快速检测
（胶体金免疫层析法）

【检测准备】

甲酸 - 乙腈溶液（2+98）、分散固相萃取剂Ⅰ（硫酸镁18g、乙酸钠4.5g，放于研钵中研碎）、分散固相萃取剂Ⅱ［硫酸镁27g、N-丙基乙二胺（PSA）4.5g，放于研钵中研碎］、样品稀释液（脱脂乳粉：水=1：10）、诺氟沙星标准液（1mg/mL）、组织捣碎机、电子天平（感量0.01g）、离心机、移液器、旋涡混合器、氮吹仪、计时器、金标微孔、喹诺酮类试纸条或检测卡等。

操作视频

【检测操作】（动物组织样品）

1. 样品（蛋清蛋黄混合物）用组织捣碎机搅碎后备用。

2. 称取2.5g±0.01g均质后的样品于15mL离心管中。

3. 加入5mL甲酸 - 乙腈溶液。

4. 涡旋混合1min，振荡5min。

5. 4000r/min离心5min。离心后，将上清液2mL转入10mL离心管中。

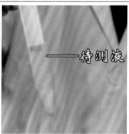

6. 分别加入0.6g分散固相萃取剂Ⅰ，涡旋混合1min，再加入0.6g分散固相萃取剂Ⅱ，涡旋混合1min。

7. 静置分层后取1mL于10mL离心管中，氮吹仪60℃吹干。

8. 用1mL样品稀释液溶解作为待测液。

9. 吸取300μL待测液于金标微孔中，抽吸5～10次使混合均匀。

10. 将微孔内的液体全部加到检测卡的凹槽中，孵育5～8min，立即进行结果判定或上快检仪器进行判读。

【质控试验】

每批试样应同时进行空白试验和加标质控试验。

◎空白试验：称取空白试样，与试样同法操作。

◎加标质控试验：准确称取空白试样 2.5g（精确至 0.01g）置于具塞离心管中，加入适量的诺氟沙星标准工作液（1μg/mL），使诺氟沙星最终浓度为 6μg/kg，与样品同法操作。

【结果判定】

通过对比控制线（C 线）和检测线（T 线）的颜色深浅进行结果判定。目视判定示意图如下。结果判定也可根据产品说明书进行。

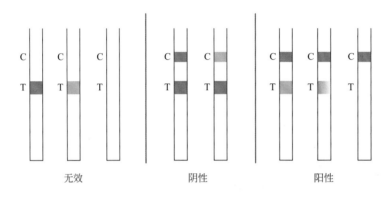

无效   阴性   阳性

无效：控制线（C 线）不显色，表明不正确操作或试纸条无效。

阴性结果：控制线（C 线）显色，检测线（T 线）颜色比控制线（C 线）颜色深或与控制线（C 线）颜色相当，均表示样品中不含待测组分或含量低于方法检出限，判为阴性。

阳性结果：控制线（C 线）显色，检测线（T 线）颜色比控制线（C 线）颜色明显浅或检测线（T 线）不显色，均表示样品中待测组分含量高于方法检出限，判为阳性。

【注意事项】

1. 本方法参照《动物源性食品中喹诺酮类物质的快速检测 胶体金免疫层析法》（KJ201906）。

2. 本方法适用于生乳、巴氏杀菌乳、灭菌乳、猪肉、猪肝、猪肾中洛美沙星、培氟沙星、氧氟沙星、诺氟沙星、达氟沙星、二氟沙星、恩诺沙星、环丙沙星、氟甲喹、噁喹酸残留的快速测定。

3. 本方法检出限为 3μg/kg。

4. 当检测结果为阳性时，应对结果进行确证。

5. 本方法所述试剂、试剂盒信息及操作步骤是为给方法使用者提供方便，在使用本方法时不做限定。方法使用者在使用替代试剂、试剂盒或操作步骤前，须对其进行考察，应满足本方法规定的各项性能指标。

6. 本方法参比标准为 GB/T 21312—2007《动物源性食品中 14 种喹诺酮药物残留检测方法 液相色谱 - 质谱 / 质谱法》。

水产品中硝基呋喃类代谢物的快速检测
（胶体金免疫层析法）

【检测准备】

邻硝基苯甲醛溶液（10mmol/L）、磷酸氢二钾溶液（0.1mol/L）、盐酸溶液（1mol/L）、氢氧化钠溶液（1mol/L）、乙酸乙酯、正己烷、三羟甲基氨基甲烷溶液（10mmol/L）、硝基呋喃类代谢物标准液（100mg/L）、组织捣碎机、电子天平（感量0.01g）、离心机、移液器、旋涡混合器、氮吹仪、水浴锅、计时器、金标微孔、硝基呋喃类代谢物检测卡等。

操作视频

【检测操作】（液液萃取法）

1. 称取 2g±0.05g 匀浆样品于 50mL 离心管中。

2. 依次加入 4mL 去离子水、5mL 盐酸和 0.2mL 邻硝基苯甲醛溶液。

3. 充分振荡 3min。

4. 将上述离心管在 60℃ 水浴下孵育 60min。

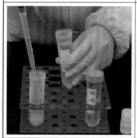

5. 依次加入 5mL 磷酸氢二钾溶液、0.4mL 氢氧化钠溶液、乙酸乙酯 6mL。

6. 充分混合 3min。

7. 在室温（20～25℃）下 4000r/min 离心 5min。

8. 移取离心后的上层液体 3mL 于 5mL 离心管中，60℃ 下氮气/空气吹干。

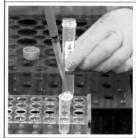

9. 向吹干的离心管中加入 2mL 正己烷，振荡 1min。然后加入 0.5mL 三羟甲基氨基甲烷溶液。

10. 充分混匀 30s，室温下 4000r/min 离心 3min。

11. 下层溶液即为待测液。

12. 吸取适量待测液于金标微孔中，抽吸 5～10 次混匀，室温（20～25℃）温育 5min，将反应液全部加入检测卡的加样孔中，进行结果判定或上快检仪器进行判读。

【质控试验】

每批试样应同时进行空白试验和加标质控试验。

◎空白试验：称取空白试样，与试样同法操作。

◎加标质控试验：准确称取空白样品 2g（精确至 0.01g）置于 50mL 具塞离心管中，加入适量硝基呋喃类代谢物标准工作液（0.01mg/L），使其浓度为 0.5μg/kg，与样品同法操作。

【结果判定】

通过对比控制线（C 线）和检测线（T 线）的颜色深浅进行结果判定。目视判定示意图如下。结果判定也可根据产品说明书进行。

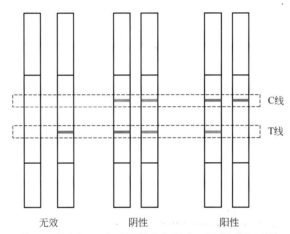

无效：控制线（C 线）不显色，表明不正确操作或试纸条无效。

阴性结果：控制线（C 线）显色，检测线（T 线）颜色比控制线（C 线）颜色深或与控制线（C 线）颜色相当，均表示样品中不含待测组分或含量低于方法检出限，判为阴性。

阳性结果：控制线（C 线）显色，检测线（T 线）颜色比控制线（C 线）颜色明显浅或检测线（T 线）不显色，均表示样品中待测组分含量高于方法检出限，判为阳性。

【注意事项】

1. 本方法参照《水产品中硝基呋喃类代谢物的快速检测 胶体金免疫层析法》（KJ201705）。

2. 本方法适用于鱼肉、虾肉、蟹肉等水产品中呋喃唑酮代谢物（AOZ）、呋喃它酮代谢物（AMOZ）、呋喃西林代谢物（SEM）、呋喃妥因代谢物（AHD）的快速测定。

3. 本方法检出限为 0.5μg/kg。

4. 当检测结果为阳性时，应对结果进行确证。

5. 本方法所述试剂、试剂盒信息及操作步骤是为给方法使用者提供方便，在使用本方法时不做限定。方法使用者在使用替代试剂、试剂盒或操作步骤前，须对其进行考察，应满足本方法规定的各项性能指标。

6. 本标准参比方法为 GB/T 21311《动物源性食品中硝基呋喃类药物代谢物残留量检测方法 高效液相色谱 / 串联质谱法》。

鸡蛋中氟苯尼考的快速检测（胶体金免疫层析法）

【检测准备】

复溶液、氟苯尼考标准工作液（10ng/mL）、均质器、电子天平（感量0.1g）、离心机、移液器、旋涡混合器、计时器、金标微孔、氟苯尼考检测卡等。

操作视频

【检测操作】

1. 称取 2.0g±0.1g 混合均匀的样品（蛋清蛋黄混合物）于 50mL 离心管中。	2. 加入 3mL 复溶液。	3. 高速振荡 1～2min。	4. 4000r/min 室温离心 2～3min，离心后的上清液即为待测液。
5. 取出金标微孔置于板架中，吸取 200μL 待测液加入金标微孔中，抽吸 5～10 次至微孔试剂混合均匀，20～30℃温育 3min。	6. 将测试纸插入微孔试剂中（按照背面箭头朝下方向），20～30℃温育 6min。	7. 从微孔中取出试纸条，轻轻刮去试纸条下端的样品垫，并进行结果判断。	8. 根据图示判读结果或上快检仪器进行判读。

【质控试验】

每批试样应同时进行空白试验和加标质控试验。

◎空白试验：称取空白试样，与试样同法操作。

◎加标质控试验：准确称取空白样品适量（精确至 0.1g）置于 50mL 具塞离心管中，加入适量氟苯尼考标准工作液（10ng/mL），使其浓度为 0.1μg/kg，与样品同法操作。

【结果判定】

通过对比控制线（C 线）和检测线（T 线）的颜色深浅进行结果判定。目视判定示意图如下。结果判定也可根据产品说明书进行。

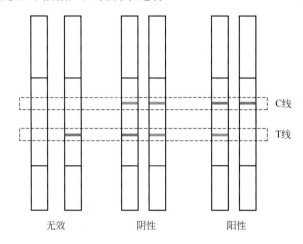

无效　　　　　　阴性　　　　　　阳性

无效：控制线（C 线）不显色，表明不正确操作或试纸条无效。

阴性结果：控制线（C 线）显色，检测线（T 线）颜色比控制线（C 线）颜色深或颜色相当，均表示样品中不含待测组分或含量低于方法检出限，判为阴性。

阳性结果：控制线（C 线）显色，检测线（T 线）颜色比控制线（C 线）颜色明显浅或检测线（T 线）不显色，均表示样品中待测组分含量高于方法检出限，判为阳性。

【注意事项】

1. 本方法参照试剂盒快筛检测方法，该方法以 GB 31650—2019《食品安全国家标准 食品中兽药最大残留限量》中氟苯尼考的限量为依据。

2. 本方法适用于鸡蛋、鸭蛋等畜禽蛋类样品中氟苯尼考的快速检测。

3. 本方法检出限为 0.1μg/kg。

4. 请勿混用来自不同批号的试纸条和试剂微孔，请勿使用超过有效期的产品。请不要触摸试纸条中央的白色膜面。

5. 反应结束后 5min 内读取结果，超过 5min 后的结果判读无效。

6. 遇到样品检测结果呈阳性，建议重复测试一次。

7. 本产品仅用于初筛，最终结果以仪器方法确证为准。

8. 本产品所涉及的试剂安全可靠，不含致癌性、剧毒、易燃、易爆、强腐蚀性的试剂。

9. 本产品试剂为一次性用品，使用后的废弃物应按一般化学药品处理。

面粉中吊白块的快速检测

【检测准备】

吊白块检测试剂盒（含检测液 A、检测液 B、检测液 C）、甲醛标准工作液、电子天平（感量 0.1g）、移液器、计时器、比色卡等。

操作视频

【检测操作】

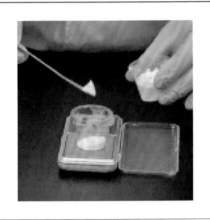

1. 将样品混匀，称取 2g 样品于样品杯中。

2. 加纯净水或蒸馏水 20mL，浸泡 10min。

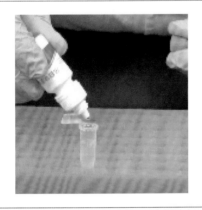

3. 取待测液 1mL 于离心管中，依次加入 3 滴检测液 A、检测液 B，摇匀。

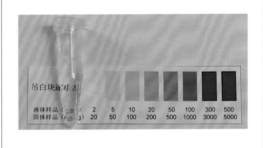

4. 反应 5min 后加入 1 滴检测液 C，盖上盖，摇匀，反应 5min，观察颜色变化。

【质控试验】

每批试样应同时进行空白试验和加标质控试验。

◎空白试验：称取空白试样，与试样同法操作。

◎加标质控试验：准确称取空白样品适量，加入适量甲醛标准工作液，使其浓度为检出限水平，与样品同法操作。

【结果判定】

溶液显示明显的紫红色，说明样品中含有吊白块，且颜色越深表示吊白块浓度越高，对照标准比色板可进行半定量判定。

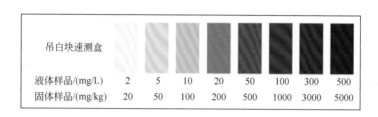

吊白块速测盒								
液体样品/(mg/L)	2	5	10	20	50	100	300	500
固体样品/(mg/kg)	20	50	100	200	500	1000	3000	5000

【注意事项】

1. 本方法适用于面粉、米粉、方便面、腐竹、豆制品和其他干性食品中吊白块的快速检测。

2. 本方法检出限为 0.5mg/kg。

3. 吊白块加热后分解成甲醛和二氧化硫。本方法检测样品的甲醛含量，以甲醛含量衡量吊白块的含量。

4. 若待测样品颜色较深存在颜色干扰，建议用样品待测液做样品空白。

5. 试剂盒方法为快筛检测方法，在认定样品中吊白块的准确含量时，需用国家标准检验方法进行复检，具体可参考 GB/T 21126—2007《小麦粉与大米粉及其制品中甲醛次硫酸氢钠含量的测定》。

白酒中甲醇的快速检测（变色酸法）

【检测准备】

5% 乙醇、高锰酸钾 - 磷酸（30g/L）、偏重亚硫酸钠溶液（100g/L）、变色酸显色剂、甲醇标准溶液（1g/L）、酒精计、量筒、计时器、移液枪、水浴锅、10mL 比色管、10mL 离心管等。

操作视频

【检测操作】

（1）样品液、对照液准备（酒精度的测定）

   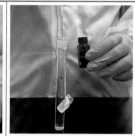

| 1. 取洁净、干燥的 100mL 量筒，注入 100mL 样品。静置数分钟，待酒中气泡消失后，放入洁净、擦干的酒精计。 | 2. 水平观测，读取与弯月面相切处的刻度示值。 | 3. 样品稀释：根据酒精计示值吸取对应体积的样品（参见表 1）置于 10mL 比色管中，补水至 10mL，混匀得样品溶液。 | 4. 根据待测样品的分类（粮谷类或其他类），吸取对应体积（参见表 2）的甲醇标准溶液，置于 10mL 比色管中，补 5% 乙醇至 10mL，混匀得对照液。 |

表1　不同酒精度样品吸取体积表

酒精计示值 /% vol	样品吸取体积 /mL
18～22	2.5
23～27	2.0
28～32	1.7
33～36	1.5
37～41	1.3
42～45	1.2
46～53	1.0
54～60	0.9
61～68	0.8

表2　标准溶液吸取体积表

待测样品分类	标准溶液吸取体积 /mL
粮谷类	0.3
其他类	1.0

（2）检测

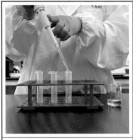		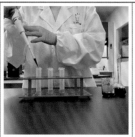	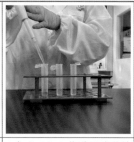
1. 对照组：吸取稀释后的对照液 1.0mL，置于 10mL 离心管中。	2. 样品组：吸取稀释后的样品液 1.0mL，置于 10mL 离心管中。样品组需进行平行试验。	3. 加入高锰酸钾 - 磷酸溶液 0.5mL，混匀，密塞，静置 15min。	4. 加入 0.3mL 偏重亚硫酸钠溶液，混匀，使试液完全褪色。

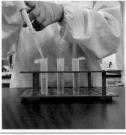		
5. 沿离心管壁缓慢加入 5mL 变色酸显色剂，密塞，混匀。	6. 置于 70℃ 水浴中，显色 20min 后取出，迅速冷却至室温。	7. 判读结果。

【结果判定】

将待测液与甲醇对照液进行目视比色，10min 内判读结果。颜色深于对照液者为阳性，浅于对照液者为阴性。为尽量避免出现假阴性结果，判读时遵循就高不就低的原则。应进行平行试验，且两次判读结果应一致。

【注意事项】

1. 本方法参照《白酒中甲醇的快速检测》（KJ201912）。

2. 本方法的检出限为 0.4g/L（以 100% vol 酒精度计）。判定限：粮谷类为 0.6g/L（以 100% vol 酒精度计）；其他类为 2.0g/L（以 100% vol 酒精度计）。

3. 本方法的参比方法为 GB 5009.266《食品安全国家标准 食品中甲醇的测定》。

4. 本方法适用于白酒（酒精度 18% vol～68% vol）的快速检测。

5. 为减少乙醇量对显色的干扰，本方法中待测液和对照液的乙醇量为 5%。

6. 本方法中采用的高锰酸钾 - 磷酸溶液、变色酸显色剂久置会变色失效，建议方法使用者考察试剂稳定性或临用新配。

7. 采用本方法，酒精度为非整数的样品，为避免出现假阴性结果，建议参照表 1 吸取酒精度整数部分对应体积。

8. 当目视不能判定颜色深浅时，可采用分光光度计测定待测液与甲醇对照液在 570nm 处的吸光度进行比较判定。

9. 本方法所述试剂及操作步骤是为给方法使用者提供方便，在使用本方法时不做限定。方法使用者在使用替代试剂或操作步骤前，须对其进行考察，应满足本方法规定的各项性能指标。

食品中糖精钠的快速检测

【检测准备】

三氯甲烷、酸化亚甲基蓝溶液、组织捣碎机、水浴锅、天平（感量0.1g）、计时器、移液枪、旋涡混合器等。

操作视频

【检测操作】（液体样品）

1. 若样品中含有CO_2，应先排除CO_2气体。取50mL样品于烧杯中，置于水浴中，边加热边搅拌排除样品中CO_2，冷却待用，或直接量取样品于离心管中，上下振荡50次，排除样品中的CO_2气体，待用。

2. 直接量取5mL待测样品于15mL比色管或具塞离心管中。
备注：应进行平行测试。

3. 加入0.5mL（约10滴）酸化的亚甲基蓝溶液，摇匀，静置2min。

4. 加入2mL三氯甲烷，强烈振摇约1min，静置5min分层，观看下层颜色。

【质控试验】

每批样品应同时进行空白试验和加标质控试验。

◎空白试验：称取空白试样，与样品同法操作。

◎加标质控试验：量取 5mL 待测样品于 15mL 比色管或具塞离心管中，加入适量糖精钠工作液，使糖精钠浓度为 0.15g/kg 或 0.15g/L，与样品同法操作。

【结果判定】

将比色管下层溶液与糖精钠比色卡进行比较。颜色相近的色卡标示值即为液体样品中糖精钠的大致含量。若为固体样品，其糖精钠的大致含量应为颜色相近的色卡标示值乘以 10。

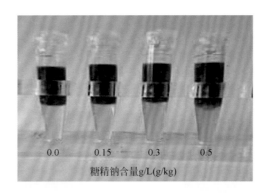

糖精钠含量g/L(g/kg)

【注意事项】

1. 本方法适用于食品中糖精钠的测定，依照试剂盒说明书进行检测，以 GB 2760—2014《食品安全国家标准 食品添加剂使用标准》文件中的糖精钠使用限量为依据。

2. 结果按照 GB 2760《食品安全国家标准 食品添加剂使用标准》中糖精钠（以糖精计）的限量标准进行判定，阳性结果的样品需要重复检验 2 次以上。

3. 不同方法的试剂、用量及判定标准有所不同，具体操作以试剂盒操作说明为准。

4. 三氯甲烷有毒，并具有很强的挥发性，使用后需及时盖上瓶盖，以免挥发。

5. 剧烈振荡时，应盖紧盖子，防止漏液。

6. 本方法参比的标准为 GB 5009.28—2016《食品安全国家标准 食品中苯甲酸、山梨酸和糖精钠的测定》。

猪肉中盐酸克伦特罗的快速检测（ELISA法）

【检测准备】

提取剂（乙腈）、粉碎机、电子天平（感量 0.01g）、离心机、计时器、移液枪、旋涡混合器、氮吹仪、微孔板酶标仪、盐酸克伦特罗试剂盒（内含盐酸克伦特罗标准溶液）等。

操作视频

洗涤液配制：量取 2mL 20× 浓缩液至 50mL 的离心管中，向离心管中加入 38mL 去离子水，摇匀，即为洗涤液。

【检测操作】

1. 称取 2g±0.1g 粉碎好的组织样品。

2. 在通风橱中，加入 2mL 组织样本提取剂（乙腈）。

3. 振荡混匀 10min。

4. 室温 4000r/min 离心 5min。

5. 在通风橱中，取 1mL 上清液。

6. 氮气吹至完全干燥。

7. 分别加入 1mL 去离子水于离心管中，放在旋涡混合器上振荡 30s，即为待测样品提取液。

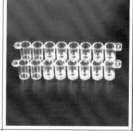

8. 用排枪往酶标条中分别加入 50μL 待测液、50μL 各浓度的标准品、50μL 酶标记物、50μL 抗体工作液，避光反应 30min。

9. 先将孔内液体甩干，接着用配制好的洗涤液按每孔 250μL 洗板 4～5 次，每次浸泡 15～30s，用吸水纸拍干。
注意：若拍干后存在气泡，需要用干净的枪头将其刺破。

10. 使用排枪往酶标条中分别加入 50μL 显色液 A、显色液 B，避光反应 15min。

11. 使用排枪取 50μL 终止液加入酶标条每孔中，即为上机待测液。

12. 将酶标板放至进样器上，点击仪器进板，点击计算机软件中的【样品测定】，1min 后可得到检测样品实际浓度。

【质控试验】

每批样品应同时进行空白试验和加标质控试验。

◎空白试验：称取空白试样，与样品同法操作。

◎加标质控试验：称取空白试样 2g（精确至 0.01g）置于 50mL 离心管中，加入适量克伦特罗标准工作液（10ng/mL），使克伦特罗浓度为 0.1μg/kg，与样品同法操作。

【结果判定】

1. 定性判定

用样品的平均吸光度值与标准值比较即可得出样品所含盐酸克伦特罗浓度大致范围（ng/mL）。

2. 定量判定

所获得的每个浓度标准溶液和样品吸光度值的平均值（B）除以第一个标准（0 标准）的吸光度值（B_0）再乘以 100%，即百分吸光度值。百分吸光度值（%）=（B/B_0）×100%。

以标准品百分吸光率为纵坐标，以盐酸克伦特罗标准品浓度（ng/mL）的半对数为横坐标，绘制标准曲线图。将样本的百分吸光率代入标准曲线中，从曲线上读出样本所对应的浓度，乘以其对应的稀释倍数即为样品中盐酸克伦特罗实际浓度。

【注意事项】

1. 本方法适用于猪肉中克伦特罗、莱克多巴胺及沙丁胺醇的快速测定，参照 DB34/T 823—2008《动物组织中盐酸克伦特罗的残留测定 酶联免疫吸附法》。

2. 本方法克伦特罗、莱克多巴胺、沙丁胺醇检出限均为 0.1μg/kg。

3. 使用前将所有试剂温度回升至室温，使用后立即将所有试剂放回冰箱内 2～8℃保存。

4. 所有恒温孵育过程中，避免光线照射，需用盖板膜封住微孔板。

5. 在洗板过程中如果出现板孔干燥的情况，则会伴随着出现标准曲线不呈线性、重复性不好的现象，所以洗板拍干后应立即进行下一步操作。

6. 不用的微孔板放进自封袋重新密封；标准物质和无色的发色剂对光敏感，因此要避免直接暴露在光线下。

粮食中重金属镉的快速检测（电化学分析法）

【检测准备】

镀膜液、镉检测底液、镉标准溶液（100mg/L）、提取液、粉碎机、电子天平（感量0.1g）、离心机、计时器、移液枪、旋涡混合器、超声波清洗仪、过滤器等。

操作视频

【检测操作】（常温提取法）

 1. 准确称取0.4g大米粉末于50mL离心管中。	 2. 加入1mL镉检测底液、1mL纯净水和4滴提取液，混匀。
 3. 将离心管置于超声波清洗仪中超声（振荡器及手动振摇亦可）5min（稻谷、糙米7min）。	 4. 取下离心管，加入18mL纯净水，混匀后静置约1min。
 5. 取上清液经过滤器过滤，收集滤液作为样品处理液（滤液应大于10g）。	 6. 向检测杯中加入1mL的镀膜液、9mL纯净水，将组装好的电极模块插入上述检测杯中，点击【镀膜】键，设置电位-1500mV，时间180s。

	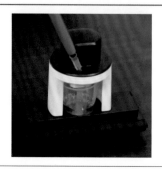
7. 一次扫描：称取 10g 样品处理液于检测杯，将完成镀膜的电极模块插入上述检测杯中，点击【一次扫描】。	8. 二次扫描：向检测杯中加入 100μL 标准溶液（0.5mg/L），点击【二次扫描】，扫描结束即可得到检测结果。
注：也可见相应试剂盒说明书。	

【质控试验】

每批样品应同时进行空白试验和加标质控试验。

◎空白试验：称取空白试样，与样品同法操作。

◎加标质控试验：称取 0.4g 空白试样于 50mL 离心管中，加入适量镉标准工作液，使镉浓度为 0.5mg/L，与样品同法操作。

【结果判定】

GB 2762—2017《食品安全国家标准 食品中污染物限量》规定：谷物中镉的含量应 ≤ 0.1mg/kg，稻谷、糙米及大米中镉的含量应 ≤ 0.2mg/kg。

【注意事项】

1. 本方法参考《谷物中镉、铅、铜、砷含量的快速测定 阳极溶出伏安法》（DB45/T 1546—2017）。

2. 本方法适用于粮食中重金属镉的判定，量程 ≤ 200μg/L 时，检出限为 0.1μg/L；量程 > 200μg/L 时，检出限为 1μg/L。

3. 取电极时避免触碰黑色工作电极部分。

4. 样品超声时需不时振摇，使提取充分。

保健食品中西地那非的快速检测（拉曼光谱法）

【检测准备】

乙酸乙酯、碱化试剂 A、酸化试剂 B、酸化试剂 D、增强试剂 A、组织捣碎机、电子天平（感量 0.1g）、离心机、移液器、旋涡混合器、计时器、拉曼光谱仪等。

操作视频

【检测操作】

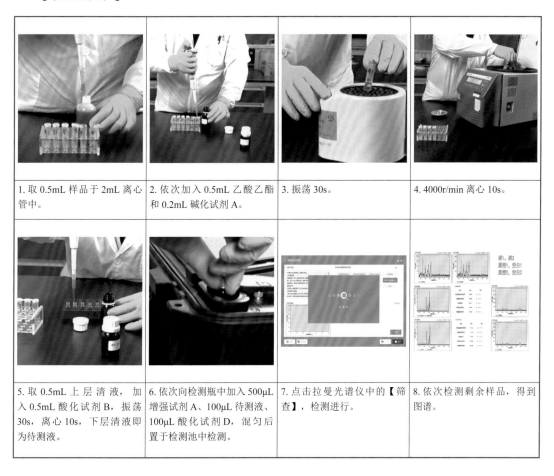

1. 取 0.5mL 样品于 2mL 离心管中。	2. 依次加入 0.5mL 乙酸乙酯和 0.2mL 碱化试剂 A。	3. 振荡 30s。	4. 4000r/min 离心 10s。
5. 取 0.5mL 上层清液，加入 0.5mL 酸化试剂 B，振荡30s，离心 10s，下层清液即为待测液。	6. 依次向检测瓶中加入 500μL 增强试剂 A、100μL 待测液、100μL 酸化试剂 D，混匀后置于检测池中检测。	7. 点击拉曼光谱仪中的【筛查】，检测进行。	8. 依次检测剩余样品，得到图谱。

【结果判定】

仪器软件将测试结果与标准谱图库中的那非类物质谱图进行匹配计算，根据样品的特征拉曼光谱及内置匹配算法对样品中的那非类物质进行结果判定，显示测试结果并判定阴性或阳性。阴性代表该样品不含有那非类物质或含量低于 0.2mg/kg，阳性则代表该样品含有那非类物质且含量大于等于 0.2mg/kg。保健食品中那非类物质表面增强拉曼光谱图参见图示，定性判定条件及特征峰信息参见下表。

西地那非和他达拉非的部分特征峰参数

化合物	特征峰 [a]/cm^{-1}	
	特征峰	定性特征峰 [b]
西地那非	447，642，810，1232，1528，1581	1232，1528，1581
他达拉非	574，787，812，1231，1358，1550	812，1231，1358
a. 上述化合物在不同增强试剂、不同制式的拉曼光谱仪上特征峰出峰位置可能有差异，此表中数据供实验人员参考；		
b. 定性特征峰信息供参考，实验人员可根据使用的试剂、设备择优选取定性特征峰及定量特征峰。		

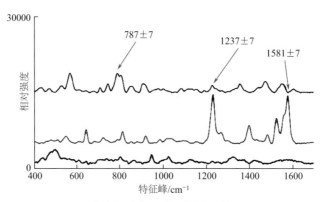

那非类物质表面增强拉曼光谱图

还可选取样品中稳定存在的拉曼特征峰为内标峰，根据各种那非类物质的特征峰与内标峰的相对强度和化合物的浓度绘制标准曲线，内置后进行定性、定量判别。

【注意事项】

1. 本方法参比标准为 BJS 201805《食品中那非类物质的测定》、BJS 201710《保健食品中 75 种非法添加化学药物的检测》。

2. 本方法适用于抗疲劳（壮阳）类保健品、宣称具有抗疲劳（壮阳）功效的保健食品。

3. 本方法所述试剂种类、配制方法和操作步骤仅供参考，在使用本方法时不做限定。方法使用者在使用替代试剂或操作步骤前，须对其进行考察，应满足本方法规定的各项性能指标。

4. 当检测结果为阳性时，应对结果进行确证。

便携质谱法快速检验多菌灵农药残留量

【检测准备】

QuEChERS 提取盐包（1.6g 无水硫酸镁，0.4g 氯化钠，0.4g 柠檬酸钠，0.2g 柠檬酸二钠盐）、氧化锆均质子、QuEChERS 净化包、0.22μm 尼龙滤膜、乙腈、多菌灵标准工作液（1μg/mL）、移液器、电子天平（感量 0.01g）、旋涡混合器、离心机、便携式质谱仪等。

操作视频

【检测操作】

1. 将待测蔬菜/水果处理成匀浆状。	2. 称取 4g 样品于 50mL 离心管中。	3. 依次加入 4mL 乙腈、氧化锆均质子及 QuEChERS 提取盐包。	4. 在旋涡混合器上涡旋 1min 以上。
			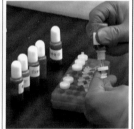
5. 4000r/min 离心 5min。	6. 转移 2mL 上清液于装有 QuEChERS 净化包的净化瓶中。	7. 在旋涡混合器上涡旋或大力振摇 1min。	8. 使用 0.22μm 尼龙滤膜过滤，装于 0.5mL 离心管中。上机检测。

【质控试验】

每批样品应同时进行空白试验和加标质控试验。

◎空白试验：称取空白试样，与样品同法操作。

◎加标质控试验：称取空白试样 4g（精确至 0.01g）置于 50mL 离心管中，加入适量多菌灵标准工作液（1μg/mL），使多菌灵浓度为 500μg/kg，与样品同法操作。

【结果分析】

1. 结果判定

仪器软件将测试结果与标准谱图库中的多菌灵进行匹配计算，对样品中的多菌灵进行结果判定，显示测试结果并判定阴性或阳性。阴性代表该样品不含有多菌灵或含量低于 500μg/kg，阳性则代表该样品含有多菌灵且含量大于等于 500μg/kg。多菌灵质谱库图谱如下图所示。

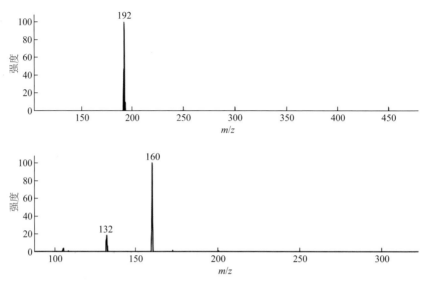

2. 阳性结果

样品二级质谱图与标准物质二级质谱图相匹配，表明样品中多菌灵含量高于方法检出限，判定为阳性。

3. 阴性结果

样品二级质谱图与标准物质二级质谱图不匹配，表明样品中多菌灵含量低于方法检出限，判定为阴性。

4. 质控试验要求

空白试验测定结果应为阴性，加标质控试验测定结果应均为阳性。

5. 结论

当多菌灵检测结果为阳性时，应对结果进行确证。

【注意事项】

1. 本方法适用于果蔬中多菌灵的快速测定。

2. 本方法多菌灵的检出限为 500μg/kg。

3. 本方法参照标准：GB 2763—2021《食品安全国家标准 食品中农药最大残留限量》和 GB 23200.113—2018《食品安全国家标准 植物源性食品中 208 种农药及其代谢物残留量的测定 气相色谱 - 质谱联用法》。

4. 在测试到阳性样品后，应使用空白溶剂样品上机进行喷雾清洗，当毛细喷雾管内含有目标物的溶液冲洗干净（喷雾时间为 2～3min，清洗次数为 40～60 次）、测试结果为阴性时，才能用下一个样品将空白溶剂样品替换下来。测试该样品前，同样需要进行喷雾清洗，当毛细喷雾管空白溶剂样品冲洗干净后才可以执行该样品的测试。